U0382513

扫二维码看微视频
快速了解移动互联网

01 第一本手机培训书——华图首创

◆ 随身携带的"一对一培训"

全天候服务 —— 随时随地"涨知识"

◆ 企业家触网升级的红宝书

书网结合 —— 参悟移动互联网势道术

◆ 充分获取"干货"

每讲12分钟 —— 浓缩、精华、精髓

◆ 两小时看完20万字

书与手机一体 —— 让书会说话，闭上眼睛也能看书

02 如何使用本书的二维码

打开手机的扫描软件
扫描每讲开始提供的二维码

点击链接

开始观看

提 示

◆建议在wifi环境下观看

◆如有疑问，可来电咨询（010-59799934-8055）

书网结合　触网升级

◆ 移动互联　随时随地

◆支持苹果、安卓所有设备

◆高清课件　提升学习效果

抓住疼痛点　打造极致点　设计引爆点

联系电话：15321673227

一对一交流互动

移动互联网
10堂课

于洪泽　侯书生◎编著

中国社会科学出版社

图书在版编目(CIP)数据

移动互联网10堂课/于洪泽,侯书生编著.—北京:
中国社会科学出版社,2015.1
ISBN 978-7-5161-5342-0

Ⅰ.①移… Ⅱ.①于… ②侯… Ⅲ.①移动通信—互
联网络 Ⅳ.①TN929.5

中国版本图书馆 CIP 数据核字(2014)第 306576 号

出 版 人	赵剑英
责任编辑	王 斌
责任校对	姚 颖
责任印制	李寡寡

出版发行	中国社会科学出版社
社　　址	北京鼓楼西大街甲 158 号(邮编 100720)
网　　址	http://www.csspw.com.cn
	中文域名:中国社科网　010—64070619
发 行 部	010—84083685
门 市 部	010—84029450
经　　销	新华书店及其他书店

印刷装订	三河市东方印刷有限公司
版　　次	2015 年 1 月第 1 版
印　　次	2015 年 1 月第 1 次印刷

开　　本	710×1000　1/16
印　　张	19.5
字　　数	257 千字
定　　价	48.00 元

凡购买中国社会科学出版社图书,如有质量问题请与本社联系调换
电话:64036155

两小时"看完"一本书

——抓住疼痛点，打造极致点，设计引爆点

　　本书是国内第一本写给企业家的"手机培训书"，主要是帮助传统企业经营者全面了解移动互联网，为转型升级奠定基础。"手机培训"是方式，"转型升级"是内容，我们尝试着把一个长达 7 天的培训课程中的基础材料制作成书，让读者三天就可以"读完"文字，同时考虑到此书的主要读者是企业家和领导干部，他们时间宝贵，分秒必争。我们又进一步提炼，制作了微视频，这样读者朋友两小时"看完"微视频，就等于"读完"20 多万字。

　　也许你会想，7 天的培训课，整理出来 20 多万字的内容很正常，但是提炼成只用两个小时就能"看完"的微视频就很难理解了，这靠谱吗？下面就是从 7 天到 20 多万字以及最后两个小时的升华过程。

　　首先，什么是企业家的疼痛点？

　　由于信息技术的日益发展，社会的结构正在发生巨大的变化，直接影响到企业的经营，导致现在不仅是传统企业家，几乎所有的企业家都在考虑转型升级的问题，可以说转型升级已经是企业家的痛点，甚至是时代焦虑症了。就连天不怕、地不怕的 360 公司董事长周鸿祎都说，"移动互联网时代，我需要关注的是 360 能否做出让用户尖叫的产品，如果不能在移动互联网上继续保持创新，股价和公司都只能是过眼云

烟"。虽然面临这样的焦虑，可是许多人并没有认识到"转型"与"升级"是两个问题。转型是从经营模式的角度考虑，比如，一个企业原来只做产品加工，赚取加工费，现在做产品的研产销，靠卖产品赚钱；升级是从产业层级的角度考虑，比如，上面的企业卖产品赚钱，属于第二产业，现在靠卖服务赚钱，属于服务业领域。移动互联网则为企业提供了一个转型与升级同时发生的可能，就是转型的同时升级，或者是升级的同时转型。比如，小米科技，原本行业是卖手机产品赚钱，现在靠服务赚钱，原来是地面实体店出货，现在全部转型线上销售。成功的样板无疑是令人羡慕的，可当我们面临如何转变的时候，并不一定清楚应该干什么，或怎么干。

其次，如何打造图书的极致点？

既然企业，特别是传统企业转型升级已是当务之急，那么，转型升级的引领者、决策者、实施者又应该怎么办呢？其实，就两件事：第一学习理论，第二强化实践。可是，人人都告诉你要转型，每个人都有一套方法，但更多的只是告诉你沃尔玛开始在全球关店；传统手机老大诺基亚贱卖给微软；曾经的电脑直销霸主戴尔几乎消失在主流人群的视线外。并没有人告诉你该怎么办，更没有人直面企业家的困惑：有现代的机器、设备、厂房，有先进的经营管理，有着突出的经营业绩，虽然现在感到经营有些困难，但是顾客依然不断，经营还有收入呀，怎么就变成"落后"的代名词，成为"被颠覆"的对象呢？

针对以上问题，我们的产品就是要让企业家彻底把移动互联网这件事搞明白。基于此，我们把目前传统企业转型升级的实践经验进行了总结提炼，对照当前的前沿理论做了简要概括，再加上自身转型升级过程中的有益探索，在长达两年的时间内我们运用互联网思维将产品内容不断深化。笔者利用各种机会与传统企业家交流，向互联网精英学习，并且自己也在主导一个移动互联网实战项目；凭借侯书生先生组织的各种讨论会和研讨会，我们找到互联网方面图书作者去交流、然后查阅各种信息、了解各种说法，我们一边学习，一边积累写成此书。最后，由互联网行业的专业人士给我们作出评价，他们给我们的反馈是：每部分单独看都很简单，但整体读完，就明白移动互联网是什么，有什么，做什么。

最后，设计引爆点更重要！

开发一门培训课程，需要 7 天，只能有一部分企业家和领导干部坚持下来，撰写这样一本 20 多万字的书，正常情况下需要 3 天才能读完文字，显然我们还需要再考虑一个点，如何能够引爆它？经过反复思考，我们最终决定，再次将内容凝练，制作两个小时能看完的微视频。我们的方法是以图书为主要载体，文字中间插入微视频，用手机播放。简要说明一下，读者看此书，可以读文字，也可以在每讲下边扫二维码，看微视频。我们全书共有四个部分，分为：移动互联网带来社会进化（导论）；移动互联网引发世界变革（第一篇）；移动互联网的商业应用（第二篇）；移动互联网推动传统企业转型升级（第三篇）。四部分下面共有 10 讲，也就是 10 堂课，我们把每讲内容中的"干货"，用 12 分钟的微视频概括出来，然后你会发现两个小时"看完"了 20 多万字的图书。从此，你了解了移动互联网的前世今生，你知道为什么移动互联网的大势不能违，你明白了基本的移动互联网模式，你也掌握了传统企业触网升级的方法。某种程度上，这也是一个到达极致的过程。

总结一下，读完此书，你就洞悉了移动互联网的势、道、术。更重要的是，你懂得了先学习方法，再去实践才是负责任的表现，要知道转型升级一旦做错，没有人会替你承担责任。

尽管做法十分创新，但非常抱歉的是这本书的内容不是经营者所谓的成功宝典，而只是转型升级的思考方法。该如何思考？认真总结实践经验，全面学习经典理论，对照反思自身经历。

其实，在某种意义上讲，这也是一位正走在转型道路的企业经营者写给自己的书，特别是这个前言，很多都是写给自己的话。

于洪泽写于德仁商学院研究中心

2014 年 11 月 17 日

目　录

第三篇　移动互联网在传统企业触网升级中的应用

第九讲　凤凰涅槃，企业重生

第十讲　最新潮的营销方式

参考文献

导论

导论

移动互联网带来社会进化

移动互联网的发展已呈现不可逆转之势，其对传统行业的冲击力和影响力超乎了人们的想象。传统行业的传播方式、内容和物化终端都在随时发生变化，似乎将颠覆各个传统行业。但相对来说，移动互联网的到来虽然使受众接受了过多的信息，然而受众却因此也变得思辨起来，越来越多的人都会认真地思考自己要接受的信息内容，受众对于高品质的精品阅读也有需求，这样一来，反而是移动互联网促使了传统行业自我价值的回归。从某种意义上来说，移动互联网带来的并不是传统行业的颠覆，而是带动了各个行业的逐渐进化。

第一讲　进化而非颠覆
——移动互联网带来的只能是社会进化

20世纪90年代互联网的出现和普及，将人类社会带入信息时代，极大地改变了人类的生产、生活、交往和思维方式。近年来，移动互联网的蓬勃兴起，更是加剧了这种种变化，甚至在重构人类社会的结构和关系。移动互联网无处不在，时刻在线的特征催生了超万亿的市场空间，信息几乎已经渗透到人类工作和生活的所有空间。面对这样一个从来没有过的变化，人们，特别是企业应该何去何从？绝大多数人都处于迷茫之中，少数精英便不由分说地站上了时代的风口浪尖，一个又一个概念如泉涌般倾泻而出。

一　对互联网认识的两个主流观点

"互联网思维""O2O""互联网金融"等等，成为精英、土豪、企业家、投资家和大众疯狂追捧的热词，人们在日常交往中也言必称互联网，否则便有落伍之嫌，而大家在谈论同一个事物的时候，却并非有相同的认识。

简单梳理，人们对于互联网的认识主要有两种倾向：其一，工具论；其二，颠覆论。

1. 工具论——互联网只是工具，实业才是根本

大家都知道互联网的潮流不可逆转，并且给许多传统行业都带来了巨大的冲击。比如，电商迅猛发展，对线下销售产生分流作用。但许多传统企业仍然认为"互联网只是工具"，而且声音还不小。"工具论"者

认为，就以目前最热的"电商"为例，线上购物在休闲式体验方面难以与线下购物相媲美。他们认为，互联网的本质作用是减少中间成本、增加消费透明度和便捷度，对于传统企业来说，最大的优势是做好产品和服务，只需要考虑如何利用好互联网技术，让本身的优势更好地发挥出来。举例来说，你要在网上买产品，就必须有人做产品；你要看视频，就必须有人拍视频；你要玩网上游戏，就先要有人制作游戏。

总之，虚拟的网络需要内容。这个内容，就是实业。如果搞实业的都倒下了，没有生产制造的支撑，互联网也只是一堆泡沫。对此，格力的总裁董明珠认为，世界上没有免费的午餐，企业一定要赚钱。像小米等企业其实只是改变了一种商业模式。消费者在受益的时候，它也在买单。这只是一种模式的变化。作为一个企业，你一定要预计到自己未来五年的发展会是什么样子，五年以后的市场需要什么，完全可以设计一种更好的模式。格力这么多年的营销也一直在创新，一直在变革。现在你家里的空调，在珠海的格力就可以看到它的运营情况，用互联网思维提高我们的效率，这才是要做的事情。同时，大家都不约而同地提到美国互联网发展比中国领先很多年，然而发展至今，也没能完全取代线下实体店。因此，电商大佬放出的"传统渠道危机论"是不可能实现的。无论线上还是线下，无非是渠道的表现形式不同，并不是说谁能把谁替代，不要把互联网的模式看成唯一的。

2. 颠覆论——互联网是一种全新思想，移动互联网将颠覆所有行业

持"颠覆论"观点的人特别是企业家认为，互联网带来的不仅仅是一种效率的提高，更多的是对传统行业的颠覆式改变，对用户、客户、产品、体验等概念需要重新定义，同时需要重新建构新的商业模式。代表人物马云曾说过，只有互联网才能真正做到让天下没有难做的生意，而实体产业不只是效率低，更重要的是无法建立起用户至上的服务意识，那么就必然被淘汰。其实，对互联网的理解可以分三个层次，包括数字化工具、互联网化、互联网思维。数字化，意味着互联网是工具，能提高效率、降低成本；互联网化则是利用互联网改变

运营流程、创新网络营销等；互联网思维则是用互联网改造传统行业、商业模式和价值观创新。

比如，2014 年亚马逊的利润发生波动，近几年还在下滑，甚至有一年不挣钱。而亚马逊的市值却在高速增长，为什么？因为它在移动互联网时代的重新布局得到了大家的承认。可见，过去把利润、市盈率作为判断企业价格的指标已经被颠覆了，且是重大颠覆。

日本制造业在全球精细化科学管理中做得最彻底，日本研发投入最高，但是日本家电企业无论是收入，还是利润均呈系列下滑。不是它们管理得不好，而是缺乏对互联网时代创新大方向的把握，缺乏对软性与个性力量的足够关注。所以日本出现了家电企业集体沉没的现象。诺基亚的 CEO 约玛·奥利拉说，我们并没有做错什么，但不知为什么，我们输了。发出这种感叹的大企业老总，未来可能会越来越多。为什么会在一夜之间失败、消失？因为移动互联网才是真正的互联网，将颠覆所有行业。如果你仅仅把它当作工具的话，那你的理解只是停留在表面。其实互联网是一种全新的思维。它用完全不同的思维来看待业务，看待市场。颠覆这个词，贯穿未来十年，必将贯穿全球特别是中国的产业变革、企业变革的始终：躲不开，逃不掉。

二 提出互联网认识的进化论

无论是"工具论"还是"颠覆论"，都由著名人物领军，可谓立论煌煌，言之凿凿，有理论，有实践，有数据，有案例，不能简单地判定孰是孰非，更无法在短时间内区分谁对谁错，因为互联网是一个新生事物，还没有成熟到完全定型。但这并不妨碍我们不断地认识它，甚至可以提出某种"假设"。只是，我们必须找到认识互联网的框架和基石。在本书中，我们提出了自己的观点，并提出了我们思考问题的框架——基于实践的唯物主义史观，我们研究的基石——社会学以及社会发展的知识体系。

我们的观点——从工具到思想，从颠覆到进化，互联网带来的不是毁灭，而是拯救，也就是"进化论"。

从社会历史发展过程的实践来看，任何事物都有一个从无到有、从低级到高级的过程，在这个过程中，会经历很多不同形态，发生很多变化，然后在特定的外因条件下，由于内因的主导作用才逐渐由量变到质变。

一是互联网是工具与思想的统一，重构了人类社会的结构和关系。

互联网是信息时代的产物，因此要论证互联网的作用和影响，无疑要从信息时代开始。所谓信息时代，就是由于信息革命的产生，推动人类从工业化时代进入的一个以"信息和知识的生产、传播以及利用"为主要内容的新时代。

1946 年第一台电子多用途计算机（ENIAC）的诞生，标志着人类敲响了信息时代的大门；在此基础上，1969 年 12 月美国国防部研究计划署将美国西南部的加利福尼亚大学洛杉矶分校、斯坦福大学研究学院、加利福尼亚大学和犹他州大学的四台主要的计算机通过其制定的有关协定连接起来，形成了网络世界的雏形。经过多年努力，世界以此为源头，最终形成了以一组通用的协议相连，逻辑上的单一巨大国际网络。这种将计算机网络互相联接在一起的方法可称作"网络互联"，由此发展出覆盖全世界的全球性互联网络，即是互相联接在一起的网络结构，称为互联网，又称网际网路，或音译因特网、英特网。

无论是电子多用途计算机，还是互联网，都是人类使用的工具，可以帮助人类提高工作效率，改善工作方式。可见，在互联网发展的初级阶段，它就是扮演着一个工具的角色。但另一方面，我们必须看到互联网超越了工具的思想范畴。与工业革命延伸了人类自然力中的"体力"不同，以互联网为载体的信息时代延伸了人类自然力中的"脑力"。而且由于人类社会各方面的活动无时不需"脑"，无处不用"脑"，因此，信息革命，特别是移动互联网对人类的生活、工作和学

习产生了极为深刻的影响，使人们的行为产生了一系列巨大的变化。具体表现为网络购物、视频娱乐、电子支付、在线教育等的迅猛发展，进而在某种程度上改变了人们的思维，形成了新的思想。社会学原理告诉我们，人类社会人与人之间存在着个体、群体和组织关系，一种新的思想如果是先进的、是符合社会发展趋势的，无疑会逐渐影响到人与人之间的关系，使人与人之间具有了新规则，并最终重组人类社会的结构和关系。

二是互联网是进化而非颠覆，重建了企业经营和市场竞争的生态环境。

2014年11月11日，阿里巴巴的天猫"11.11"交易额突破571亿元，其中移动交易额达到243亿元，物流订单2.78亿，全球共有217个国家和地区参与了这次抢购，一个新的世界纪录再次诞生。于是，电商颠覆零售的言论再次甚嚣尘上，对此，我们不否认电商在促进零售中的积极作用，在改善用户购物方面的巨大价值，但我们仍然要看到，"天猫"的天量成交，也并非只靠"天猫"就可以了，它的背后还包括支付宝、银行、专业跨境电商服务方、菜鸟网络、物流及快递等共同为天猫提供配套服务，为阿里巴巴的全球化生态系统提供支持。可见，电商表面上是对地面的零售渠道带来了巨大的冲击，但并没有毁掉零售行业，相反还推动了零售行业的转型升级，这就是进化，而非颠覆。同时，我们更要冷静地看到人类还是生活在物质社会中，必须解决"衣食住行"问题。人类不可能吃比特、穿数据、住信息、走网络，因此，显而易见我们不可能回避工业化。

在社会发展的进程中，工业化是传统农业的进化，使传统农业发生了深刻的质的变化，不仅减少了从事农业生产的人口，还大幅度提升了农业的生产效率，成为现代农业；而信息化更是传统工业的进化，这种进化，使工业化对人类社会的影响，从有形的、物质的、硬性的，增加了更多看似无形的、非物质的、软性的因素。这种因素使工业化的"体力"，加入了"脑力"，从而使人类在发达"肌肉"的基础上充满了"智慧"，这显然就是进化，而非颠覆。

三、移动互联网背景下的企业"进化"策略

在这样一个大的时代背景之下，如何从事企业的生产经营无疑是从未有过的挑战，不要说传统企业，就是当今人人羡慕的互联网巨头也活在恐惧之中。腾讯的马化腾就不无感慨地说："移动互联网时代，一个企业看似好像牢不可破，其实都有大的危机，稍微把握不住这个趋势的话，其实就非常危险，之前积累的东西就可能灰飞烟灭了。"那么问题来了，当今企业，特别是传统企业应该如何迎接挑战，抓住机遇，更好地走向未来呢？我们认为应该以传统企业转型升级"进化论"为指导，从以下三个步骤入手，分别是：顺势而为，建立互联网思维；遵道而行，构建互联网时代的商业模式；精术而用，练就转型升级的能力。

1. 顺势而为，建立互联网思维

这是企业经营的基础和前提。如今，提到中国的大势，上至《新闻联播》，下至土老板，无不谈论互联网时代，其中"互联网思维"更是红得发紫。可以说，当下的中国，无论什么场合，无论什么行业，无论何种企业，言必称互联网思维，这已经成为时尚，好像前两年的 LV 一样。但是，何为互联网思维呢？目前众说纷纭，没有统一说法。对新事物先神化、再异化、最后妖魔化，是中国传统。平心而论，互联网思维之于当下中国，仍是一个最大的势能量。

（1）"互联网思维"源于企业家的思考方式和工作方式

2007 年，百度 CEO 李彦宏在接受《赢周刊》采访时就已经有过类似表述："以一个互联网人的角度去看传统产业，就会发现太多的事情可以做。把在互联网里磨炼出来的经验带到传统企业去，会有很大的投资回报。"一年之后，李彦宏更进一步预言，"5 年后不会再有专门的互联网公司，到时所有的公司都要用互联网做生意"。现在再回头去看

2008 年中国网民数量首次跃居全球第一的背景，再来比照如今各行各业如火如荼的"互联网化"趋势，不难发现他所传递的实际是对于整个互联网产业前景的信心。

如果说 2007—2008 年的预言，还是一种对于"互联网思维"的雏形描述；他在 2011 年百度联盟峰会上的演讲，则开启了真正以"互联网思维"影响产业的新阶段。李彦宏在演讲中指出，"在中国，传统产业对于互联网的认识程度、接受程度和使用程度都是很有限的。在传统领域中都存在一个现象，就是他们没有'互联网的思维'"。这是目前有据可查的正式记录中，中国企业家第一次在正式场合提出"互联网思维"一词。

2014 年，在中国民营经济论坛上李彦宏认为："中国很多行业用互联网思维方式再做一遍，会比美国的传统行业的做法更先进、更有效，更对消费者有利，更对社会的进步有利。"从"互联网思维"的提出不难看到企业家的务实，他只需要知道做事的方向、模式和办法，能够指挥企业经营，取得良好效果就可以了，不必进行学理分析。而我们则必须对其进行总结和提炼，并界定概念，形成理论上的认识，从而有力指导实际。

（2）"互联网思维"是信息时代由工具到思想的理论升华

从学理上讲，思维是什么？是人脑对客观现实的概括和间接的反映，它反映了事物的本质和事物间规律性的联系。

谈到"互联网思维"，就难免会涉及农业化思维和工业化思维，农业化思维的内核是经验性思维，就是将从生产和生活中所获得的经验知识直接进行类比和推论，并将这些经验和感受汇总起来，直接用于实践。

工业化思维的本质是科学化思维，就是以科学精神为指导，从社会分工、效率最优、标准化作业等诸多方面进行分解，以创造最大的劳动价值。社会劳动以分工理论为指导，产品的生产、交换都必须建立一套标准，满足效率最大化的原则，引领着企业沿着市场化、规模化、产业化的方式展开竞争。那么互联网思维呢？

首先，应该是从经验性和科学化思维基础上进行的升华；其次，应该从对事的关注上升到对人的关怀。因此，从宏观上讲，"互联网思维"就是通过农业化、工业化和信息化的融合，解放和拓宽人类的时间和空间，释放人类的平等、自由、友善的天性，消除自私、贪婪、恐惧的行为，构建全新的经济体系、组织方式和社会结构的一种思想。从微观上讲，"互联网思维"就是在信息时代，以（移动）互联网、大数据、云计算等技术手段为载体，以用户至上为核心，通过极致的产品和服务来持续满足用户的需求和渴望，从而重组企业价值链，重构企业生态环境的思考方法。

（3）"互联网思维"的核心功能就是用来指导实践

在工业化时代，我们已经建立起市场化、规模化和产业化的效率体系，其中，市场化按照市场需求导向、商品交换规律，运用现代营销手段销售产品；规模化按照利润最大化原则，增加产量，加强管理、降低成本，追求更多的平均利润以上的利润。产业化就是按照社会化大生产的客观要求，组织生产，分工协作，形成产业聚集效应，进一步提高生产和销售效率，以达到效益最大化。为什么要用互联网思维进行指导呢？

原因很简单，一是竞争的压力。由于信息的丰裕、对称和快速流动，过往的竞争优势消失更快。伴随着政治体制改革的加快，新技术放松管制，经济民主化带来的规模化效应，进一步打破了垄断，降低了产业进入门槛。加上发挥创造力的工具广泛分布，使试验变得更容易、成本更低。因此，新进入者可以用超低成本不断侵蚀现有的企业成本。

二是用户的需要。由于社会的信息由不对称变得对称，资源由丰裕替代稀缺，人的行为由单向走向互动。因此，用户、客户和消费者同时成为媒介信息和内容的生产者和传播者，通过买通媒体单向广播、制造热门商品诱导消费行为的模式不成立了，生产者、经营者和用户、消费

者的权利发生了转变，用户主权时代真正到来。

2. 遵道而行，构建互联网时代的商业模式

这是企业经营管理的核心和关键。什么是商业模式？就是为什么样的用户，提供什么样的产品和服务，在为用户创造价值的过程中，以什么方式获得商业利益的有机范式。

在互联网时代，企业应该建立什么样的商业模式，可谓众说纷纭。我们的思路依然是一以贯之，从"道"的高度入手。试问：互联网时代与农业时代和工业时代的本质区别在哪里？答：对人的关怀。显然，企业应该以"人"为本，打造用户至上的商业模式，以系统的方式开展经营管理才是企业的核心任务。

（1）以关系思维引导用户模式

互联网时代重构了人与人之间的关系，那么以"人"为本，就是以"关系"为用。建立关系，拓展关系，维护关系是企业生存的根本性任务。

第一，建立关系就是找到用户，开发客户。何为用户？又何为客户？用户就是长期使用你的产品或服务，需要你帮助解决问题的人。客户就是花钱买企业的产品或服务，直接与企业交易的人。形象的说法就是，开发出了一种产品，使用这个产品的人，叫作用户，给企业付钱的人，比如经销商之类的，叫作客户。两者之间的关系有独立或交叉，对于互联网时代的企业，一定要明确用户为第一关系，而不是客户。因为，只有真正的用户才会形成使用过程中的关系情感，而只有用户积累到一定量级，才会形成口碑传播，从而完成价值确立。

我们看到无论是国外的雅虎、谷歌，还是国内的百度、腾讯，一开始做出来的产品，都是只有用户而没有客户。比如腾讯的QQ从一开始就是免费的，没有人给它埋单，但是腾讯仍然坚持满足用户的各种需求，把QQ越做越好。QQ做成功了之后，也就有埋单的人了。之所以反复强调"用户至上"，主要是传统企业往往更重视客户，体现出对交易的热情，而互联网时代交易往往是看不见的。

第二，拓展关系就是由点到面，运营社群。社群就是以某种因素细分的"社区小组"，是基于共同点，而不是利益点联系的小群体。就是充分利用网络自我组织、自我协同的特征，不断深化交互、口碑、价值、乐趣、体验等共同经历，持续提升多元、跨界、包容等精神品质，推动用户数量一点点扩大，从而把各种不同的用户整合到一起，产生规模的质变。

第三，维护关系就是讨好用户，成为粉丝。粉丝是一群特殊的用户，他们的"关注"行为，不仅仅是想知道与产品相关的信息，而且还是潜在的购买者，或者是最忠实的购买者，在互联网时代，关注也是有极大的用户成本的，它代表用户愿意接受你一定程度上的狂轰滥炸。最为典型的就是小米，在手机推出之前就到各大论坛中挑选了 100 个最为活跃也最懂手机的消费者，把还没有面世的工程机免费提供给他们使用，然后根据他们的意见进行改进。这些核心用户又带动了一大批忠诚的用户，他们对小米推出的任何产品都有很高的热情和忠诚度，并且积极参与小米组织的各种活动。后来，在小米周年庆典时，播出以这些人为样板的"100 个人的梦想"几乎感动了全场的人。互联网的力量就是这样的，以最小的成本实现整合效率的最大化。

（2）以创新思维引领运营模式

运营模式涉及产品和服务，以及以什么方式提供产品和服务。

传统企业开发一个产品或服务，往往是集中公司的精英进行头脑风暴，然后去市场进行顾客调查，接下来按照顾客"可能"随便回答的选项和领导的思路，想当然地开发设计，而且一个产品说不定要做几年，在此过程中，不断地加入各种各样"想象出来"的功能，而不会去考虑最终用户的需求。微软公司开发出来的操作系统 Vista，它动用了微软好几万名程序员，花了 5 年时间，耗资无数才开发出来，里面加了无数的功能。最后的结果却是用户根本就不接受，在市场上遭受了惨败。

互联网时代的产品思维则要求完全创新。它往往是两三个人一合计，想做一个产品，只要找到核心功能就设计开发，可能是不成熟产品，但是没关系，马上开始自下而上的用户参与，寻找有兴趣的"原点"用户，让这些用户使用并提意见，然后根据用户的反馈，当然更多的是抱怨，不停顿地进行迭代，增加用户需要的功能，最后产品就会变得越来越好。微信就是个典型的例子，一开始只有一个很小的团队，不停地改，版本从最早的 1.0 到了现在的版本，已经过无数次的小创新，才变得越来越受大家的欢迎。打造了极致的产品，接下来还要进一步通过互联网加强与用户的联系，要尽可能省去中间环节打交道，从而获得完整而全面的用户数据，再针对用户的习惯做个性化推荐，既提高了效率，又能够给用户带去更多的实惠和增值服务。

（3）以共赢思维引领利益模式

移动互联网商业模式创新必须充分考虑移动互联网的特点。由于移动互联网终端的高度移动性，使得碎片化成为移动互联时代网的重要特征。移动互联网碎片化包含两方面的含义：一是时间的碎片化，即每次上网的时间较短。二是信息的碎片化，即在海量信息包围下，用户只选择其感兴趣的信息和应用。以此打造利益模式，可以从以下三个方面入手：

一是"免费＋收费"的增值模式。腾讯就是典型代表，其 QQ 实行免费，从而吸引了大量的用户，如今腾讯 QQ 用户达到 10 亿，但对一些增值业务采取收费模式。

二是"终端＋服务"的平台模式。好的终端加上好的服务等于市场成功，苹果就是模式的典型。苹果依靠其一贯时尚新颖的产品设计，不断创新的商业模式，iTunes、iPod、iPhone、App Store 等一次次让业界与用户惊羡不已。

三是"前向＋后向"的广告收费模式，也就是三方市场收费模式。三方市场是指客户、运营企业和第三方企业。前向收费主要有会员费、月租费、道具费、流量费等。后向收费主要是广告收入、客户消费行为数据收费、交易分成等。此外，移动互联网的盈利模式还包括平台分成模式、广告模式、劳动交换模式等。

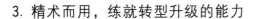

3. 精术而用，练就转型升级的能力

互联网对传统行业的改造需要一个过程，由于行业特点的不同，对有些行业会改造得非常彻底，比如媒体、出版这些行业，也许将来就没有纸质的报纸杂志和图书了，全都电子化了，因此，这种行业互联网思维的作用就会特别大。当然，还有一些行业受到互联网的渗透就会比较小，比如大规模的电子制造业，有了互联网，我们仍然需要畅销的电子产品，仍然需要大规模制造，像富士康这样的超级工厂可能一直能够活得很好。但关键在于，势不可当，必须以道精术，否则市场没有淘汰企业，而时代已经作出选择。

（1）以互联网化带动互联网式经营

互联网化，就是传统企业接受新的产业意识形态，用以调整自身的管理理念，而不是照搬模仿互联网企业的做法。在此基础上，应充分借鉴互联网企业的经营特点。一是学习互联网企业边际成本为零，平台规模可以无限扩张的特点，通过降低成本，重组价值链实现低成本发展；二是大数据。大数据本身是一个客观存在，要想办法收集海量数据，缩短营销距离，产生竞争优势。如何才能做到这一点？建立企业自己的移动立体网站。在移动互联网时代，传统企业可以充分利用移动互联网开展移动营销，从而使传统企业的营销方式产生质的飞跃。

随着智能手机的普及与移动终端消费者的增加，时间和空间不再是营销的局限。在移动互联网创造的新平台与新环境中，客户完全处于主导地位，而与企业或品牌的每一次互动都是个性化的。企业若想在移动环境中保持高效，并且激发客户参与，就必须借用移动互联网的优势创新营销方式，以提供完美的产品及服务来使企业获利更多。

（2）找到移动互联网在自身企业中的有效应用

进入移动互联网时代后，所有传统企业的主要经营模式和市场竞争的游戏规则，都在发生重大改变。传统企业借助移动互联网可以实现旧有模式难以企及的发展速度与规模，可以更好获取客户信息，降低交易成本，提高运作效率和管理速度，同时与客户建立更紧密的关系，构成企业不断创新、不断强大的核心竞争力，使企业获得前所未有的增长速度和经济效益。

应当说，加快普及移动互联网的应用是传统企业经营的重要课题和紧迫任务。例如手机产品非常传统，但小米用互联网思维，重建了价值链，没有使太大的劲就撬动了这个市场。而同样是雷军投资凡客所在的服装行业，它的供应链就要更加传统得多，网站上的用户下一个单子，工厂还没有办法根据用户的需求马上把订单生产出来，而是需要一段时间的排期。因此，凡客就算是想用小米的办法，可能也无法取得小米那么大的成功。

（3）实现从卖产品到卖服务的行为转变

大部分的制造型企业都是把产品卖出去之后，觉得就跟消费者没有关系了，最多有百分之几的返修还有关系。而互联网公司卖的是服务，也就是几乎每时每刻都要跟用户打交道，这在互联网公司内部叫作运营。互联网公司有专门的一个团队与用户进行沟通，每天都要制造各种话题，搞各种各样的促销活动，让用户更加频繁地使用自己的产品，同时开发新的用户。这也使得互联网公司特别看重数据，而且是实时的数据。比如很多互联网公司的老板和产品经理每天都要看一大堆数据，然后基于这些数据随时对自己的产品进行调整。因此，必须建立服务意识。其实，未来的战争就是围绕流量入口的战争，实体经济必然成为今天互联网经济的下一步，谁能站在上游、站在入口谁就能掌握未来。

最后，我们在上面论述的基础上，大胆地得出结论：在以互联网为核心的信息时代，信息技术的进步和革命，正大幅度提高信息化融合工业化、农业化的速度，不断提升人类的工作、生活和学习效率及效果，并以超乎人类想象的力量，对人类社会的经济体系、产业结构、组织体系和社会结构产生巨大的影响。曾经被众人讽刺的预测："2％的人口就可以种出人类吃的所有食物，另外的2％的人口能够制造出人类所需要的电冰箱和其他物品，这个世界又会怎么样？"尽管我们不知道这个世界会怎么样，但我们可以预测：那样的世界可能会变为现实，不，一定会变为现实。

第一篇

移动互联网引发世界性变革

20世纪90年代互联网的逐渐普及，将人类社会带入信息时代，极大地改变了人类的生产和生活方式。而近年来移动互联网的蓬勃兴起，更是全面颠覆和重构了人类的生活模式，信息已经渗透到人类工作和生活的所有空间，移动互联网无处不在，时刻在线的特征催生了超万亿的市场空间。随着互联网内容和应用的日益丰富，以及3G、4G技术的发展、智能终端的快速发展和普及，人类正阔步进入移动互联网时代。移动互联网正在汇聚全球最顶尖的资源，带来巨大的创业与财富空间。而未来的移动互联网，将以全新的技术服务和业务应用，给人类社会带来更多的惊喜。

第二讲　互联＋移动：创造新世界
——移动互联网概说

在当今世界，移动互联网已经渗透到人们生活、工作的各个领域，丰富多彩的移动互联网应用，正在深刻地改变着人们的社会生活。作为移动通信和互联网通信两大强劲增长业务和技术的结合产物，移动互联网的发展，让世界呈现出全新的面貌。在我国，移动互联网进入时间虽然不长，但发展却十分迅猛，在社会生活的各个方面都产生着深刻的影响。

互联＋移动，创造着新的世界。认识移动互联网，既是时代发展的需要，也是我们跟随上时代前进的脚步、屹立时代潮头的需要。

一　扑面而来的移动互联网浪潮

生活在变，世界在变。扑面而来的移动互联网浪潮，正在使这个世界呈现出前所未有的景像。如今，在机场、休闲场所、地铁等地方都可以看到越来越多的上班族拿着智能手机享受移动互联网带来的便捷服务，所有互联网的应用正向着移动终端、移动设备方面的应用去渗透和演进。

根据中国互联网信息中心 CNNIC 发布的报告，截至 2012 年 6 月，我国网民中用手机接入互联网的用户占比已达到 72.2％，首次超过台式电脑，成为了我国网民的第一大上网终端。据艾媒咨询（iiMedia Research）数据显示，截至 2014 年 6 月底，中国智能手机用户规模（存量）达到 5.56 亿人。高速增长的移动互联网用户数，反映了越来越多的人在移动过程中高速地接入互联网，获取所需的信息，完成自己想做的事情。

1. 人类已经进入了移动互联网时代

当人们还在感叹对互联网的未知远大于已知之时，移动互联网已然扑面而来。所谓移动互联网，简单通俗地说，就是将移动通信和互联网二者结合起来，成为一体。一般是指用户通过使用手机等移动终端，以在移动状态下随时随地地使用互联网的网络资源。也就是说，移动互联网是互联网与移动通信结合的产物。移动通信网络和互联网在经过了若干年的各自发展和相互渗透之后，以 iPhone 为代表的新一代智能终端的出现为标志，移动通信网络和互联网开始了真正的融合，进入了一个崭新的移动互联网时代。

如今，移动互联网让互联网的触角延伸到每一个角落，成为真正的"泛在网络"：无论何时、何地、何人，都能顺畅地通信、联络，网络几乎无所不在、无所不包、无所不能。移动互联网在通信、交友、文化娱乐、新闻传播、商务金融等各方面的应用与创新，正在深刻地影响和改变着人们的生活，也给每一个人提供新的发展机遇和展示的舞台。

历史上，每一次技术革命都成为先进生产力的代表，不仅促进了经济社会的快速发展，而且对社会文化和人类文明也产生了深刻的影响。造纸术、印刷术的发明，不仅带来了图书、报刊及印刷业的繁荣，而且对人类上千年的经济交往、思想沟通、文化交流、文明承载都产生了重要影响；电子技术的发明，带来了音像产业和广播电视业的繁荣，开启了人类电子文明的历史；电子计算机及数字技术的出现，更是给人类社会带来了翻天覆地的变化，迎来了人类的数字文明时代。移动互联网是数字技术、网络技术、通信技术相融合的产物，它的出现极大地丰富了我们的网络应用，给政治、经济、文化教育、社会交往、生活与娱乐等各个方面带来了新的变革。

知识链接

20 世纪 50 年代，加拿大学者哈罗德·英尼斯曾提出"传播的偏向"概念。经过对传播技术史的梳理，他认为历史上有一类传播媒介偏重于时间，如石碑，追求内容的亘古延续；另一类传播媒介偏重于空间，如纸张，追求信息的广泛散布。在数字技术、网络技术基础上发展起来的，以手机为代表的移动互联网，则既偏重于时间，又偏重于空间，不仅能如石碑般亘古延续，如纸张般广泛散布，而且比石碑更久远，比纸张散布更快捷。可以说，移动互联网是继互联网对旧有传播模式变革之后的又一次突破。

近年来，移动互联网发展的速度比播放电影还快，手机（包括功能手机和智能手机）、平板电脑、上网本、移动互联网设备（Mobile Internet Device，MID）、个人数字助理（Personal Digital Assistant，PDA）、笔记本电脑、MP5/MP6 等移动终端的出现犹如滔滔江水连绵不绝，又如黄河泛滥一发不可收拾，加之社交网络、博客、微博、微信、基于位置的服务（Location Based Service，LBS）的推波助澜，以及与物联网、云计算、智能手机的交织融合，于是，一连串的花样翻新、层出不穷的应用服务出现在了人们的生活中。

2. 移动互联网正在广泛而深刻地改变着世界

移动互联网时代来了，它开始深刻地改变着我们每个人的生活，一如互联网当年的辉煌。

在今天，人们可以利用移动终端的网络地图搜索应用在陌生的城市旅游，只需在终端上轻轻一点便能查到交通路线；旅途中用镜头捕捉到美丽的风景，想与亲朋好友共享，只需在移动终端的社交网络上传一张照片即可；即时通信为远方志趣相投的朋友，提供了沟通的桥梁，加深了感情，让世界变得越来越小；移动视频则成为人们打发闲暇时间的工具。今天移动互联网应用发展越来越成熟强大，引起了全球范围内的广泛关注。

> 现在，移动互联网应用缤纷多彩，娱乐、商务、信息服务等各种各样的应用开始渗入人们的基本生活。手机电视、视频通话、手机音乐下载、手机游戏、手机 IM（意为手机版即时通讯软件）、移动搜索、移动支付等移动数据业务开始带给用户新的体验，目前互联网应用以移动游戏、移动音乐等娱乐型业务为主。

携带着移动终端的用户就像一个社会传感器，在不同的角落，从不同的角度感知着社会，随着用户队伍的继续扩张，世界可被感知的部位不断增加，终将朝着更加透明和开放迈进。一方面，人们通过互联网特别是社交类网络发布自己的见闻，表达观点与看法；另一方面，移动互联网提供了随时随地发布与表达的条件，我们有理由相信，更为透明和开放的高度信息化的社会将会出现。当然，体制与机制的障碍不可忽视，但那毕竟是暂时的，技术的力量、人类的需求和社会发展的动力是不可阻挡的。

移动互联网已成为互联网业务创新和发展的重要亮点，移动通信的巨大用户市场为移动互联网业务培育了良好的发展土壤。截至 2010 年，全球移动互联网用户规模已达到 11.9 亿，增长率达到 18.7％，超过 25.9％的移动用户在使用移动互联网业务，并且这一比例还在不断增加。传统互联网应用大量向移动互联网迁移，几乎所有的常见互联网应用都能在移动互联网中找到自己的位置。而且，适应于移动互联网移动化和移动终端的特点，开发出极具特色的软件应用商店和位置服务等新型服务，开创了互联网的新"蓝海"。

移动互联网在世界各个国家扮演着越来越重要的角色，在移动互联网领域也集中了大量全球最顶尖的互联网公司、移动运营商、通信设备制造商、消费电子公司、芯片制造商和软件开发商，形成了全球性竞争与协作的局面。有关专家认为，未来移动信息社会的关键因素是移动性、互联网以及声音和图文的融合，只有在这个新发展周期中抓住机遇才能成为最大的受益者。

延伸阅读

2011年伦敦发生了一场骚乱，起因就是一名29岁的黑人男性平民被伦敦警务人员枪杀。该事件引发的社会骚乱迅速演变成暴力事件，并从伦敦扩散至各大城市。在这一事件的演变过程中，移动互联网扮演了重要推手。这个事件在网络上传得沸沸扬扬，但是英国政府却没有及时关注，所以在伦敦以及各大城市，相继爆发了大规模的示威游行、烧抢。事后，英国首相卡梅隆感慨地说："信息自由流通可以用来做好事，但同样可以用来干坏事。"

3. 移动互联网对中国的全方位影响

让我们进一步来看看移动互联网对中国社会所产生的影响。移动互联网不仅给传播生态和信息产业格局带来了变革，也引发了中国经济、政治、社会、文化、新闻传播等诸多领域的变化。

（1）改变了人们的生活方式，提升了人们的生活品质

移动互联网似一场春雨，在潜移默化中改变了人们的生活方式，不断提升着个人的生活品质。移动交流让我们"天涯若比邻"，移动阅读让无聊时间充满乐趣，移动音乐让寂寞时光洒满欢乐，移动导航让迷途不再有，移动传播让新闻资讯随处可享，移动医疗、移动教育让广大农村地区和乡镇有可能享受大都市的智力资源，移动电子商务让消费者称心、销售者满意……紧急时刻，移动互联网还能解人急难，甚至救人性命。据调查，人们随时随地都在使用智能手机，如家中、旅途中、乘坐交通工具中、餐厅内及商场内。有人

甚至说，移动终端将成为人体的第一个智能器官，它既是身体的延伸，也扮演着生活中无法替代的角色。

（2）加快了传播模式转变，改变了媒体的产业格局

大众传播时代，传播是单向的，互动既少又严重滞后；方式是一对众的，一个传播主体向广大人群传播，因此叫大众媒体、大众传播。互联网、Web2.0、社交网络改变了传统传播模式，形成了既有一对众，也有一对一、众对众的多元多向、充分互动的新传播模式。新的传播模式产生新的舆论生态：人人都有麦克风、扩音器，传统媒体、新媒体，论坛、博客、微博、微信，还有各式各样的"群""吧"，众声喧哗。由此加速了传统的传播模式向新的传播模式的转变，加速了新的舆论生态的形成。移动互联网的快速发展，带来了媒体格局的改变，报业广告份额连年下降，电视受众不断流失。因此，不仅电视、电脑屏开始融入移动终端显示屏，而且报刊、图书、游戏、音乐、广播也开始汇聚于移动终端。我国传媒业市场也逐步从传统的报刊、广电、户外"三分天下"的传媒业发展格局，转变为报刊、广电、户外和渠道、网络媒体以及移动互联网"五强竞争"的新格局，而且报刊和广电日渐式微，互联网及移动互联网则日渐强大。

（3）向人们提供了无限的学习与创作空间，丰富了人们的文化消费与享受

移动互联网所引发的"移动阅读""碎片学习""行走写作"装点和丰富着人们的文化生活。只要有移动终端陪伴，随时随地都是图书馆、课堂、书房，便捷的方式与降低的技术门槛强烈地激发着人们的学习热情和创作欲望。在堆糖、花瓣等网站的"图片瀑布"中，大部分图片都是用户借助移动终端拍摄的作品，同时，大部分图片也是针对智能手机屏幕的比例而设计的。移动互联网打破了文化创作与消费的时空界限，为文化繁荣与发展提供了新机遇和广阔天地。

（4）畅通了公民的参政议政渠道，使他们可以随时随地行使公民权利

移动互联网给每位网民都创造了各种发声建言的渠道，使得人

人有权向社会发声，并成为维护自身权益的一种重要表达方式，公民身份在此过程中得以强化。同时，移动互联网还赋予每位公民更开放的监督权和发言权，可以随身携带，无处不参与，无时不表达。公民通过此种"技术赋权"享受到了更广泛的知情权、参与权、表达权、监督权，可以随时随地参与政治活动、社会管理、公益活动等。

> 移动互联网能让公民将线上线下的讨论很顺畅地结合起来，无缝衔接，促进人们跨时空、跨领域交往，面对更多选择，人们可以自由发挥，广泛参与政治与社会活动。

（5）构建智慧网络，转变营销方式

移动互联网有庞大的用户群体，这是商家最为渴望的营销对象。智能终端不仅为商家的产品和服务提供了最好的展示平台，而且还能够与目标对象互动，搜集对方的消费喜好、偏向等信息。所以，智慧的移动互联网为商家——无论大型企业还是中小企业，都打开了一扇崭新的营销窗口。手机的随身、个性化、智能化、定位精准、互动性，加上移动社交的普及、移动支付的完善、移动电子商务安全的提升，将带来一场商业营销的革命。

（6）加速社会转型，增添发展动力

移动互联网催生了新的社会组织与管理模式，加速了中国社会转型的进程。其影响既深刻，又全面，不仅引发传统生产经营和社会结构变革，让以前不相往来的社会单元间发生联系，产生跨界合作和融合，而且还促使政治、经济、社会、科技、教育等一系列社会主要方面发生转变。行政部门充分利用移动互联网体察民情、了解民意、汇聚民智，由此推动着行政管理方式的变革。

2012 年 10 月，已有 80 年历史的美国老牌周刊类杂志《新闻周刊》宣布，将于 12 月 25 日发行印刷版的最后一期，其网络版定名为《全球新闻周刊》。印刷版《新闻周刊》闭刊，是什么导致他们闭刊呢？不是因为他们内部管理不好导致销量下降，而是因为传统广告收入在减少，所以他们跟其他报纸一样，不得不走向网络版。

　　据统计，在网上看《纽约时报》的用户是线下的 9 倍，看新浪新闻的用户是《人民日报》的 5 倍以上。根据 CNNIC 最新发布的《中国互联网络发展状况统计报告》显示，截至 2014 年 6 月，我国手机网民规模已达 5.27 亿人。

二　移动互联网的本质特征与前世今生

　　为了深入地了解移动互联网，我们很有必要来认识它的本质、特征和它的历史发展脉络。

　　移动互联网是移动通信终端与互联网相结合的产物，用户可以使用手机等移动终端设备，通过速率较高的移动网络，在移动状态下随时、随地访问网络以获取信息资源和各种网络服务。移动互联网有别于互联网，互联网是一个对等的、没有管理系统的网络；而移动互联网基于电信网络，是具有管理系统的层次管理网，具有完整的计费和管理系统。而且，移动互联网的移动终端具有不同于互联网终端的移动特性、个性化特征，用户的体验也不尽相同。

1. 什么是移动互联网

　　简单地说，移动互联网是把移动通信网作为接入网的互联网。移动通信技术、终端技术与互联网技术的聚合，使得移动互联网不是固定互联网在移动网上的复制，而是一种新能力、新思想和新模式的体现，并将不断催生出新的产业形态和业务形态。

目前，对于移动互联网这一概念的内涵，并没有统一的认识。中外不同的移动互联网机构，不同的学者、专家有着不同的认识和观点。

综合中外各家的认识和观点可以看出，移动互联网包含着两个必需的层次：其一，是一种接入方式或通道，运营商通过这个通道为用户提供数据接入，从而使传统互联网移动化；其二，是在这个通道之上，运营商可以提供定制内容推送，从而使移动化的互联网逐渐普及。

从本质上认识和理解，移动互联网是以移动通信网作为接入网络的互联网及服务，其关键要素为移动通信网络接入，包括3G、4G等（不含通过没有移动功能的WiFi和固定无线宽带接入提供的互联网服务）；移动互联网面向公众的互联网服务，包括WAP和Web两种方式；移动互联网具有移动性和移动终端的适配性特点；移动互联网终端，包括手机、专用移动互联网终端和数据卡方式的便携式电脑。因此，理解移动互联网，需要抓住以下几个关键：

其一，移动互联网的立足点是互联网。显而易见，没有互联网就不可能有移动互联网。从本质和内涵来看，移动互联网继承了互联网的本质属性，并在三个方面表明它是互联网的继承与发展。一是移动互联网应用和计算机互联网应用高度重合，主流应用当前仍是计算机互联网的内容平移。数据表明，目前在世界范围内，浏览新闻、在线聊天、阅读、视频和搜索等是排名靠前的移动互联网应用，同样这也是互联网的主流应用；二是移动互联网继承了互联网上的商业模式，后向收费是主体，运营商代收费的模式加快萎缩；三是互联网巨头快速布局移动互联网。

> 移动互联网主要由公众互联网上的内容、移动通信网接入、便携式终端和不断创新的商业模式所构成，大致包括三种类型：以移动运营商为主导的封闭式移动互联网、以终端厂商为主导的相对封闭式移动互联网和以网络运营商为主导的开放式移动互联网。

其二，相对于互联网，移动互联网的最大创新点是移动性。移动性的内涵特征是实时性、隐私性、便携性、准确性和可定位等，这些都是有别于互联网的创新点，主要体现在移动场景、移动终端和移动网络三个方面。在移动场景方面，表现为随时随地地信息访问，如手机上网浏览；随时随地地沟通交流，如手机 QQ 聊天；随时随地采集各类信息，如手机 RFID（意为无线射频识别）应用等。在移动终端方面，表现为随身携带、更个性化、更为灵活的操控性、越来越智能化，以及应用和内容可以不断更新等。在移动网络方面，表现为可以提供定位和位置服务，并且具有支持用户身份认证、支付、计费结算、用户分析和信息推送的能力等。

其三，移动互联网的价值点是社会信息化。首先，移动互联网以全新的信息技术、手段和模式改变并丰富着人们沟通交流的生活方式。例如，Facebook 将用户状态、视频、音乐、照片和游戏等融入人际沟通，改变和丰富了人际沟通的方式和内容。手机微博更是提供了一种全新便捷的沟通交流方式，2010 年，新浪微博注册用户中，手机用户占比为 46％左右。其次，移动互联网带来社会信息采集、加工和分发模式的转变，将带来新的广阔的行业发展机会，基于移动互联网的移动信息化将催生大量的新的行业信息化应用。例如，IBM 推进的"智慧地球"计划很大程度上就是将物联网与移动互联网应用相结合，而将移动互联网和电子商务有效结合起来就拓展出移动商务这一新型的应用领域。

其四，移动互联网是一种通过智能移动终端，采用移动无线通信方式获取业务和服务的新兴业态，包含终端、软件平台和应用服务三个层面。移动互联网作为融合性新兴业态已成为全球技术创新制高点和经济增长点，是我国战略性新兴产业重点发展的方向之一。在技术创新方面，移动互联网涉及芯片、显示、自然屏幕、移动云服务、智能控制、信息安全、宽带传输等前沿领域，聚集了全球顶尖的科技资源，是半个世纪以来信息技术创新的集大成者。在产业链方面，移动互联网囊括了第二产业的先进制造业和第三产业的现代服务业两个方面：制造业部分涵盖了芯片、核心器件及智能终端机生产；服务业部分涵盖了软件、应用服务、系统平台等，其中软件及应用服务涉及娱乐、支付、电子商务、社交、媒体、行业应用等诸多领域。移动互联网的产业竞争是基于"终端＋软件＋内容＋服务"的全产业链生态系统的竞争，具有产业链条长、产业带动性强、国际化程度高和技术创新活跃的特征，将朝着"无处不在、无时不有"的方向发展，加速向娱乐、媒体、社交、生活等行业和领域渗透。

知识链接

目前，移动互联网上网方式主要有 WAP 和 WWW 两种，其中 WAP 是主流。WAP 站点主要包括两类网站：一类是由运营商建立的官方网站，如中国移动建立的移动梦网；另一类是非官方的独立 WAP 网站，建立在移动运营商的无线网络之上，但独立于移动运营商。

2. 移动互联网的主要特征

移动互联网是在传统互联网基础上发展起来的，因此，二者具有很多共性，但由于移动通信技术和移动终端发展不同，它又具备许多传统互联网没有的新特性。

(1) 移动性

移动性是移动互联网的基本特征，移动互联网区别于传统互联网最大的特点即移动性。传统互联网主要基于桌面终端（台式 PC、笔记本电脑、服务器）提供网络及内容的服务。而移动互联网更加便于为手持设备（智能手机、电纸书、平板电脑）及便携设备（上网本）提供网络与服务。移动终端体积小而易于携带，移动互联网包含了适合移动应用的各类信息，用户可以随时随地进行采购、交易、质询、决策、交流等各类活动。移动性带来接入便捷、无所不在的连接以及精确的位置信息，而位置信息与其他信息的结合蕴藏着巨大的业务潜力。

（2）开放性

开放性是移动互联网的本质特征，移动互联网是基于 IT 和 CT（意为电子计算机断层扫描）技术之上的应用网络。其业务开发模式借鉴 SOA（意为面向服务的体系结构）和 Web2.0 模式将原有封闭的电信业务能力开放出来，并结合 Web 方式的应用业务层面，通过简单的 API（意为应用程序编辑接口）或数据库访问等方式提供集成的开发工具，给兼具内容提供者和业务开发者的企业和个人用户使用。

（3）私密性

与固定互联网不同，移动互联网业务的用户一般对应着一个具体的移动话音用户，即移动话音、移动互联网业务承载在同一个个性化的终端上。因此，移动互联网业务也具有一定的私密性。高私密性决定了移动互联网终端应用的特点：数据共享时既要保障认证客户的有效性，也要保证信息的安全性。这不同于传统互联网公开、透明、开放的特点。

（4）定位性

移动互联网有别于传统互联网的典型应用，它是位置服务应用。移动互联网提供以下几种服务：位置签到、位置分享及基于位置的社交应用；基于位置围栏的用户监控及消息通知服务；生活导航及优惠券集成服务；基于位置的娱乐和电子商务应用；基于位置的用户换机上下文感知及信息服务。SoLoMo（意为社交本地移动）能很好地概括移动互联网位置服务的特点：社交化、本地化以及移动性。目前，越来越多的移动互联网用户选择位置服务应用，这也是未来移动互联网的发展趋势所在。

（5）局限性

移动互联网应用服务在便捷的同时，也受到了来自网络能力和终端硬件能力的限制。在网络能力方面，受到无线网络传输环境、技术能力等因素限制；在终端硬件能力方面，受到终端大小、处理能力、电池容量等的限制。移动互联网各个部分相互联系，相互作用并制约发展，任何一部分的滞后都会延缓移动互联网发展的步伐。例如，手机视频和移动网游应用，只有高带宽才能使其运行流畅以提升用户体验满意度。

（6）融合性

融合化是移动互联网的趋势特征。移动互联网本质上是通信与互联网这两个传统产业的融合。融合化有两层含义：第一是应用的融合；第二是产业生态环境的融合。移动互联网的发展实践证明，单一的厂商越来越难以满足用户差异化、个性化且迅速膨胀的移动互联网需求。业务融合在移动互联网时代下催生，用户的需求更加多样化和个性化，而单一的网络无法满足用户的需求，技术的开放已经为业务的融合提供了可能性及更多的渠道。融合的技术正在将多个原本分离的业务能力整合起来，使业务由以前的垂直结构向水平结构方向发展，创造出更多的新生事物。种类繁多的数据、视频和流媒体业务可以变换出万花筒般的多彩应用，如富媒体服务、移动社区和家庭信息化等。同时，由于通信技术与计算机技术和消费电子技术的融合，使移动终端既是一个通信终端，也是一个功能越来越强的计算平台、媒体摄录和播放平台，甚至是便携式金融终端。随着集成电路和软件技术的进一步发展，移动终端还将集成越来越多的功能。终端智能化由芯片技术的发展和制造工艺的改进驱动，二者的发展使得个人终端具备了强大的业务处理和智能外设功能。

> 移动互联网的本质是通信和互联网的融合，以满足人们在任何时候、任何地点，以任何方式获取并处理信息的需求。这意味着信息量的爆炸式增长，信息流动速度的极大加快。微博、Facebook等移动互联网典型应用的飞速成长就印证了这一点。

移动互联网将进一步促进世界扁平化。多年以前，美国学者、《世界是平的》作者弗里德曼曾为我们展示了 21 世纪的新风景：鼠标轻点，不管身在何处都能轻易调动世界的产业链条。而今天在移动互联网时代，鼠标将成为过去，弗里德曼为我们描述的情境将演化为：手指轻触，随时随地掌握信息。

3. 移动互联网的前身：移动通信

移动互联网是移动通信＋互联网，首先因为有了移动通信，所以才出现了移动状态下的互联网。移动互联网的前身，正是移动通信。没有移动通信，就不可能有移动互联网。

移动通信的主要目的是实现任何时间、任何地点和任何通信对象之间的通信。移动通信系统从 20 世纪 40 年代发展至今，根据其发展历程和发展方向，可以划分为以下几个阶段：

第一阶段：模拟蜂窝移动通信，这是第一代移动通信系统。1978年，美国贝尔实验室研制成功先进移动电话系统，建成了小区制的蜂窝式移动通信系统。它实现了频率复用，大大提高了系统容量。从 20 世纪 70 年代中期至 80 年代中期，由于模拟制式的蜂窝移动通信系统频谱利用率低、业务种类受限、语音质量差、通话易被窃听、不能提供数据业务，难以满足移动通信系统的发展。到 1994 年推出数字体制时，由于数字蜂窝移动通信系统 GSM 发展非常迅速，短短几年便取代了红极一时的传统"大哥大"。

第二阶段：数字蜂窝移动通信，这是第二代移动通信系统。为了解决模拟系统中存在的一些根本性技术缺陷，数字移动通信技术应运而生。20 世纪 90 年代开发出的以数字传输、时分多址和窄带码分多址为主体的移动电话系统，就是以 GSM 和 CDMA IS-95 为代表的第二代移动通信系统。CDMA 系统容量大，相当于模拟系统的 10—20 倍。由于第二代移动通信以传输语音和低速数据业务为目的，因此从 1996 年开始，为了解决中速数据传输问题，又出现了 2.5 代的移动通信系统，如 GPRS 和 IS-95B。

数字化推动了业务的多样化，随着数据业务的发展，出现了移动互联网 CP/SP 增值业务。GPRS 分组数据网引入后，数据和多媒体通信有了迅猛的发展势头，第二代移动电话系统逐渐显示出它的不足之处：首先，频带太窄，不能提供如高速数据、慢速图像与电视图像等的各种宽带信息业务，限制了数据业务的发展；其次，由于各国第二代数字移动通信系统标准不统一，因而无法进行全球漫游。这些问题都促进了第三代移动通信的产生。

第三阶段：宽带多媒体通信，这也是第三代移动通信技术（3G）。第三代移动通信系统目标是能提供多种类型、高质量的多媒体业务，能实现全球无缝覆盖，具有全球漫游能力，能与第二代移动通信系统兼容，并能以小型便携式终端在任何时候、任何地点进行任何种类的通信系统。虽然在国际电联 ITU 制定国际移动电话系统标准 IMT-2000 时，希望提供全球统一的 3G 标准，但在各方利益驱动下，在第三代移动通信发展中，出现了三种主流技术：TD-SCDMA、CDMA2000 和 WCDMA，这三个系统并不兼容，终端也不能通用，因此，也出现了很多多模式终端。

> 随着 3G 的部署，3G 网络提供了更高的带宽和速率的数据传输承载，而且随着手机终端能力不断提高，终端智能化不断提高，相比于 GPRS，移动终端上网获得了更好的业务体验。3G 促进移动和互联网业务更加迅速地融合，促使移动互联网时代真正来临。

第四阶段：集成多功能的宽带移动通信系统，使宽带接入 IP 系统，这也是第四代移动通信系统（4G）。4G 移动通信技术的信息传输级数要比 3G 高一个等级，除了高速信息传输技术外，它还包括高速移动无线信息存取系统、移动平台技术、安全密码技术以及终端间通信技术等，具有极高的安全性。LTE（意为长期演进）被认为是准 4G 的标准，是 3G 与 4G 技术之间的一个过渡，它采用正交频分复用技术 OFDM 和多用户多入多出技术 MIMO 作为其空中接口标准，在 20MHz 带宽下能够提供下行 100Mbit/s 与上行 50Mbit/s 的峰值速率。

从上述回顾中可以得出这样的结论：互联网与移动通信相伴而行、相互借力。移动通信业务发展初期，只要提供较为简单的语音业务就可以满足大部分用户的需求。由电信运营商构建本区域覆盖的网络，本地网大型交换机通过信令网形成全程全网的封闭网络系统，网络可提供的业务种类、使用方式都在网络建设时就确定了，网络建设需求完全以运营商为核心进行确定。随着通信业务竞争的日益加剧和业务发展，通信网络正在逐步实现开放。

4. 移动互联网迅速发展的原因

"把互联网装进口袋"或许是对移动互联网最完美的诠释，移动互联网并非独立于传统的互联网之外，而是与之有着千丝万缕的联系。移动互联网产生和迅猛发展的原因可归结为以下两个方面：

（1）移动设备的发展和普及

随着移动通信的迅速发展和普及，移动设备无论从功能和种类还是数量和质量上都得到了飞速发展。移动设备由于体积小、携带方便，并且集中了计算、编辑、多媒体和网络等多种功能，极大地推动了移动互联网的发展。

作为最常见的一种移动设备，手机的迅速普及带动了移动互联网的高速发展。截至 2011 年，全球手机用户已达 59 亿，全球移动通信渗透率已达 87％，发展中国家的渗透率也高达 79％；早在 2004 年，意大利、瑞典、英国和荷兰的手机拥有率就已经达到甚至超过 100％，这些国家正是移动互联网最发达的国家和地区。中国也是移动互联网应用比较领先的地区，这得益于中国的手机普及率。早在 2001 年 1 月底，中国的手机用户数量就已经达到世界第一。截至 2013 年年底，中国手机用户数达 11.2 亿，其中 3G 移动电话用户为 2.46 亿。从 2011 年至今，中国手机用户数正以每月1000万的速度增长，这说明中国移动互联网的发展有很大的潜力。特别是移动社交、移动商务的快速发展尤其得益于智能手机的发展。随着智能手机在全球迅速普及，越来越多的用户开始借助智能手机上网，增强了对移动购物的兴趣和实践，同时由于智能手机的便携性特点，更方便用户在某些领域购物，如限时抢购、票务等。调查显示，在中国，59％的智能手机进行过商品购买，且76％的用户至少每月进行一次购买活动。

（2）移动通信技术的发展

移动数据通信和互联网技术的飞速发展为移动互联网的发展提供了保障。相对于互联网的发展，移动通信领域是当前发展较快、应用较广和较前沿的通信领域之一，它的最终目标是实现在任何地点、任何时间与其他任何人进行任何方式的无线通信。

近几年，中国国内运营商3G用户的增长已悄然进入快车道。截至2013年7月，中国3G用户总数已经超过3.2亿，在手机用户总数的占比也已近30％，这意味着3G发展在中国将全面进入爆发期，未来的增长速度将越来越快。有研究表明，消费者在使用基于3G网络的移动设备进行网页搜索所提供的关键词长度是使用桌面搜索时的两倍，而且购物也更为迫切，在得到搜索结果之后，高达88％的用户在24小时之内都会下订单。

> 移动互联网的兴起得益于全球互联网技术的迅速发展，也得益于移动通信技术的迅速发展和成熟，必将成为21世纪推动社会、经济、生活和文化进步的重要动力和工具。全球性的移动互联网正逐渐渗透到每个人的生存空间，将对人们的工作方式、生活方式、商业关系和政府作用等产生深远的影响。

三　世界与中国移动互联网的发展格局与最新态势

1. 全球移动互联网的发展现状

近年来，全球移动互联网的发展状况已超出人们的想象和专家的预测，在用户基数、终端、网络流量上呈现出爆发式增长，并集中表现在以下几个方面：

（1）网络速度与流量同步剧增

移动互联网终端设备需要某种形式的移动数据连接，现在很多智能手机和其他移动终端设备支持 WiFi 无线连接。随着网络连接速度变快，人们对移动数据的需求也增大了。统计显示：2011 年每月的移动数据流量达 400PB；1％移动数据用户产生的移动数据流量占全部移动数据流量的 20％；全球活跃移动宽带用户的数量为 12 亿。相比过去几年，这种需求已出现了大幅度增长。

（2）终端设备使用技术飞跃变化

由于用来访问移动网络，促使智能手机拥有了比一般手机更大的触摸显示屏、更快的处理器和更大的存储空间。据统计：2013 年全球智能手机的销量达 9.68 亿台，较之 2012 年销量显著增长 42.3％，在整体手机销量中，智能手机占 53.6％。从移动互联网移动终端发展来看，从 1996 年诺基亚 9000 Communicator 手机在芬兰推出首个商用无线网络以来，这个行业发生了翻天覆地的变化。

平板电脑通常被用作媒体消费设备。许多精英人士更多地使用平板电脑，而不是智能手机来浏览网页。有关平板电脑和移动网络的信息如下：2010 年平板电脑用户的数量达 1030 万人；在零售网站的移动流量中，平板电脑占 21％；苹果 iPad 占全球平板电脑网络流量的 88％。

（3）产业规模增长创造奇迹

据不完全统计，截至 2013 年年底，全球手机出货量达到 18 亿部，其中智能手机产量首次突破 10 亿台。市场研究机构 Gartner2013 年 4 月发布报告称，2013 年平板电脑出货量将达 1.97 亿台。

当前，全球移动互联网产业主要分布在八国首脑高峰会议 G8 和金砖四国，北美洲（美国、加拿大），欧洲（英国、法国、德国），亚洲的日本、中国和印度。中国是全球智能移动终端的主要制造和出口国，当前中国手机产量约占全球的 80％，其中智能手机出货量位列全球第一，智能终端产值居全球首位。北美和西欧拥有移动互联网终端芯片、平台软件和应用软件的研发能力，其中软件与服务产值较高。

（4）产品多态化特征明显，产业格局引发震荡

目前，移动终端主流形态包括智能手机、平板电脑、PSP等，未来在全球移动互联网巨头谷歌、苹果等企业的引导下，智能手表、智能眼镜等其他形态的移动智能终端设备将与智能手机形成互补关系，深入到用户的生活中，不断丰富用户移动中的通信方式，逐渐深刻改变用户的生活习惯和通信习惯。因此，智能手机产量、产值未来增长势头还将持续，不断丰富的终端形态将为全球移动互联网产值提供更多的持续性增长动力。

同时，产业兼并收购动作频繁，产业格局震荡变换。全球移动互联网产业的发展从产业发展的历史规律上来看是一个兼并收购的过程。2011年，为立足移动互联网产业解决专利问题，在微软、苹果专利之争中起到制约作用，谷歌不惜痛下血本收购摩托罗拉。而苹果也在移动互联网产业布局中，不断进行收购活动以壮大其势力范围和创新技术能力，通过业务整合加速全球移动互联网产业布局。行业格局变动剧烈，传统互联网厂商加速转型，以适应移动互联网时代的到来。

（5）热门应用快速普及，行业竞争白热化

移动互联网发展的现阶段，分散式应用已经全方位地满足了人们的娱乐、办公、休闲需求，而分散的应用分布是移动互联网产业链的中期行业，竞争进入白热化阶段、无序阶段的一个特征。随着产业链各方产品和技术的成熟，平台式应用成为众多产业链参与者积极寻求的一个发展模式，以建立自己的生态系统。

> 全球移动互联网应用现状将从移动浏览、移动社交、移动搜索、移动支付等热门应用全面展开。移动浏览是智能手机和平板电脑上最常见的活动之一，很多移动设备都已能够显示完整的网站内容。

伴随着移动网络的爆炸式增长，社交网络也获得了长足的发展，移动网络和社交网络，再加上地理位置服务，这是最受全球用户追捧的流行应用，无论是在生活还是在工作中都会使用移动社交网络应用。

2. 全球移动互联网的发展态势

根据全球移动通信系统协会报告显示，2015 年全球移动行业收入预计将达到 1.9 万亿美元。移动互联网正在迅速地超越传统互联网，以 10 倍于桌面互联网产值的规模，对经济发展产生巨大的推动作用，其未来将呈现以下发展态势：

（1）移动应用的创新与普及将不断改变传统生活模式

未来几年，移动视频、移动支付、移动游戏、移动社交、移动搜索、位置服务、移动浏览器等关乎人们生活、娱乐、社交等，大批新型应用大规模涌现。用户对互联网的关注从 PC 开始逐渐转移到移动终端上，Facebook 用户、Twitter 用户和微博用户在移动终端上的活跃程度远远高于台式机用户。移动应用普及极大地拓宽了网络时代的信息传播途径，大大改变了传统的生活方式。未来，人们的生活方式将更加依赖于移动互联网，从而也将衍生出更多的应用需求。

人类生活将向移动智能化生活全方位演进，未来的移动互联网将占据人们生活的重要部分，移动互联网已不仅限于移动通信，全方位的智能化生活将被移动互联网开启，移动智能生活将无处不在。智能终端可穿戴于用户，具备移动性、实时交互性、全程无线，在用户行动的过程中为用户提供实时的环境信息、建筑物信息，实时路线导航，实时情况提醒，将互联网技术与用户的实际生活需求无缝结合，建立主动服务的智能体系。

（2）重组全球信息通信技术 ICT 产业格局，加速"终端＋软件＋内容＋服务"的系统整合

移动互联网产业对 ICT 产业的重组向纵深方向进一步发展：从单一的软件或硬件的产品竞争，转变为"终端＋软件＋内容＋服务"的全

产业链竞争，竞争主体由传统的硬件制造商，发展到系统开发商、应用提供商、内容提供商、服务提供商、技术提供商、解决方案提供商。传统的"横向整合"转变为目前主流的"垂直整合"，加速了移动互联网新格局的确立，传统 ICT 企业正以重组和整合来应对移动互联网产业的深刻变革。

移动互联网是电信、互联网、媒体、娱乐等产业融合的汇聚点，移动互联网时代是设备与服务融合的时代，是产业间互相进入的时代。在这种情况下，移动互联网的实现技术、商业模式以及参与主体都将呈现出多元化发展的趋势。全球行业巨头谷歌收购摩托罗拉、研发开源手机操作系统、推出搭载其平台软件的 Nexus 智能手机等一系列动作都呈现了未来产业链各环节融合发展的趋势。实现技术多元化发展主要表现在网络接入技术多元化和移动终端解决方案多样化。网关技术不断推动内容制作的多元化，网关技术的发展极大地丰富了移动互联网的内容来源和制作渠道。

（3）开源软件需求将伴随智能终端形态与数量的增长加速

操作系统开源已经是全球移动互联网平台软件未来的大势所趋，绝大多数后来的系统均是基于 Linux 系统内核，亦都采用开发社区＋应用商店的模式。未来基于这种多系统同内核的应用程序必然走向兼容，因为开源模式对于设备商构成的风险最小，同时对开发者也最为有利。从性能层面讲，开源操作系统有利于厂商在硬件和应用中实现差异化。开源的平台软件为应用开发者提供了良好的开发土壤，未来移动终端出货量还将快速增加，移动终端的多态化趋势必将带动不同形态终端的操作系统平台的出现。

（4）汇聚政产学研用的同步支持，从消费领域向行业级应用快速渗透

随着移动应用环境的成熟和行业信息化建设的深化，汇聚政产学研用资源的移动互联网产业，将为其他行业发展注入新的活力。行业用户正在形成移动互联网新的需求驱动力，行业用户利用移动办公、移动工

作流程管理以及移动人员管理等手段，将大幅提升业务效率，政务、交通、警务、烟草、医疗卫生、教育等行业应用前景十分广泛。

（5）激发创业创新的蓬勃生机，依托商业模式创新的新兴公司层出不穷

移动互联网彻底改变了企业创业领域，它的崛起会比传统互联网带来的冲击更大、变化更快、颠覆的范围更广。智能手机全球范围的普及给基于移动互联网的创业者带来了前所未有的机遇，新产品可以在极短时间内接触到几千万甚至上亿的用户，依托几个开发者、一款产品、几千万用户、数亿美元估值，成为移动互联网时代的创业亮点。移动互联网正受到创业者和投资界的广泛关注，移动阅读、移动游戏、移动多媒体、移动社交、移动电子商务等领域的新兴公司蓬勃发展，创业创新异常活跃。

3. 全球移动互联网业务未来的发展方向

根据移动互联网的发展现状和技术创新能力预判，全球的移动互联网业务正朝着信息化、娱乐化、商务化和行业化这四个主要方向发展。

（1）信息化

随着通信技术的发展，信息类业务也逐渐从通过传统的文字表达的阶段向通过图片、视频和音乐等多种方式表达的阶段过渡。在各种信息类业务中，除了传统的网页浏览之外，以 Push（意为推送）形式来传送的移动广告和新闻等业务的发展也非常迅速。移动广告通过移动网络传播商业信息，旨在通过这些商业信息影响广告受众的态度、意图和行为。近年来，移动广告在欧洲等发达国家、日本及韩国快速增长，可以预见，人们对手机终端传递信息的方式的依赖将越来越严重。

典型的信息类业务有四种：一是手机报，即根据综合、体育和音乐等内容形成系列早晚报，推出各类品牌专刊，形成彩信报刊体系；二是手机杂志，即通过手机下发彩信的方式，将杂志的内容下发到手机；三是手机电视，即通过手机播放视频流的方式播放电视节目；四是手机广告，即通过手机下发彩信和播放视频流等方式向用户推送广告。

（2）娱乐化

当前，从西方国家和日、韩等国的移动互联网业务的发展情况来看，包括无线音乐、手机游戏、手机动漫和手机电视等在内的无线娱乐业务增势强劲，成为移动运营商最重要的业务增长点。在我国，随着彩铃、炫铃和 IVR 语音增值业务的相继推出，迅速掀起了一股无线音乐流行风。

典型的娱乐类业务有四种：一是无线音乐排行榜，由用户下载数量决定的榜单，是最具有说服力的音乐榜；二是手机音乐，提供不受时间和地点限制的音视频娱乐服务；三是手机游戏，提供统一的用户游戏门户和社区；四是即时通讯 IM 社区，建立移动虚拟社区，使用户成为信息创造者和传播者。

（3）商务化

近几年，为了满足广大用户移动炒股、移动支付和收发邮件等需求，移动运营商全面加快了移动商务应用的开发和市场推广步伐。与传统的股票交易方式相比，以手机为载体的"掌上股市"业务比现场交易、网上交易和电话委托更方便、更快捷。"掌上股市"业务一经推出，便受到了社会各界的广泛关注。

> 移动互联网是电信、互联网、媒体和娱乐等产业融合的汇聚点，各种宽带无线通信、移动通信和互联网技术都在移动互联网业务中得到了很好的应用。从长远来看，移动互联网实现技术多样化是一个重要趋势。

典型的商务类业务有四种：一是手机钱包，可以购买彩票和股票，还可以进行小额支付；二是 RFID，可以作为门禁卡、会员卡和信用卡，拓展手机的功能；三是二维条形码，可以作各类电子票和门票使用；四是手机邮件，使用手机收发处理邮件。

（4）行业化

随着 3G、4G 商用的日益普及，以及互联网技术的发展，日趋成熟的移动行业应用将加速普及，成为推动行业信息化建设的重要力量。

移动互联网的兴起也推动了互联网新业务的产生，典型的行业类业务有：移动定位、移动办公、移动视频监控、移动医疗、无线城市等。移动互联网的发展前景巨大，对经济和社会的影响将十分巨大，将是一个价值利益巨大的产业。

4. 中国移动互联网的高速发展

2013 年 8 月 1 日，《"宽带中国"战略及实施方案》印发，8 月中旬，国务院常务会议讨论通过《关于促进信息消费扩大内需的若干意见》，一系列政策的密集发布为移动互联网产业未来的发展带来了重多益处。

在政府政策扶持下，4G 上网手机在中国快速普及，其他移动终端销量大增。移动网络资费连年下调，宽带网络加 WLAN 使无线上网平民化、家庭化。电信运营商、设备制造商、增值服务提供商及传统互联网企业纷纷转战移动互联网，积极布局。这些因素共同推动了移动互联网在中国的快速发展。

（1）移动互联网用户数量快速增长、潜力巨大

根据 CNNIC 数据显示，截至 2014 年 6 月，中国手机网民规模达到 6.32 亿，处在扩散曲线迅速攀升范围，其增长率远远高于当年中国互联网网民的增长率，占中国网民总数 83.4%，比美国总人口还要多。

我国近 13 亿手机用户都是移动互联网的潜在用户，随着智能手机、平板电脑、笔记本电脑的普及，电子阅读器、联网游戏机、联网视频播放器销量的扩大，移动互联网网民数量增长有着巨大的上升空间。随着用户数量的增长，移动互联网必将释放出更大的能量。

（2）移动终端设备已经成为上网接入的主流设备

各类移动终端数量和上网使用率都在不断增长。移动智能终端在 2010 年第四季度不仅销量超过 PC，而且作为上网终端的比例也已超过 PC。截至 2014 年 6 月，在各类上网接入设备中，使用台式电脑上网的网民比例为 69.6%，比 2013 年年底降低 0.1 个百分点，与之相应，使用手机上网的网民比例则上升至 83.4%，使用笔记本电脑上网的网民比例则略有增加，达到 43.7%。可见，移动终端的上网使用率已经超

越传统台式电脑。随着千元智能机品种的不断推出，移动终端在上网接入设备中所占比例还会大幅提高。

（3）移动互联网市场规模持续扩大

艾瑞咨询统计数据显示，2013年中国移动互联网市场规模（直接由移动互联网产业各部门形成的交易总额）达1059.8亿元，同比增长81.2%。

移动互联网市场的发展带动了相关产业大规模增长。据新华网披露，2012年中国移动互联网产业规模（由移动互联网产业自身形成及带动其他相关产业部门形成的交易总额）超过9000亿元，增加值约3200亿元。在增长数字背后，中国移动互联网产业特征逐渐凸显，新型业务发展快。根据艾瑞咨询报告，传统的移动增值业务市场份额所占比例仍居首位，但已呈下降趋势，移动电子商务交易规模增长迅速，2012年已超过增值服务成为最大的细分行业。易观国际的数据也说明，2013年移动购物与无线广告在移动市场规模占比都有了很大的提高，尤其是移动购物，2013年市场交易规模达1676.4亿元。整个市场发展越来越具有移动互联网特色。

知识链接

移动互联网正在成为中国经济增长的新引擎。传统产业借助移动互联网的技术创新平台得到改造升级；移动APP经济模式，带动了终端制造业和应用软件开发的繁荣，带来了网络移动数据流量的激增；智能手机的销量已超过台式电脑销量，移动互联网有望产生比桌面互联网更大的市场。未来移动互联网将由消费决定生产，消费者个性化的需求将引发大规模的非标准化生产、广阔的长尾市场。

（4）服务行业信息化进程加速

近几年，在全面服务大众用户的同时，中国联通和中国移动全面加快了服务行业信息化的步伐。在全面了解不同行业信息化需求的基础上，中国移动积极联手各产业各方开发出了集团短信、集团 E 网、无线 DDN（意为无线数据传输系统）、移动定位和移动虚拟总机等行业应用解决方案，并在交通、税务、公安、金融、海关、电力和油田等领域得到了日益广泛的应用，有效提高了这些行业的信息化水平。从 2008年起，在全面了解企业集团客户差异化需求的基础上，中国移动推出了移动代理服务器 MAS 和集中托管式数据应用 ADC 两种移动信息化应用模式，加快了行业应用向中小企业的渗透步伐。

在服务行业信息化的进程中，中国移动和中国联通都采取了"以点带面"的方式，选择信息化需求较高、信息化环境比较成熟的行业予以重点突破，取得了显著成效。

典型的行业类业务有两种：一是移动定位，用于车辆调度、车辆导航等；二是移动办公，可以让员工不在办公室时仍能轻松处理工作事宜。

5. 中国移动互联网未来的机遇、挑战

我国近年来通过大力发展移动互联网，已经为社会各个部门带来新的变化与发展机遇，同时因为新旧交替，也必然会给社会带来新问题与新挑战，主要表现为以下几个方面：

其一，移动互联网的发展给我国创造了难得的超越机遇和后发优势，但缺乏核心技术和创新严重不足是发展的最大障碍。在早期移动通信和互联网领域，我国企业和市场通常只能扮演被动接受者、跟随者，乃至模仿者角色。但在移动互联网时代，我国已成为全球最大的移动市场，拥有规模最庞大的用户群，排名世界前列的手机、智能终端生产能力，还有位列世界 500 强的运营商鼎力支持，这使我国移动互联网相关企业有了后起赶超的机会。以我国为主研发的新一代移动通信技术 TD-LTE-Advanced 已被国际电信联盟正式确定为第四代移动通信两大国际标准之一，我国基于 IPv6 的下一代互联网协议的研制和开发亦属世界先进行列。

作为发展中国家，移动互联网给我国带来了难得的超越机遇。但是，移动互联网的核心技术——智能终端操作系统等仍掌握在美国等少数发达国家手中；智能手机芯片，我国也与其存在相当大的差距。国外

科技强国不断推出新的技术标准，制定有利于自己的游戏规则，技术话语权不在我们手中，而且我们的创新能力也相当落后，未来移动互联网技术高地的争夺，我国的胜算还不多。

其二，移动互联网给各行各业带来转型、突破的机会。但抓不住机遇则可能陷于困境。移动互联网给许多行业带来机遇，也造成了危机。强大的、拥有渠道垄断优势的电信运营商可以向"云"延伸，可以向智能终端拓展，但也面临被挤压、成为单纯"管道"角色的危险；图书出版业可以利用现有资源向网络进军、向移动扩展，获得数字出版机遇，获得广阔的销售空间，但传统业务正在萎缩，而新市场正被他人瓜分；零售业拥有开拓电子商务的货源、渠道、资金优势，但传统业务市场正在缩小，互联网企业又已做大做强电子商务，后来者没有多少发展空间了；传统传媒业拥有向互联网和移动互联网拓展的意愿与动力，但转型之路漫长、赢利模式不明……移动互联网给予各行各业以新的机遇，同时也让其面临强大的挑战。在数字技术、互联网和移动互联网的冲击下，行业、企业及社会职位都在嬗变，抓住机遇，迎接挑战，迎难而上，才能立足于未来。

其三，移动社交网络极强的组织动员能力，便捷了人们的生活，方便了沟通交流。但是，移动互联网缺乏规范也给社会与个人带来了危害。移动互联网的发展大大提高了信息传递的速度与精准度，社会组织的动员能力明显增强。智能手机正在成为最贴身、须臾不离的个人物品，而且还能将录音笔、照相机、摄像机功能融为一体，成为集大成的智能化工具。在可以预见的未来，手机还将融信用卡、家庭安全助理、随身工作计算机等功能于一身，人们的移动生活将更为随心所欲。

但是，有利也有弊，移动互联网强大、快捷的组织动员能力也能够被利用来危害社会、反主流、损害公众利益、阻碍社会进步。谣言通过手机、移动互联网快速广泛传播会引起公众恐慌，导致社会动荡。如何用好移动互联网特别是移动化的社交网络为社会管理服务是一大课题；如何应对、防范某些个人或社会组织利用移动互联网络制造骚乱、危害社会与公众利益，是更为重要和紧迫的课题。

> 移动互联网眼下正在如火如荼地发展着，人们都在充分享受着移动互联网产业发展带来的种种便利。随着智能手机的普及和更新，它定会影响到人们社会和生活的方方面面并使之发生翻天覆地的变化，所以说，移动互联网成就中国社会的美好未来。

手机、移动上网已成为每个人的必需，但是，垃圾信息、恶意攻击、隐私暴露等问题随之而来，个人信息安全，甚至个人行踪信息的保护、财产安全更是个人也是社会需要直面的问题。每个人都要有个人信息安全、手机安全、"云"安全的意识，都要正视这些危险。

相对于移动互联网的成长速度，立法规范已经相当滞后。为了社会的健康与稳定、个人的安全与幸福，移动互联网法律、管理方面的建设必须提速。

6. 中国移动互联网未来的发展趋势

面对机遇和挑战，中国从来都不缺少勇气、智慧和行动力。移动互联网近年来的快速发展，一直以不断创新的业务应用，不断给人以惊喜，不断创造新的市场。根据有关专家的研究分析，未来的中国移动互联网，将表现出以下几种发展趋势：

其一，用户增长、应用开发、信息服务将进入爆发期，行业竞争将更趋激烈。未来几年，中国智能手机市场规模将继续增长，再创新高。此外，移动互联网接入设备更加多样，不仅手机、平板电脑可以上网，个人电子助理PDA、电子阅读器、视频播放器等附加了联网功能后也可以变成移动终端。

借助开发工具和信息平台的开放，应用开发和信息服务将成为移动互联网明显的、新的赢利增长点。特别是信息服务，除了为普通用户提供付费信息、移动流媒体、移动游戏等服务外，移动垂直广告、信息搜索和消费者移动数据的挖掘将成为面向商业客户信息服务的大蛋糕。

除了移动终端和操作系统的争夺外，浏览器、应用程序、搜索引擎、移动接入等方面的争夺也将愈演愈烈。在移动接入方面，广阔的市场吸引着各方力量跨界合作、争夺"地盘"、抢占先机，以实现 WiFi 网络全覆盖。

其二，新闻服务、社交活动、政治参与将有大发展，移动商务、移动娱乐、移动教育等市场更为广阔。未来我国手机和平板电脑用户获取新闻服务的比例都将在六成以上，移动过程中的新闻获取更加符合用户基于地理位置的需求和碎片化时间的利用。从手机报到新闻客户端，传统媒体已经开始移动播报，移动新闻将成为内容提供者与消费者的新宠。

社交活动一直是移动服务的核心所在，从电话、短信到微博、微信、米聊，交往与组织的便捷，促成移动空间公共领域的成熟，激发了用户政治参与的热情，带动相关应用发展，移动互联网的社会与政治影响将更加现实和重要。随着移动支付、移动安全等瓶颈问题的进一步解决，移动电子商务势必迎来更快的发展。

移动游戏、移动阅读和移动教育等也将像移动电子商务一样，显示出极大的诱惑力和潜力，在未来获得蓬勃发展。

其三，内容、服务、商业模式、接入方式更趋多样、多元，不同服务模式、平台的融合及兼容将是趋势。未来几年，我国移动互联网接入方式将更加多样，未来 3G、4G 和 WiFi 将会进一步蚕食网络份额。移动互联网的内容和服务更加多元化，信息、娱乐、电子商务等应用服务进一步区域化、垂直化、生活化。目前，中国移动互联网应用服务类型有 6 大类 22 小类，热门的应用服务类别越来越多。

移动互联网平台的融合与兼容将是趋势，电信运营商为主导的时代正在向平台运营商为主导的时代过渡。众多的平台和应用服务模式，既给用户带来了众多选择，也造成了障碍。一旦隔阂达到极限，各种平台、模式将会寻求兼容和融合。

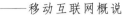

其四，移动互联网的快速发展将促进云计算时代的及早到来，数据"即存即取"即将实现。移动互联网是电信、互联网、媒体、娱乐等产业融合的汇聚点，各种无线通信、移动通信和互联网技术都在移动互联网业务上得到了很好的应用。从长远来看，实现技术多样化将是移动互联网发展的一个重要趋势，而不断演进的通信技术和日益增大的移动带宽，使得移动终端对云的访问速度越来越快，数据"即存即取"并不遥远。

未来移动互联网将更多基于云的应用和云计算，当终端、应用、平台以及网络在技术和速度提升之后，将有更多具有创意和实用性的应用出现。

在移动互联网时代，传统的信息产业运作模式正在被打破，新的运作模式正在形成。对于手机厂商、互联网公司、消费电子公司和网络运营商来说，既是机遇，也是挑战，这将促使他们积极参与到移动互联网的市场竞争中。

其五，移动互联网的商业模式更加多元化，通过广告、内容、服务等途径实现盈利的新突破。成功的业务，需要成功的商业模式来支持，未来移动互联网业务的新特点为商业模式创新提供了空间。目前，流量、图铃、广告这些传统的盈利模式仍然是移动互联网盈利模式的主体，而新型广告、多样化的内容和增值服务则成为移动互联网企业在未来发展中盈利模式方面主要的探索方向。

广告类商业模式是指免费向用户提供各种信息和服务，而盈利则是通过收取广告费用来实现的，典型的例子如门户网站和移动搜索。

内容类商业模式是指通过对用户收取信息和音、视频等内容费用盈利，典型的例子如付费信息类、手机流媒体、移动网游、UGC（意为用户生成内容）类应用。

服务类商业模式是指基本信息和内容免费，用户为相关增值服务付费的盈利方式，如即时通信、移动导航和移动电子商务均属于此类。

　　总之，移动互联网时代是融合的时代，是设备与服务融合的时代，是产业间互相进入的时代，在这个时代，移动互联网业务参与主体的多样性是一个显著的特征。在产业融合和演进的过程中，不同产业原有的运作机制和资源配置方式都在改变，产生了更多新的市场空间和发展机遇。为了抓住机遇，相关领域的企业都在积极转型。它们充分利用在原有领域的传统优势，拓展新的业务领域，争当新型产业链的整合者，以图在未来的市场格局中占据有利地位。

第三讲　移动互联，无"网"不胜
——移动互联网的巨大作用与社会影响

移动互联网经过几年的发展，近两年迎来了一轮发展高潮。作为移动通信和互联网通信两大强劲增长业务和技术的结合产物，移动互联网虽然进入我国的时间不长，但发展却十分迅猛，已经具备相当的规模。如今，移动互联网的应用与服务渗透到人类社会生活的方方面面，对政治、经济、军事、科技、文化、社会等领域都产生了重大影响。

一　移动互联网正在改变着世界

移动互联网已经对我们的生活产生了重大影响，全球移动通信系统进入中国后，移动业务得到迅速的普及和发展，人们已习惯于这种随时随地无间断的通信业务。移动互联网正逐渐渗透到人们生活、工作的各个领域，已成为人们日常工作、生活中的重要部分。通过智能终端下载各种应用：短信、图铃下载、移动音乐、手机游戏、视频应用、手机支付、位置服务等，丰富多彩的移动互联网应用深刻地改变着信息时代的社会生活，改变着人类的生活、工作、学习、娱乐甚至思维方式，以及人们还没有想到的其他方面。

1. "移动革命"正在改变着人类的生活

随着智能手机的普及和平板电脑的热销，移动互联网时代的大门已经开启。这场"移动革命"扩展了虚拟世界和现实世界的互动方式和情景，改变了信息社会的发展图景，"移动改变生活"已不再是一句简单的广告词。我国拥有全球规模最大的移动互联网用户、世界最大的移动终端产能，移动互联网正逐渐融入我们的社会和生活，改变着我们的生活方式。

今天，移动互联网已成为信息传播的重要载体和渠道。它将有线和无线统一起来，打破了时间和空间的限制，以人为中心、以即时为方向的人际关系传播形式不断深化和扩散。移动终端能够承载各种信息符号，加上便捷的网络接入和贴身实用的软件应用，各种信息的制造、传播和存储形式随之改变，昭示着移动化、个人化、融合化的信息传播时代即将来临。

移动互联网让人们接触互联网的地点从室内到无处不在，从而进一步扩大了互联网的应用范围，同时也大幅增加了人们使用互联网的时间。之前人们可能只在公司、住宅等固定场所才能有接入互联网的机会，现在可能在路上、交通工具上、餐厅里、商场里都能接入互联网。以往我们所说的"碎片时间"的概念正在消逝，手机成了填满这一时间的工具。"碎片时间"也由原先的"垃圾时间"整合为如今的"黄金强档"。

如今，越来越多的用户得以通过高速的移动网络和强大的智能终端接入互联网，享受丰富的数据业务和互联网服务内容。移动互联网已成为全世界人们接入互联网的主要方式之一，并以巨大的革命性浪潮冲击着现有的生活方式，改变着一切。

（1）移动互联网带来了信息传播的变革

移动互联网作为一种具有私人和公共双重功能的媒体，传播信息具有双向性的特点，人们可以根据自己的需要获取信息、提出疑问，没有时间和地域的限制。例如，利用 CDMA（意为码分多址）手机、PDA（意为掌上电脑）或其他可上网的移动通信终端进行股票交易和股市查询，查询实时的体育报道并发表自己的评论，通过网页寻找商机或就业机会，也可以发布招聘广告招聘职员。在移动互联网上刊登广告正成为大众所重视和喜欢的方式，并在很多方面比固定电子商务、电视、报纸和杂志等传统的媒体竞争更有优势。人们熟悉的各种饮食、服装、电

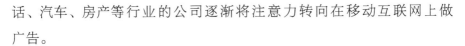

话、汽车、房产等行业的公司逐渐将注意力转向在移动互联网上做广告。

（2）移动互联网带来了生活方式的变革

今天，移动互联网实质上已经形成了一个范围广阔的、没有国界的虚拟社会，任何年龄的人都可以在网上找到自己的活动领域，发表自己的意见，参加聚会、购物、看电影、玩游戏、看书、旅游等。运营商与SP（意为服务提供者）的合作，为我们提供了及时、丰富、多元化和个性化的信息服务。移动电话已成为同时为用户提供沟通、娱乐、金融、证券、新闻、商务助理等多种服务的贴身终端，成为人们生活中不可或缺的生活工具，它给人们带来的不仅仅是一种通信的便利，更是一种全新的生活方式。

（3）移动互联网带来了消费方式的变革

移动互联网的迅猛发展已经使网店售货、即时购物成为现实，这改变了人们的消费方式。通过移动互联网购物的最大特征是消费者的主导性，购物意愿掌握在消费者手中；同时消费者还能以一种轻松自由的自我服务的方式完成交易，消费者主权可以在网络购物中充分体现出来。在网上，消费者只需要拥有一个网络账号，就可以随时随地不间断地与银行、证券、保险公司等进行储蓄、转账等各种业务联系。可以说，通过移动互联网进行购货消费，已成为当下人们日常消费的新热点。

（4）移动互联网带来了社交方式的变革

网络为人们搭建了一个安全健康的社交平台，用户可以根据个人需要自主地选择网站所提供的各种安全有效的手段与方式，去构建安全健康的社交人脉网。如今，越来越多的微博、微信等平台，以为人们创建一个记录、交流、共享、沟通、社交的健康安全平台为目的，引导网民走向健康诚信的交流。无论是在学习、生活还是工作中，网友在这里都可以寻找到更多志同道合的朋友，感受同朋友们分享快乐、共享资源的乐趣，同时为成功打下坚实的基础。

建立并维系人脉关系，移动互联网提供的无障碍沟通是最行之有效的方法。利用移动 QQ、微博、微信等网络交友工具，人们可以和全球任何一个用户进行高清晰的语音、文件等交流，并且零费用。

（5）移动互联网带来了办公方式的变革

在移动互联网环境下，办公的方式更为灵活，无论何时何地都可以办公。对于执行独立任务的管理人员来说，他们可以方便地选择自己喜欢的工作方式和工作地点。例如，公司派出的出差人员，就可以利用移动商务的办公方式和公司总部保持联系，取得信息并及时反馈给公司，从而最快地做出决策。

（6）移动互联网带来了教育方式的变革

随着移动互联网的飞速发展，无论是教育形式还是教育内容都发生了明显改变。从形式上看，通过网络大学进行远程教育已经为国内外的众多大学采用，它以移动互联网技术为依托，采用远程实时多点、双向交互式的多媒体现代化的教学手段，实时传送声音、图像和电子课件，使身处两地的师生能像现场教学一样进行双向视听问答。这是一种实现跨越时间和空间进行教育传递的过程。美国、欧洲和东南亚许多有名的大学都在网上开设网络大学。国内的很多大学也都开设了网络大学，学生可以通过便携式计算机进行远程登录，随时随地学习网络大学提供的各门课程。网络大学需要的管理机构和人员很少，进行网上教育的成本低、效果好，可以很好地发挥师资和教材优势，可以低投入、高产出地完成高质量的教育。同时，现代社会要求对人们进行终身教育和培训，各个年龄层次、各种知识结构、各种需求层次和各个行业的从业者，均可以通过网络大学完成继续教育。

同时，教育的内容也随着移动互联网的快速普及而发生着剧烈的变化，出现了跨专业、跨年龄、跨种族、跨语种、跨地域的一批新兴学科，有很多日益精细化、专业化的学科逐渐成为各高校所关注的焦点并迅速普及。当然，移动互联网对教育方式的改变并不局限于此，其对人类产生的影响是多方面、深层次的，因此，其重要性也是显而易见的。

2. 移动互联网带来了社会翻天覆地的变化

20 世纪中后期，人类取得了一系列科学技术的辉煌成就，并形成了以电子信息为代表的高技术领域和高技术产业，其中对经济和社会影响面最广、影响力最大、影响持续时间最长的是电子信息技术和移动服务技术。近 30 年来，在微电子技术和数字技术的双轮推动下，电子信息设备一方面通过极其迅速的更新换代，使性能快速提高，体积能耗不断减小；另一方面以惊人的速度降低价格，为信息技术的广泛应用创造了良好的技术条件和经济可能性。互联网作为人类文明史上最伟大、最重要的科技发明之一，发展到今天，用翻天覆地来形容并不过分。而作为传统互联网的延伸和演进方向，移动互联网更是在近几年得到了迅猛的发展。如今，越来越多的用户得以通过高速的移动网络和强大的智能终端接入互联网，享受丰富的数据业务和互联网服务内容。移动互联网已成为全世界人们接入互联网的主要方式之一，正逐渐渗透到人们生活、工作、娱乐的各个领域，成为推动信息产业发展乃至整个国民经济发展的新的增长点，在促进行业发展、推动信息化建设、丰富人民群众文化娱乐生活等方面发挥着重要作用。

今天，基于移动互联网发展起来的移动电子商务，不仅能提供互联网上的直接购物，还是一种全新的销售与促销渠道。它全面支持移动互联网业务，可实现电

> 移动互联网技术代表着当今先进生产力的发展方向，移动互联网的广泛应用使信息的重要生产要素和战略资源的作用得以发挥，使人们能更高效地进行资源优化配置，从而推动传统产业不断升级，提高社会劳动生产率和社会运行效率。

信、信息、媒体和娱乐服务的电子支付。移动电子商务不同于目前的销售方式，它能充分满足消费者的个性化需求，设备的选择以及提供服务与信息的方式也完全由用户自己控制。互联网与移动通信技术的结合为服务提供商创造了新的机会，使之能够根据客户的位置和个性提供多样、快捷的服务，并能频繁地与客户互通信息，从而加强与客户的联系，并降低服务成本。

移动互联网在全球的广泛应用，不仅深刻地影响着经济结构与经济效率，而且作为先进生产力的代表，对社会文化和精神文明也产生着深刻的影响。发展移动互联网，构建无处不在、无所不能的数字生态系统，有利于创造一个更加方便、安全的数字生态环境，极大地提高生产效率，改善生活质量。移动互联网应用就是面向全社会日益增长的信息化需求，提供更丰富、更便捷、更安全、更人性化的移动服务，使其成为当代社会生活中不可缺少的信息载体、工作助手和生活伴侣。

移动互联网改变着人与人之间的交往方式，改变着人们的工作方式和生活方式，也就必然会对社会经济与社会文化的发展产生深远的影响。一种新的适应网络时代和信息经济的先进文化将逐渐形成。

3. 当今时代已是智能手机打天下

从智能手机产生开始，人们逐渐发现，身边已经有越来越多的人正在使用移动互联网——早晨睁开眼睛后的第一件事情是摸出枕边的手机，登录社交网络、刷屏；晚间临睡前的最后一件事情已经不再是拿起遥控器关掉电视，而是把手机放下；周末想要看场电影，已经学会直接用手机购完票后再出发以免扑空；就连出行旅游也可能不用再购买地图和旅游攻略，而是直接用手机下载高品质的旅游攻略 APP（意为应用程序）。智能手机逐渐在我们的生活里扮演着越来越重要的角色，成为我们生活中不可或缺的一部分。

随着移动终端、网络的技术发展，人们不仅希望从桌面互联网上获取信息更新服务，而且希望获得更加便捷、满足个性化需要的服务，并且是随时随地可获取的服务。

智能手机既是工具，又是人体器官功能的延伸，让我们与互联网紧密结合在一起。马化腾曾经在 WE 大会上称："近两年，手机成为人的一个电子器官的延伸这个特征越来越明显，它有摄像头、有感应器，而且通过互联网连在一起了。"在今天，很难想象，如果没有互联网，我们的工作、生活、学习、社交、娱乐该是什么样子，是否还和 80 后的童年一样，在画纸和玩具中度过？互联网帮我们认识了世界，带来了许多新玩法，而移动互联网发展迅猛的根源在于智能手机、平板电脑等新型终端面世，帮我们更加便捷地实现了许多以前只依靠互联网无法实现的功能。

智能手机，不再是单纯的通话工具，已成为人体器官的延伸，它帮助我们看世界，听世界，甚至能帮助我们处理很多事情。有时候，它是耳朵；有时候，它是眼睛；有时候，它还是大脑。

智能手机同时也是人类双脚的延伸，用户不用坐在电脑前也可以看到原来需要在互联网上才能看到的信息。不管是移动微博、新闻 APP、移动天气，还是移动 QQ、微信，这些都让人们在智能手机中畅行无阻，智能手机帮助人们实现了在不同的时间和空间都能够及时通信。

智能手机的出现，改写了功能机这个多年来被定义为通话工具的历史。在移动互联网中，智能手机已经成为一个集支持现时货币支付、身份辨别和远程数据采集及分析等多功能于一身的强大智能终端。"智能"二字代表的不仅仅是更多工具，同时也代表更多可能性和科技在人类生活中更多的应用。

知识链接

触屏技术，特别是多点触控技术，显然是推动这场风暴的重要动力之一。无论是腾讯微信自称"将手机变成人体器官的延伸"，还是乔布斯提出苹果的智能设备"不需要说明书"，都是以这项技术为依托。同样，正是这个功能使手指直接操作成为可能，而这样的技术利用的是人最基本的、最自然的动作之一，使人机交互更加简便，同时智能平台的构建也使得应用数量增多，市场扩大，创新也越来越多。

以智能手机为主要终端设备的移动互联网和互联网之间有什么区别？为什么移动互联网能够颠覆互联网？两者相比，移动互联网有"小巧轻便"及"通讯便捷"两个特点，它们决定了移动互联网与传统互联网的根本不同之处、发展趋势及相关联之处。

其一，智能手机具有高便携性。可以说，除了睡眠时间，智能手机伴随在我们身边的时间，一般远高于电脑的使用时间。而这个特点则决定了使用移动设备上网，可以带来传统互联网上网无可比拟的优越性，即沟通与资讯的获取远比传统互联网设备方便，这样用户接收信息的速度则会高出其他用户许多。

其二，智能手机独有的隐私性，能够让用户更喜欢在手机上的互联网行为。智能手机用户的隐私性远高于传统互联网用户，可以说，很多用户选择手机就有保障自我隐私的需求的因素。手机由于其不共享的特征决定了它本身的高隐私性，而高隐私性则决定了移动互联网终端应用的特点——数据共享就已经保证了信息的安全性。从这一点上看，移动互联网就不同于互联网公开、透明、开放的特点。在互联网下，传统互联网用户的信息是可以被搜集的，例如Cookies（意为某些网站为了辨别用户身份而储存在用户本地终端上的数据）的存在。而移动互联网用户上网显然是不需要共享自己设备上的信息的。

其三，应用轻便，安装便捷。系统是智能手机最核心的部分，也正是因为系统的优越性，我们才能够在移动互联网上体验到很多在传统互联网上体验不到的。智能手机具有方便、快捷的特点，同时，由于这一类产品一般都有大小限制，智能手机的用户不会接受在移动设备上进行类似于电脑输入的复杂操作——用户情愿用指头的滑动来控制设备，也不愿意在那么小的屏幕上输入26个英文字母来进行长时间沟通，或者打一篇千字以上的文章。这就是移动互联网带来的碎片信息，用户不擅长制造大篇幅的信息，但是一定会有碎片信息产生。

2011年，主流的智能手机屏幕是3.5—4.3英寸，2012年发展到4.7—5.0英寸，屏幕的大小决定了用户体验的不同。在屏幕大小不同的移动终端上，APP 也会产生不一样的效果。而目前，大量的传统互联网业务迁移到手机上，为适应平板电脑、智能手机及不同操作系统，开发了不同的 APP 来实现在移动互联网上的落地。HTML5 较好地解决了阅读体验问题，但是，现在的 APP 显然还远未实现轻便、轻质、人性化。可见，智能手机能够做的事情还有很多，而智能手机带来的变化也很多。

二　移动互联网正在引发一场商业革命

移动互联网是一个快速增长的领域，是一片广阔的"蓝海"。随着3G、4G 网络和智能终端的普及，应用商店模式的崛起，用户对于移动应用的需求也被逐渐激发。在这个过程中，满足用户商务、生活及个性化需求的移动应用在未来表现出巨大的市场空间。随着移动微博、手机视频、移动游戏、移动商务、移动阅读和 LBS 等的快速发展，移动互联网的产业格局与商业模式也正发生着巨大的变革。任何进入移动互联网的企业只有适应移动互联网市场环境的变化，持续创新，转变发展方式，方能在移动互联网市场竞争中站稳脚跟。

1. 移动互联网时代带来的商业颠覆

当乔布斯手持苹果 3 出现的时候，几乎全世界都意识到，这个小屏幕产品将会颠覆所有人的眼球，我们一直赖以维系的互联网格局将被这个看起来不大但是价格却和一台电脑差不多的机器所扰乱。由于智能手机的出现，全球互联网被重组。全球的商家都知道在移动互联网已经到来的今天，掌握了手机客户端就等于扼住了互联网的咽喉、占领了商业发展的制高点。

移动互联网给用户带来的便捷性和操作上的耳目一新，使得越来越多的企业开始在移动互联网上使用一些新的手段来吸引用户，移动互联网成为现阶段大家普遍看中的一个金矿。

近年来，移动互联网产业发展进入爆发期，3G、4G 网络不断升级，谷歌、苹果推动智能手机销量翻倍，平板电脑受到追捧，移动应用商店如雨后春笋般涌现，平台开放成为热点，诺基亚和微软结成战略联盟及谷歌收购摩托罗拉等大事件不断出现。互联网巨头们加大了对移动互联网的投入，创新的移动互联网公司层出不穷，新的应用精彩纷呈，"愤怒的小鸟"红遍大江南北……正如英国著名的浪漫主义小说家狄更斯所说："这是一个最好的时代，也是一个最坏的时代；这是一个智慧的时代，也是一个愚蠢的时代；这是一个信任的时代，也是一个怀疑的时代……我们可以直登天堂，也可以直下地狱。"

如今，越来越多的互联网公司涌入移动互联网领域，有些公司成功了，如苹果、谷歌、Facebook、腾讯、阿里巴巴、百度、奇虎 360、UC-Web、京东商城等，但也有众多的公司失败了。总结这些成功企业的经验和失败企业的教训，探索移动互联网成功的模式势在必行，也有非常重要的实践价值。

> 世界越来越小，商机却越来越多，移动互联网对此功不可没。正因为如此，移动互联网的淘金者正如潮涌入，移动互联网正在给大大小小商家带来越来越多的惊喜。

通过移动互联网的各种应用技术，企业可以和用户直接沟通，出了问题找不到人的情况减少，闭环营销产生，使用户与企业维持关系的成本降到最低，真正有机会摆脱其他广告平台，这意味着企业可以自己制定游戏规则，直到彻底抛弃媒介的平台，用户也将是企业自己的。

对于用户和企业来说，移动互联网是一片全新的黄金海岸，丰厚的财富在等待着有准备的人与企业去开掘。一切都是新的，新的规则、新的模式、新的机遇，谁能抓住移动互联网创造的商业机遇，谁就能获得巨大的财富。

2. 移动互联网为企业创造了成本优势

在市场经济环境中,任何企业都面临着竞争的压力,如何提升企业竞争力、创造企业的竞争优势是每个企业都关心的问题。移动互联网的发展为企业提供了一个良好的机遇,因为移动互联网能够有效地创造企业的竞争优势。首先体现在创造成本优势上。当企业进行所有价值活动的累计成本低于竞争者的成本,它就具备成本优势。移动互联网的技术优势影响着企业的每一项价值活动及联系,其中突出表现在为企业降低成本及开支费用的商业优势上。

移动互联网以现代化的技术应用为基础,利用自身拥有的信息传递和资源共享方面的优势,在创造企业成本优势和差异化优势等方面起到了积极的作用。

(1)移动互联网降低了企业的生产成本和销售成本

每一项产品的生产成本都涉及固定成本的支出,固定成本并不随生产数量变化而变化,而是与产品的生产周期有关。建立在移动互联网基础上的移动商务缩短了产品的生产周期,从而降低了企业的生产成本。

目前,网络技术和移动通信技术的应用为产品的开发与设计提供了快捷的方式。第一,开发者可以利用移动网络技术进行即时快速的市场调研,了解最新的市场需求;第二,开发者可以利用信息的传播速度,很快了解到产品的市场反馈,以对正在开发的产品进行适当的调整,从而取得竞争优势。而这一过程,在传统生产中,将是一个漫长的过程。现在,移动商务改变了这一切。

同时,开展移动商务还可以降低成本。根据国际数据资讯公司(International Data Corporation,IDC)的调查,利用移动商务进行广告宣传、网上促销活动,结果在使销售额增加 10 倍的同时,费用只是传统广告费用的 1/10。一般而言,采用手机邮件和短信的促销成本只是邮寄广告的 1/10。

美国宾夕法尼亚州的安普公司曾花费 800 万美元印刷产品目录，而现在将其销售的 7 万种产品目录做成数据库的形式，放到移动 Internet 上展示，成本已经大大降低，而销售额却大大增加。除此之外，精心制作的数据库网页可以方便客户准确、及时地查到所需要的设备情况，而纸张印刷品却无法做到这点。

（2）移动互联网降低了采购成本，减少了库存占用

传统的原材料采购是一个程序烦琐的过程。通过建立在移动互联网基础上的移动商务活动，企业可以加强与主要供应商之间的协作，将原材料的采购和产品的制造过程有机地结合起来，形成一体化的信息传递和处理系统。

传统的采购模式存在六大问题：

一是采购、供应双方都不进行有效的信息沟通，出现典型的非信息对称博弈状态，采购很容易成为一种盲目行为；

二是无法对供应商的产品质量、交货期进行事前控制，经济纠纷不断；

三是供需关系一般为临时或短期行为，竞争多于合作；

四是响应用户需求的能力不足；

五是利益驱动造成暗箱操作，舍好求次，舍贱求贵，舍近求远；

六是生产部门与采购部门脱节，造成库存积压，占用大量流动资金。

移动商务采购模式有六大优势：

一是可以扩大供应商比价范围，提高采购效率，降低采购成本，突破传统采购模式的局限，从货比三家到货比百家、千家，大幅度地降低采购费用，降低采购成本，大大提高采购效率；

二是实现采购过程的公开化，有利于实现实时监控，使采购更透明、更规范；

三是实现采购业务操作程序化，由于必须按软件规定流程进行，因

此大大减少了采购过程的随意性；

四是促进采购管理定量化、科学化，实现信息的大容量和快速传送，为决策提供更多、更准确、更及时的信息，决策依据更充分；

五是生产企业可以由"为库存而采购"转变为"为订单而采购"；

六是实现采购管理向外部资源管理的转变。由于供需双方建立起长期的、互利的合作关系，因此采购方可以及时将质量、服务、交易期的信息传送给供方，使供方严格按要求提供产品与服务。

3. 移动互联网为企业创造了差异性优势

若企业能够为顾客提供独特性的商品或服务，那么企业相对于竞争者来说就能赢得差异化优势。企业任何一种价值活动都是独特性的潜在来源。移动互联网为企业创造的差异化优势主要表现在以下五个方面：

一是提高服务质量，形成服务差异化优势。以移动互联网为基础的移动商务将彻底改变企业旧的经营模式，打破传统职能部门依赖分工与协作完成整个工作过程的惯例，形成并行工程的思想。在移动商务构架中，除了市场部和销售部可以与客户打交道外，企业其他的职能部门也能通过移动商务网络与客户频繁地接触交流，从而大大提高对客户的服务质量。

二是提高买方价值，满足个性化的需求。移动通信技术和电子技术的发展与应用，使经营者迅速了解、分析顾客的个性化需求成为可能，并可以通过自动订货系统，随时满足顾客个性化需求，达到提高买方价值的目的。

三是完善信息系统本身是差异化优势之所在。移动商务将信息传递数字化，使用标准的数据进行传输，形成即时沟通，能有效地改善企业的管理环境。企业的信息系统能实现企业内信息低成本共享，管理信息可以通过网络迅速传递到每个部门和责任人员，实现信息传递的扁平化，从而可以实现中间管理人员的裁减，降低管理成本，信息的传递也会更快、更准确。同时，移动商务系统可以使企业实现外部信息的内化，管理人员可以及时获得商务信息，加快决策速度。

四是形成独特的地理位置优势。差异化优势可以来自地理位置优势。移动商务系统提供的移动定化系统是借助于最先进的移动通信技术进行位置查询、结合地理资源进行分析的管理系统，这种系统可以作为商机评估及选址条件的决策参考，使企业选定的店址能够最大限度地方便顾客，相对于竞争者来说具有独特性。

五是树立企业的自身形象，推动企业更长远的发展。移动商务为企业提供了一个全面展示自己产品和服务的虚拟空间，良好的移动网络广告方案有利于提高企业的知名度和商业信誉，达到提高企业竞争力的目的。如何通过移动通信网络这种低成本的新型媒体宣传企业，从而提高企业形象是决策者们必须考虑的问题。率先使用移动商务的企业将在同行中树立进取的形象，体现出容易接纳新事物的创新精神，将有助于企业树立健康、向上的良好形象。移动商务能够改变企业传统、落后的价值理念，建立起创新、迅捷、严谨、诚信的企业文化，大大提高企业信誉，为企业的长远发展提供支持。

综上所述，建立在移动互联网基础上的移动商务带给企业的优势是显而易见的。通过移动设备进行可靠的电子交易的能力被视为移动互联网业务最

> 移动商务采购为采购提供了一个全天候、超时空的采购环境，即365×24小时的采购环境。该方式降低了采购费用，简化了采购过程，大大降低了企业库存，使采购交易双方易于形成战略伙伴关系。从某种角度来说，移动商务采购是企业的战略管理创新。

重要的方面。移动通信提供了高度的安全性，而且其安全性还可通过各种方式得到进一步增强，如电子签名、认证和数据完整性。互联网与移动技术的结合为服务提供商创造了新的机会，使之能够根据客户的位置

和个性提供服务，从而建立和加强其与客户的关系。

4. 移动互联网推动着企业商业模式的创新

商业模式的创新是提高企业核心竞争力的必然选择。基于技术、产品之上的商业模式创新是一种重要、关键的核心竞争力，是企业获取长期竞争优势的根本保证。移动互联网企业要打造成功的商业模式，就必须坚持以客户为中心，以打造开放式平台为目标，坚持正确的战略定位，注重和强化客户体验，构建良好的产业生态系统，充分运用互联网工具，改变企业经营模式，实现商业模式创新、技术创新和客户体验创新的有效结合，以营造新的竞争优势。

移动互联网需求的多样性、业务的繁荣、平台的开放、市场竞争的加剧、注重生态系统建设，使得移动互联网商业模式呈现多元化的态势，也产生了诸多成功的商业模式。如苹果公司打造了"终端＋应用"软硬一体化的商业模式，从而打造了具有竞争力的生态系统，使苹果公司赚得钵满盆满；阿里巴巴打造了电子商务平台模式，从而使阿里巴巴成为电子商务的"帝国"；谷歌采用的"搜索服务免费＋广告服务收费"的商业模式，一举奠定了谷歌在搜索引擎领域的霸主地位；奇虎360通过专注互联网安全、实行免费增值商业模式以及打造开放式平台而取得了巨大成功，如今成为我国最大的互联网安全服务提供商，UC优视科技专注于手机浏览器市场，向平台方向转型，从而成为手机浏览器的领先者……

商业模式的内容远远大于并包含盈利模式，商业模式是创造客户价值的相关企业经营活动的总和，创新的商业模式能使企业获得更多用户的青睐，能使企业获得更好的发展。在某种意义上，商业模式创新对企业管理者来说，比技术创新和产品创新更具挑战性，商业模式创新任重而道远。

打造开放式平台是移动互联网发展的重要特征，也是商业模式创新成功的重要标准。移动互联网时代，是"平台为王"的时代，也是"生态为王"的时代，优秀的商业模式对移动互联网的发展将起到至关重要的作用。随着移动互联网产业链开放程度的不断增强，越来越多新的业务模式和商业模式将不断涌现，也必将进一步推动移动互联网产业持续健康地发展。

第二篇

移动互联网的商业应用

移动互联网作为互联网与移动通信融合的产物，将互联网与移动通信的应用优势进行了前所未有的延伸与扩张。中国庞大的人口基数与世界上最多的移动用户，为移动互联网创造了巨大的发展空间与惊人的市场潜力。随着网购、社交、游戏等移动用户的激增，移动互联网产业链正在快速形成与完善，移动互联网企业的商业模式也在不断创新，这些都加速构成了移动互联网商业应用的生态系统，开启了移动互联网商业应用的创富时代。

第四讲　移动"蓝海"，万里无疆
——移动互联网具有广阔的商业应用前景

移动互联网时代已经全面到来，移动互联网作为一个新兴的、高速成长的行业，拥有着广阔的发展前景。可以说，移动互联网带来了一片潜力无限的创造财富的新"蓝海"。在中国，互联网市场远未达到饱和状态，每个细分领域仍有较大的空间可待开发，而且随着互联网技术与应用的快速发展，新领域会层出不穷。机会对于任何企业、个人来说都是平等的，只要善于把握机会、加强创新，就必然能创造一片新天地。

一　移动互联网带来了创造财富的新"蓝海"

从大型机到小型机到 PC 再到桌面互联网，每个时代都创造了比上个时代更多的财富。移动互联网蕴藏着巨大的商业机遇，为企业和商家提供了无限的想象空间。

当前，移动互联网发展超越传统互联网已经是不可逆转的趋势，市场潜力十分广阔。随时随地、方便快捷地接入移动互联网，以此来获取资讯、娱乐和信息服务正在成为越来越多用户的习惯和潮流。用户规模和使用场景的井喷式增长，又将为整个移动互联网行业带来更多的业务发展和创新机会。

1. 市场发展超乎人们想象的移动互联网

移动互联网市场的发展总是超乎人们的想象。2004 年开始，移动互联网迎来了第一波快速发展期，2014 年 6 月，我国手机上网人数首次超过了 PC 上网人数。

近年来，移动互联网产业发展进入爆发期，3G 网络不断升级，3G、4G 用户数量不断增加，移动互联网创造的产出将超过传统互联网十倍以上,全球 IT 产业正在发生革命性的变化。

因此,移动互联网的发展,无论是全球移动互联网产业还是中国移动互联网产业,其速度、潜力之大几乎超乎所有人的想象,而这也将不断催生各种机会。随着 3G、4G 用户规模持续快速增长以及移动 IM、移动 SNS、微博、微信等典型移动互联网应用规模化效应的推进,网速越来越快,手机终端越来越强大,移动互联网在手机用户中的渗透率将进一步得到提升。

在我国,随着网络的升级、Free Wap 等模式的兴起,移动互联网逐渐向半封闭环境转变,众多中小移动互联网厂商尤其是手机客户端软件厂商在此阶段快速成长。经过几年的发展,出现了最早的一批移动互联网忠实用户和应用开发商。随着 3G、4G 网络的完善,移动互联网迎来了在中国发展的黄金期。各大互联网企业相继将移动互联网相关部门升级,以此加速移动互联网产业布局,资本市场更是反应迅速。

知识链接

2011 年,全球 3G 用户达到 18.43 亿,占全球移动用户的比例为 31.68%,美国、日本等地的移动互联网用户规模都已超过 PC 用户规模。如今,我国手机的普及程度已经远远超过了互联网的普及程度,移动互联网存在着巨大的发展空间和潜力。从我国移动互联网发展来看,截止到 2013 年年底,我国 6.18 亿网民中,手机网民达到了 5 亿,中国新增网民的 73.3% 来自手机。2010 年中国 3G 用户已超过 4700 万,2013 年 1—7 月净增超过 1 亿,达到欧美、日本等发达国家或地区经历过的 3G 高速增长临界点,此外,自 2013 年 12 月 4 日,工业和信息化部正式向中国电信、中国移动、中国联通颁发三张 4G 牌照以来,截至 2014 年 8 月下旬,中国移动 4G 用户数已经达到 3000 万,两个月之前,这一数字还只有 1400 万,中国联通 4G 用户数约为 99.5 万,整个移动互联网产业也由此进入一个高速成长阶段。

移动互联网的特别之处在于它的移动能力，移动互联网通过手持终端实现用户随处互联，彻底改变了传统互联网的消费习惯，传统互联网能做的，移动互联网能做；传统互联网不能做的，移动互联网也能做。围绕"人"的需求，移动互联网孕育着巨大商机，社交网站、微博、视频、电子商务、游戏、实时聊天等成为移动互联网发展的亮点。

2. 移动互联网已成为创业投资的热土

移动互联网这一规模化飞速发展的行业必然隐藏着巨大的利润空间，这使投资者嗅到了产业发展的巨大机会。如今，创业者最热门的话题离不开移动互联网，随着智能手机的进一步普及，市场越来越大，各种细分领域都会出现新的机会。对互联网创业者而言，这是一次革命，也是一个新的征程。

据投中集团（ChinaVenture）统计报告显示，我国国内移动互联网行业2011年全年共有59家移动互联网企业获得风险投资，已披露融资规模达4.7亿美元。2012年上半年，产业投资热仍不减分毫，投资事件达30起，披露的投资金额总额约为3.78亿美元，平均单笔投资金额约为2225万美元。各大投资者都剑指移动互联网。随着产业链各方积极介入移动互联网，移动互联网的开发和运营成本迅速提高，移动互联网投资的门槛继续提高。2012年与2013年移动互联网行业的投资热较2011年有所降温，投资更趋理性，主要原因是市场整体呈下行趋势，且移动互联网缺乏成熟的盈利模式。不过，就目前情况来看，无论是基于智能手机的普及速度，还是技术与商业模式创新空间，移动互联网依然是投资者关注的行业，仍不能阻挡这一领域创业者的热情。

毋庸置疑，移动互联网将成为下一个利润增长点，投资者将竞相争夺抢占利润制高点。诸多创投机构也从幕后走向台前，发出长期看好移动互联网发展的言论。比评论观点来得更加激烈的是实际行动——抢钱、抢人、抢项目，创投机构都希望能够抢先在这个拥有美好前景的领域排兵布阵。

此外，移动电子商务等相关业务逐渐得到资本追捧。2012 年，逛街助手、果库、蜜柚时尚、街区、闪购 5 家移动电子商务企业相继获得投资，移动电子商务服务商耶客网获得顺为基金、美国国际数据集团 IDG 资本的联合注资。移动电子商务将成为未来移动互联网投资的主流细分领域。

尽管目前国内移动互联网领域的公司规模、盈利能力尚不能与腾讯、百度等互联网大佬们同日而语，尽管移动互联网也还存在着标准不统一、流量费过高等具体

> 移动互联网充满各种机会，只要能开发出有市场潜力的产品，做到商业模式的创新以及拥有优秀的创业团队，就一定会受到客户的欢迎，也能成为风投追逐的目标，这可为企业发展注入强大的动力，一个成功的移动互联网企业可能应运而生。

问题，但是我们相信，在巨大的商业利益和诱人前景面前，这一切都将在产业链的共同推动下逐步得到解决。时势造英雄，谁都不愿意错过这场盛宴，唯有抱着一颗开放而创新的雄心，才能在巨浪淘沙中笑到最后。市场格局未定，一切皆有可能，谁会成为下一个腾讯、百度或阿里巴巴呢？

二 产业化发展：移动互联网的产业链

移动互联网是互联网与移动通信相结合产生的新产业，是互联网技术与移动通信技术发展的必然趋势，也是互联网的重要应用与移动通信应用的自然延伸。从世界各国移动互联网产业的形成过程来看，移动互联网产业链的形成一般是以外部环境的培育和成熟为前提，由网络运营商首先发起，并主导后续的产业链设计和构造，进而形成产业链的雏形。网络运营商在产业链形成过程中发挥的重要作用决定了其在产业初期的核心地位。移动互联网规模发展不仅需要终端、平台和应用的支持，更需要产业链各方精诚合作，形成一个良好的生态系统。移动互联网无疑是互联网时代的"超级明星"，它不仅将成为最重要的无线宽带

应用，也将开启聚合服务时代，引发网络架构发生变革，最终驱动通信产业链全面升级。

1. 移动互联网产业链的构成

综合各国的移动互联网产业链的结构，从移动互联网的体系结构的视角出发，在功能上移动互联网产业链按层次由低向高分别是网络基础设施层、接入服务层、终端层，并以广大用户的需求为归宿。

在网络基础设施层中，目前随着用户的需求增加，移动运营商需要更加复杂的软、硬件产品和高效、可靠的集成服务平台。很多移动运营商为降低运营成本，开始把很多移动服务外包给网络硬件设备提供商。这导致网络设备提供商也开始产业链的整合，他们不光提供硬件，也开始做软件，或者做各种应用的集成服务。可见，网络基础设备提供商都依赖移动运营商需求的变化而改变产业链的结构，以获取最大的利润。

在互联网接入层中，运营商的传统业务主要是提供手机报、WAP网络等基础服务。由于终端用户的需求增加，以及各种利益主体进入移动互联网市场竞争，这些处于产业链核心的运营商们开始进军终端的应用与服务领域，他们都在积极地整合产业链，抢夺终端市场的大蛋糕。

终端是直接面向广大用户的，目前在智能手机领域，用户群在不断地增加，也带来巨大的财富。在终端服务与应用层，产业链的整合是常见的。该层中的参与者不仅有移动运营商，还包括一些传统的计算机制造企业、互联网公司、软件公司等。例如，苹果公司，既具备自己生产智能手机软、硬件的实力，也具备提供各种应用和服务的实力，它首创手机软件商店 App Store。随后这一概念风靡全球，很多商家都建立自己的手机软件商店，比如谷歌软件应用商店、中国移动软件应用商店等。这些软件应用商店整合了部分产业链，同时也衍生出新的产业链。通过这些整合，智能手机制造商将自己的用户吸引在自己的手机平台上，也吸引新用户使用自己的手机。一些小的软件公司和第三方支付公司，以及其他内容和服务提供商都进入该产业链。

2. 移动互联网产业链的三个层次

移动互联网产业链内涵广泛，其产业链主要分为移动硬件层、平台软件层与应用服务层三个层级。

移动硬件层是指为移动互联网服务提供硬件基础设备，该层面主要由整机和部件两部分组成。其中，部件包括芯片、面板、外围部件和设计平台，整机包括智能手机、平板电脑、E-book/MID 等移动设备。移动硬件层在移动互联网产业的整个链条上处于强势地位，该层面产业规模占整个移动互联网产业价值的 80% 以上。

平台软件层主要由操作系统、中间件、信息安全、数据库四个领域构成。操作系统是指管理移动硬件设备资源，控制其他程序运行并为用户提供交互操作界面的系统软件的集合。中间件是一种独立的系统软件或服务程序，位于客户机/服务器的操作系统之上，管理计算机资源和网络通信。主要涉及独立软件开发商 ISV、服务提供商 SP、互联网厂商、应用商店等。

应用服务层是指基于移动互联网产业提供移动互联网服务的应用程序的产业集合。按照直用类别分为语音增值服务、效率/工具、应用分发、生活/休闲、位置服务、商务财经六大业务类型。主要涉及的供应商有内容提供商 CP、运营商、SP、分销商等。

目前，中国移动互联网全景布局初步形成，构成了以移动硬件层为基础、移动软件层为支撑、应用服务层为移动互联网价值体现的产业发展格局。其中移动硬件层为移动互联网产业链价值实现的重要环节，软件开发逐渐向与硬件层面价值链条融合的趋势发展，应用开发层面的众多厂商及应用开发爱好者开始涉足该领域，不断丰富着消费者的应用选择。

3. 我国移动互联网产业链的演进趋势

（1）平台化趋势明显

移动互联网以其开放性和多样性著称，企业要想在繁杂的市场上真正占据一席之地，必须以平台化为导向，建立面向用户的平台。平台化

有助于企业增加用户黏性，扩大市场影响力。在移动互联网时代，由于产业链之间相互渗透，相互融合，企业如果仅满足于占据产业链的一环，提供单一的产品或服务，很容易沦为产业链上下游企业的"代工者"，在其他企业的平台上扮演"送货商"的角色。目前，打造直接面向用户的平台，实施"战略平台"已成为整个行业的共识。

平台化运营战略等表明，不仅仅是运营商，而且是以互联网公司为代表的内容提供者、终端厂商，均打破了传统的产业链限制，开始尝试着直接面对客户。

企业通过建立平台，将内容服务资源整合，然后打包输送给用户。这就需要企业拥有全产业链整合运营的资源和能力：一方面，通过智能终端，以手机操作系统为平台，整合现有内容和资源，丰富手机应用；另一方面，直接面向用户，将内容提供给用户，影响用户行为。

（2）跨界融合将成为产业发展的主要方向

移动互联网产业链包括设备供应商、网络运营商、平台门户、内容与服务提供商 SP、终端厂商等，其兼具移动传媒与互联网的特性，价值链更为细化与开放，呈现多元化与跨界竞争的特点。当前移动互联网产业链巨头都在积极进行多环节布局，积极进行产业链上下游延伸，竞争的焦点都在于把控用户第一接触点。从发展策略看，运营商积极整合产业链资源，将优秀的桌面互联网产品与服务移动化向运营领域延展，如 Google 经营接入服务，推出 GI 终端、Google WiFi，进入传统运营商业务领域和其他产业链环节。终端厂商的主要发展策略是围绕终端打造综合移动互联网服务能力，大力发展智能化，从满足普遍需求和特定需求两方面入手，加强产业链集合的能力，建立应用商店，丰富自有终端的网络应用，积极抢占移动互联网服务入口等。

（3）云端一体化成为产业发展的潮流

云计算和移动互联网出现在同一时代，它们在本质上是相生相长、互相配合的协作关系：云计算提供了计算资源大集中的"大后台"，而移动互联网则是这些计算资源接入和获取的"薄前端"。

随着智能终端的日益普及和无线宽带的快速发展，计算资源的接入问题将会逐渐得到解决，这将促使云计算摆脱"端"和"管"的束缚，向形式更加丰富、应用更加广泛、功能更加强大的方向演进，同时又给移动云服务带来了巨大的发展空间，从而实现移动互联网与云计算的协同发展。

在中国，华为率先提出了"云管端"概念，向"云"和"端"两个方向发力，推出了自主研发的云平台——华为云手机。阿里巴巴集团旗下的阿里云计算公司也正式推出了基于云计算技术的阿里云 OS 操作系统，并推出了首款搭载此系统的天语云智能手机 W700。

未来，围绕着"智能终端＋内容分发渠道（软件应用商店）＋应用软件与数字内容服务"的产业生态系统，构建集成移动云服务的新型移动智能终端是移动互联网产业的重点发展方向。"强后台＋薄客户端"的"云＋端"一体化模式成为未来集成移动云服务的新型移动智能终端发展方向的重要内容。

4. 我国移动互联网产业链的发展趋势

（1）运营商的发展趋势

为了寻求业务上的突破和发展，电信运营商都把移动互联网作为最重要的发展方向之一，希望在迅猛发展的移动互联网应用市场上分得一杯羹。为了摆脱目前面临的管道化、边缘化的困境，搭上移动互联网快速发展的顺风车，在开放合作的基础上积极转型已经成为近几年中国电信运营商发展的主要趋势。

随着中国移动互联网用户不断增多，移动应用更加贴近生活，移动互联网业务将更加深入人心。通过与产业链其他环节的合作以及自身的积极转型，中国电信运营商围绕移动互联网的竞争也将更加激烈。

（2）移动终端企业的发展趋势

未来几年，终端厂商的发展趋势主要有三个：一是继续抢占操作系统制高点，操作系统影响下层芯片的架构和上层应用软件的开发，一直是软件和信息技术服务业发展的制高点，谁掌握了操作系统，谁就绑定了消费者，谁就能够获得竞争优势地位；二是进一步增强终端的功能，加速从功能手机到智能手机的过渡，以更好地应对移动互联网的内容和服务需求；三是不断加强与内容和服务环节的合作，以优质和独特的内容吸引用户。目前苹果以终端厂商的身份正逐渐渗透到产业链的其他环节，开启全新"终端＋服务"的商业模式，这意味着手机厂商将向内容和服务运营商的方向转型，这给国内移动终端企业的发展带来启示，同时也带来市场竞争的巨大挑战。

（3）移动应用企业的发展趋势

中国互联网应用加速向移动互联网领域迁移，移动通信互联网化趋势明显，以基础业务平台为主题搭建应用聚合成为趋势，业务种类融合化、泛在化成为中国移动互联网应用发展的主要特征。

在中国 4G 网络建设加速、移动上网资费下调等众多因素推动下，众多应用和服务提供商开始发力，为用户提供更多的产品和服务，提升用户对移动互联网的使用习惯。随着移动互联网服务更加普及，用户对其的依赖程度和使用偏好将逐步形成，有利于移动互联网市场保持快速发展。

在移动互联网应用层环节，中国虽有像腾讯、新浪这样的龙头企业，但还是以中小企业为主，一方面，由于可以直接面对用户，这些企业依靠敏锐的市场嗅觉和快速的市场应变能力，能够真正了解用户的需求，设计出满足用户需求的产品；另一方面，这些企业由于缺乏有效的盈利模式，致使一些企业常常入不敷出。同时，因为受到来自产业链上游，如运营商的挤压，有的企业只能依靠吸引投资这一尴尬的生存方式勉强维持。未来移动应用企业的发展将围绕建立独立的面向用户的平台、为运营商提供技术和服务支持以及成为具有整合和跨平台运营能力的内容供应商三个方面展开。

三　抓住移动互联网商机的案例介绍

随着智能手机通信方式的多样化，移动互联网被认为是一种生活方式，也是一种消费方式，更是一种产业模式。尤其对于众多企业而言，移动互联网更是千载难逢的机会，让它们不仅可以与传统市场的巨头站在同一起跑线上，甚至能够超越对手。那么，企业如何才能在如此激烈的竞争中抓住商机？我们列举以下案例，来进一步了解移动互联网。

1. 苹果公司：移动互联网行业的领军者

苹果公司是移动互联网时代的先行者，也是移动互联网行业当之无愧的领军者。它是从硬件及软件领域进军移动互联网的最为成功的代表企业之一，凭借旗下 iOS 移动操作系统及 iPhone、iPad 等移动终端产品，成功跻身移动互联网浪潮之巅。根据网络调研机构 NetMarket-Share 于 2012 年 1 月发布的数据显示，2011 年全年苹果 iOS 设备占所有移动设备上网流量的 50％左右，10 月份时更是高达 61.5％，iOS 设备用户是移动互联网用户的主力军。苹果公司的移动互联网战略，几乎覆盖了从硬件、操作系统、开放式平台到各类软件应用的全服务体系。

苹果公司原名为苹果电脑公司，总部位于美国加利福尼亚州的库比提诺，公司的现任首席执行官是蒂姆·库克（Tim Cook）。截至 2011 年 12 月 31 日，苹果公司在全球共开设了 361 家零售专卖店，全球员工总数超过了 70000 名。苹果公司专门从事开发、制造及销售个人电脑、服务器、外围设备、计算机软件、联机服务以及个人数字式辅助设备，曾推出了 Apple II、Macintosh 电脑、iPod 数码音乐播放器、iPhone、iPad 等众多全球知名的产品。苹果公司目前是世界上市值最高的上市公司。英国广播公司 2012 年 3 月 1 日的报道称，以美国纽约股市当地时间 2 月 29 日早上的交易价格计算，苹果公司的市值已经超过 5000 亿美元，总额达到了 5060 亿美元，巩固了其作为全球市值最高企业的地位。方程式投资公司 Formula Capital 的投资人詹姆斯·阿尔图奇

（James Altucher）认为，苹果的增长速度非常惊人，而且目前其主要产品——智能手机、平板电脑、Mac（意为个人消费型计算机）等产品在全球的市场份额仍然有上升空间，因此未来其市值将超过 10000 亿美元。

2. Facebook：拥有全球 10 亿用户的社交网站

Facebook 是一家社交网络服务网站，它是由马克·扎克伯格（Mark Zuckberg）于 2004 年 2 月创立的。Facebook 最初起步的时候是为教师与学生提供点名册这种简化生活、简化工作的服务。同时，由于是学生创办的，避免了用户的不信任感，获得了极大的成功。如今，Facebook 已成长为全球最大的、最热门的 SNS 社交网站，在全球拥有超过 10 亿的用户，2012 年用户高达 6 亿多，PV（意为页面浏览量）已经超越谷歌。2012 年 5 月，Facebook 正式在纳斯达克上市，成为美国历史上第三大首次公开募股案例，截至 2014 年 11 月 3 日收盘，其市值达到 1913.49 亿美元。对于一个成立仅 11 年的年轻的互联网公司，Facebook 在当今可算是一个传奇。

马克·扎克伯格 2002 年进入哈佛学院的时候由计算机专业改为学习心理学，对人性的需求有着深入的研究。正是看到人们交往的实际需求，2004 年 2 月 Facebook 正式上线，其解决了人与人的交往问题。

> 移动互联网的本质，正是互联网借助移动方式向人们工作、生活的全方位渗透，也是现实社会和虚拟社会的进一步交融。移动互联网具有"个人"特征，是人们生活的一部分。因此，把握"人性"的核心需求是决定移动互联网成败的关键。

网站的名字 Facebook 来自传统的纸质"花名册"。通常美国大学把这种印有学校社区所有成员的"花名册"发放给新入学或入职的学生和教职员，协助大家认识学校内其他成员。马克·扎克伯格就是想将用户以现实生活中的真实身份搬进 Facebook，这就使得 Facebook 成为人们真实社会网络中的一部分，这种真实的身份为互联网上的沟通提供了基础、保障和安全感。

Facebook 模式又可以称为 SNS（Social Networking Services）模

式，即社会性网络服务，旨在帮助人们建立社会性网络的互联网应用服务，简单地说，也就是建立一个网络社交服务平台。

Facebook 的成功并不是一个偶然事件，它的成功正是找准了用户的日常交往的现实需求，并通过互联网使社交更方便、更真实，这也恰恰反映了互联网最本质的诉求，因此，这种"让网于民"、提升用户生活效率的模式才更有生命力，才可能受到用户的认可，从而赢得巨大的网络流量。

"让世界更开放，让连接更紧密"是 Facebook 的追求。Facebook 对用户真实身份的要求近乎苛刻，但正是因为如此才促使其在全球范围被用户追捧。人们以真实的身份登录 Facebook 是为了更方便地找到自己生活中的朋友，将现实中的人际关系移植到网络上。

因此，正是因为 Facebook 满足了人们交往的需求，才得到用户的追捧，Facebook 的用户数才增长迅猛。截止到 2012 年年底，Facebook 活跃用户数超过 10 亿人，达到 10.6 亿人，每日活跃用户数量为 6.18 亿人，移动月活跃用户达到 6.8 亿人，有近 60% 的用户每天都会登录 Facebook，近 40% 的用户在网站上玩游戏。同时 Facebook 是美国排名第一的照片分享站点，每天上传超过 850 万张照片，超过其他专门照片分享站点，如雅虎旗下的图片分享网站 Flickr。

3. 腾讯公司：从模仿创新到开放飞跃

腾讯控股有限公司（腾讯）是一家民营 IT 企业，成立于 1998 年 11 月 29 日，总部位于中国广东深圳，是中国最大的互联网综合服务提供商之一，也是中国服务用户最多、最广的互联网企业之一。

1997 年，马化腾接触到了 ICQ，亲身感受到了 ICQ 的魅力，也发觉了它的局限性：一是英文界面；二是在使用操作上有相当的难度，这使得 ICQ 在国内始终得不到普及，仅仅局限于"网虫"级的高手群体。于是，1998 年 11 月 11 日，马化腾和同学张志东在广东省深圳市注册成立"深圳市腾讯计算机系统有限公司"。当时公司的业务是拓展无线网络寻呼系统，为寻呼台建立网上寻呼系统，这种针对企业或单位的软件开发工程是所有中小型网络服务公司的最佳选择。

腾讯以QQ起家。2000年4月，QQ用户注册数达500万。2000年5月28日《人民日报》报道：5月27日晚20：43分，QQ同时在线人数首次突破10万大关。6月QQ注册用户数破千万，"移动QQ"进入"楚游"移动新生活。

2001年到2002年，在互联网产业低迷时，美国米拉德国际控股集团（MIH）先后从电讯盈科、IDG和腾讯QQ主要创始人手中购得腾讯46.6%的股权，成为腾讯最大的股东，也成为MIH集团在海外迄今最成功的一笔投资。

2003年8月腾讯推出QQ游戏。9月9日，腾讯在北京嘉里中心隆重宣布推出企业级实时通信产品腾讯通RTX。

在早期的发展中，腾讯曾经引起行业的质疑，人们指责腾讯没有一样是自己做的，将腾讯表述为"抄袭且贪得无厌的企鹅仔"。的确，从腾讯推出的诸多业务：QQ、微博、团购、拍拍、搜搜、QQ安全、QQ播放器、财付通、腾讯网等来看，都是模仿而来的，但腾讯凭借其庞大的用户规模和模仿再创新，取得了市场的成功。截至2012年，腾讯QQ注册用户达到10亿，活跃用户超过7亿，拥有庞大的用户规模。

> 在腾讯10多年的发展过程中，公司自上而下形成了一些"基本假设"，比如"只要用心，什么都一定能做好""只要把用户服务好，就一定能保证可持续发展"，等等。这些基本假设在腾讯的快速成长中不断被证实着其正确性，与腾讯对自身创新能力和产品能力的自信、对用户心理和用户行为的自信一起，变成了腾讯最为核心的价值观。

伴随着发展，腾讯不断地加强自主创新，2007年10月15日，第一家由国内互联网企业自主建立的研究机构——腾讯研究院正式挂牌成立。现今，腾讯60%以上员工为研发人员。腾讯在即时通信、电子商务、在线支付、搜索引擎、信息安全以及游戏方面等都拥有了相当数量的专利申请，自主创新工作已经进入到企业开发、运营、销售等各个环节当中，腾讯已走上了自主创新的民族产业发展之路。

在发展过程中，腾讯意识到开放将是未来的趋势，马化腾在致员工公开信上宣布了腾讯将会积极推动平台开放。开放式平台是一个好的开始，是腾讯成为世界顶级公司的必经之路。

开放是什么？简单来说，别的公司通过申请也能使用QQ拥有的10亿用户的庞大数据库，甚至在QQ、QQ空间、腾讯微博、财付通上"挂"上自家开发出的应用。

相对于其他开放式平台，腾讯开放式平台具有五大优势：一是腾讯平台拥有海量数据；二是腾讯能帮助合作伙伴降低注册与账户的门槛；三是腾讯能够提供一个完整的用户关系链；四是腾讯拥有完整的支付系统；五是腾讯拥有互联网产品运营经验。基于腾讯的优势，开放必将使腾讯实现新的飞跃。

在开放战略指引下，腾讯在内部通过平台融合与对接，实现微博、腾讯网、腾讯视频、QQ空间、腾讯朋友、QQ邮箱、腾讯SOSO、财付通、WebQQ、拍拍网等平台的互通，将腾讯平台应用随时随地地呈现给网民；对外则通过开放式平台，惠及第三方开发者，满足用户需求。

在开放战略上，腾讯选择的是全平台的开放，而不是有所保留，除了开放API（意为应用程序编程接口）入口，更重要的是腾讯QQ的7亿活跃用户的关系链和支付体系的开放。同时，腾讯还在电子商务、搜索、支付、团购等方面都采取了全开放的态度，真正打造一个无疆界、开放共享的互联网新生态。

除了QQ提供给广大用户的服务外，腾讯的开放式平台将尝试以API接口的形式通过Q$^+$向第三方应用商提供如内容分享、文件传输、语音视频等核心功能组件。第三方应用商则可通过这个平台进行调用，将这些用户使用最多、最喜爱的核心功能植入到创新应用中，从而直接服务于超10亿的QQ用户，创造更大的价值。无论是用户还是应用开发商，都将在这样一个完全打破了固有界限的平台中，自由分享所有的应用，自由调用其中的各种资源，都将从腾讯开放中获益。

建立一个一站式的在线生活平台是腾讯过去的梦想。"打造一个没有疆界、开放共享的互联网新生态"是腾讯新的追求。人们有理由相信，通过平台开放，与合作伙伴合作共赢，腾讯会变得更加强大，成为伟大的世界级互联网公司指日可待。

4. 中国移动：全球最具创新力企业之一

中国移动通信集团公司（以下简称"中国移动"）于 2000 年 4 月 20 日成立。注册资本 3000 亿元人民币，资产规模超过万亿元人民币，拥有全球第一的网络和客户规模。中国移动全资拥有中国移动（香港）集团有限公司，由其控股的中国移动有限公司（以下简称"上市公司"）在国内 31 个省（自治区、直辖市）和香港特别行政区设立了全资子公司，并在香港和纽约上市。2011 年位列《财富》杂志世界 500 强第 87 位，品牌价值位列全球电信品牌前列，成为全球最具创新力企业 50 强之一。

中国移动主要经营移动语音、数据、IP 电话和多媒体业务，并具有计算机互联网国际联网单位经营权和国际通信出入口局业务经营权。除提供基本语音业务外，还提供传真、数据、IP 电话等多种增值业务，拥有"全球通""神州行""动感地带"等著名客户品牌。

在移动互联网产品发展上，中国移动采用了业务基地的模式来发展移动互联网。自 2006 年起，陆续成立了九大基地，即四川手机音乐基地、上海手机视频基地、辽宁位置服务基地、湖南电子商务基地、杭州手机阅读基地、江苏游戏及 12580 基地、福建手机动漫基地、重庆物联网基地、广东互联网基地。中国移动首创的业务基地模式，是中国移动在移动互联网时代的最核心增值业务布局思路。

从时间先后上来看，九大基地起步于 2G，发展于 3G，也将积极应对 4G 市场的发展；从横向业务范畴来看，九大基地涉及音乐、手机视频、位置服务、电子商务、物联网、互联网、手机阅读、游

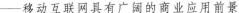

戏、12580、手机动漫、物联网、移动云服务等，基本上包含了移动互联网时代的客户所有需求。可以说，中国移动的九大基地实现了完整布局，并不断向行业应用领域渗透，从而引领移动互联网产业的发展。

在业务创新方面，中国移动提出了"智能管道＋开放式平台＋特色业务＋友好界面"的移动互联网发展策略，形成了 Mobile Market 云服务、物联网能力、电子商务能力、位置能力、"飞信＋"五大开放式平台能力。为应对市场环境的变化，中国移动根据自身优势制定了全新的移动互联网战略，积极构筑智能管道，搭建开放式平台，打造特色业务，展现友好界面，以此来推动中国移动在移动互联网领域的拓展，夯实自身的竞争力。截至 2011 年年底，中国移动已与 31 省（自治区、直辖市）、217 个城市签署了无线城市合作协议，全国布局和平台建设基本完成，上线应用超过 1.3 万个，形成了面向政务、民生、企业生产营销、各地特色服务四大领域行业应用的规模化发展，已有上千万客户享受到无线城市应用。同时，中国移动 2011 年还大力发展客户端与智能终端，通过终端内置受欢迎的自有业务和第三方业务，推动终端与业务的深度耦合，提供友好的业务界面，形成客户最佳体验。

5. 华为公司：发展"云管端"业务，开拓大众市场

华为技术有限公司是一家生产、销售通信设备的民营通信科技公司，1987 年由任正非创建于中国深圳，注册资本 2.1 万元。经过多年的发展，华为技术有限公司已在深圳市龙岗区坂田设立华为基地，并将华为总部设立于此。华为的主要业务范围是交换、传输、无线和数据通信类电信产品，在电信领域为世界各地的客户提供网络设备、服务、解决方案。在 2011 年 11 月 8 日公布的 2011 年中国民营 500 强企业榜单中，华为技术有限公司名列第一，同时华为也是世界 500 强中唯一一家没有上市的公司。

华为技术有限公司（华为）是全球领先的电信解决方案供应商，产

品和解决方案已经被应用于全球 100 多个国家，服务全球运营商 50 强中的 45 家及全球 1/3 的人口。产品具体包括：①无线接入；②固定接入；③核心网；④传送网；⑤数据通信；⑥能源与基础设施；⑦业务与软件；⑧运营支持系统 OSS；⑨安全存储；⑩华为终端。

目前，随着传统通信领域发展的疲软，以及移动互联网和云计算的快速兴起，华为的发展战略重心正在转变。它将从电信运营商网络向企业业务、消费者领域延伸，协同发展"云管端"业务，提供大容量和智能化的信息管道、更多的智能终端以及新一代业务平台和应用，以此来提升客户应用解决方案的体验。

华为终端公司隶属于华为技术有限公司，其产品主要覆盖手机、移动宽带、融合终端、视讯等多种形态的产品系列。目前，智能手机已经成为华为终端公司发展的重点，其中有较强的代表性的产品系列包括：华为 Honour 系列以及 Ascend 系列手机。

2012 年推出的华为 Ascend 系列，引入了全新的终端品牌——Ascend 产品家族。在 Ascend 品牌体系下分为 D、P、G、Y 四大产品系列，分别对应钻石、

> 华为已经将"千元智能机"纳入终端产品线的重要组成部分，通过和三大电信运营商的紧密绑定，推出高性价比的智能手机。丰富的机型选择以及较高的性价比，使华为的"千元智能机"在市场中获得了较高的用户认知，并成为华为拓展市场的利器。

铂金、黄金、年轻；对应旗舰、高端、中端、入门。其中，D 和 P 系列手机是华为推出的旗舰型产品，华为希望借此产品系列发力智能手机高端市场，重塑华为智能手机品牌形象，提升自身在市场中的影响力。

2013 年推出的华为 Honour 系列手机，作为云计算应用的重要平台的"云手机"，已成为智能手机产业新兴的热点，备受业界关注。华为基于"云管端"战略布局，在终端推出 Honour 系列手机，深化"云手机"概念。

目前，华为已全面布局智能手机市场，其中比较具有代表性的机型有 U8860 和 Ascend D1 Quad。华为依托"千元智能机"，大力拓展大众

市场。"千元智能机"的出现在保留了智能手机大部分功能的基础上,有效地突破了大众市场的价格瓶颈,掀起了智能手机普及的风潮。

为了提升用户体验,打造高端品牌形象,华为推行"体验店"渠道策略。用户可以在体验店中感受"明星产品真机任意体验+概念产品机模+美女店员定时演示",在互动的过程中,提升用户对产品的认知。

6. 小米科技:用互联网来颠覆传统的手机行业

小米公司正式成立于 2010 年 4 月,是一家专注于智能产品自主研发的移动互联网公司。小米的 LOGO 是"MI",是 Mobile Internet 的缩写,代表小米是一家移动互联网公司。小米的 LOGO 倒过来是一个"心",少了一个点,意味着让用户省一点心。另外,MI 是汉字"米"的汉语拼音,正好对应名称。

小米手机的运作模式是轻资产运作,只运作小米品牌,其他外包生产。

"为发烧而生"是小米的产品理念,其产品定位于中低端市场,目标人群就是玩手机的那群人。他们懂性能,喜欢折腾,是手机控。小米总裁林斌援引小米内部数据称,小米手机的重复购买率为 42%。

小米选择了移动互联网和智能手机崛起的时代,开创了全新概念的智能手机,做移动"应用、操作系统、手机"的全套业务。小米手机的研发、销售全部采用互联网模式。小米公司首创了用互联网模式开发手机操作系统、发烧友参与开发改进的模式,60 万发烧友参与了开发改进,这为小米的成功奠定了坚实的基础。

小米的法则是,不断打造出超乎用户预期的产品,通过互联网营销和用户口碑销售。红米产品在推出前历经磨难,据小米 CEO 雷军所言,为保证研发有备无患,红米手机在研发过程中有两套方案。2012 年 9 月份,小米首先立项代号 H1 的产品,主做国产双核 A9。这一方案在 2013 年 5 月被放弃,直接导致小米损失数千万元。

忍痛放弃换来的结果是红米 799 元发布后引发市场震撼,被指"走别人的路让别人无路可走",以低价血洗山寨。红米配备当前联发科最

高主频的 MT6589T 四核 1.5G 处理器，支持双卡双待（TD-SCDMA/GSM），这打破了外界对"千元机＝低端机"的印象。

小米手机避开与传统手机渠道商的合作，直接通过官网预订和移动运营商合作销售。这其实并不是太大的创新，类似的模式 Google 在 2010 年年初推出 Nexus One 的时候就尝试过，不过 Google 只坚持了 4 个多月就放弃了，转而通过运营商的实体商店销售。小米手机的营销策略主要是采用线上销售为主，线下销售为辅。林斌接受腾讯科技采访时表示，目前小米手机约 70％的货源通过小米官方网站，30％的货源通过运营商渠道。

相对于传统厂商，小米选择了一条不一样的道路，从手机到互联网，从互联网到智能设备。这种用互联网的思路做手机，是目前最符合趋势和潮流的道路，也是很少有人走的道路，正因为如此，小米才能在这么短的时间内取得如此大的成功。

第五讲 新商业，新模式
——移动互联网所引发的商业模式的变革

商业模式是企业创造营收与利润的手段和方法。由于商业模式的不同，企业的价值与盈利能力有着天壤之别。不同的商业模式决定了企业的不同命运，成功的企业必然有成功的商业模式。

过去，大多数的商业模式都依赖于技术、内容。而今天，移动互联网上的创业者们发明了许多全新的商业模式，这些商业模式完全依赖于现有的资源和新兴的技术，就像一个黏合剂一样，将各种商业要素进行聚合和优化，创业企业可以用最小的代价，接触到更多的消费者，创造更快捷的规模价值。

一 商业模式为王时代的来临

如果说在前几次技术革命期间，"质量为王""渠道为王"是企业称霸市场的重要利器。那么，在信息经济时代，商业模式无疑就成为竞争的核心，成为这个时代企业成功的"王道"。

1. 什么是商业模式

关于商业模式的含义，理论界还没有形成统一的权威解释。商业模式是包括了产品模式、用户模式、市场模式、营销模式和盈利模式在内的一个不断变化的、有机的商业运作系统。其中，盈利模式是商业模式体系中最为核心的子模式，其他几个子模式的最终目标都是为了实现盈利模式。

纵观成功企业的商业模式一般都具有以下四个方面的特征：

其一，能够提供独特价值。有时这个独特价值可能是新的思想，新的模式，而更多的时候，它往往是能为客户提供良好的体验、更方便的服务，使得客户能用更低的价格获得同样的价值，让客户心情愉悦，从而成为企业的忠实客户。

其二，难以模仿。独特的商业模式主要体现在竞争对手难以模仿。要建立成功的商业模式就不能照搬照抄现有成功企业的商业模式，而要始终坚持创新的理念，只有这样才能真正构建具有独特特征的商业模式。商业模式创新应与企业核心竞争力有机地结合起来，从而创建竞争对手难以模仿的商业模式。

其三，具有务实性，而不是华而不实。务实性就是脚踏实地、实事求是，而不是玩概念，搞炒作，这就需要企业对客户的消费行为、客户关注的利益和价值、市场竞争状况等有正确的把握。

其四，简洁明了。纵观国内外成功的企业，其商业模式概括起来都十分简单，往往能用一句话概括。阿里巴巴的商业模式就是成功打造电子商务生态系统；奇虎360的商业模式就是对安全产品实行永久免费以及通过打造开放平台实行增值业务收费。因此，企业在设计商业模式时，要寻找突破口，善于总结和提炼，要能用一句话概括。

2. 移动互联网时代的商业模式

现代管理学之父彼得·德鲁克说："当今企业之间的竞争，不是产品之间的竞争，而是商业模式之间的竞争。"在新时代，网络深度融入市场、融入社会，什么样的商业模式才能确保企业的长久生存？答案必然是移动互联网的商业模式。

移动互联网商业模式就是为了提升平台价值、聚集客户，针对其目标市场进行准确的价值定位，以平台为载体，有效整合企业内外部各种资源，建立起产业链各方共同参与、共同进行价值创新的生态系统，形成一个完整的、高效的、具有独特核心竞争力的运行系统，并通过不断满足客户需求、提升客户价值和建立多元化的收入模式使企业达到持续盈利的目标。

在移动互联网时代，基于某种创意所形成的商业模式创新，不仅颠覆了传统的商业模式，还成为引领行业发展方向的决定性因素。

随着智能手机的普及，移动互联网用户的快速增长，互联网正从传统互联网向移动互联网迁移。由于移动互联网具有移动性、位置性、私密性等诸多不同于传

> 平台是移动互联网的最大特征，打造成功的平台，必然说明其商业模式的成功。如苹果公司成为当前全球市值最高的科技公司，其成功在于推出惊艳的 iMac、iPod、iPhone 和 iPad 的产品，开创了"终端＋软件＋服务"软硬一体化的商业模式。

统互联网的特征，移动互联网应用不断创新，满足了客户多元化、个性化、长尾化的需求。手机游戏、移动社交、移动商务、移动搜索、移动支付、手机视频、移动 IM 等表现出旺盛的市场需求，基于移动互联网平台开放的深入，生态系统构建成为移动互联网企业角逐市场的重要手段。需求的多样性、业务的繁荣、平台的开放、市场竞争的加剧、生态系统的打造，使得移动互联网商业模式呈现出多元化的态势，也产生了诸多成功的商业模式。随着微博、微信等社交网络的兴起，拥有"大数据"的企业，可以通过数据挖掘技术来分析消费者的心理需求和消费需求，进而投送个性化的广告和服务，这也是一种新的商业模式。

现在一说到移动互联网商业模式，就等同于盈利模式，这是不完全正确的，虽然商业模式简单地说就是怎么赚钱，但赚钱只是结果，要实现盈利必须通过一系列价值创造活动。显而易见，盈利模式只是商业模式中的重要内容，但不是全部。

在这个急剧变化的时代，互联网成为一个最大的变量，它渗透到经济社会的各个领域，是生产的新工具、创新的新手段、合作的新载体、服务的新平台、传播的新途径和娱乐的新空间，它有效降低了区域和组织间的协调成本。在新的时代，分工更细的产业链中单一因素或环节的影响越来越低，整体效用的发挥才是关键，而商业模式正是这套体系。这就好比零部件和机器的关系，仅凭优质的发动机或车轮，汽车仍难以上路，必须由一套整体系统将各部分很好地协调在一起才能发挥综合优势。

随着经济全球化和"世界越来越平"，单一要素的优势越来越容易被模仿和超越，只有基于商业模式基础上的成功，优势才能持久。在企

业之间的激烈竞争中，商业模式已经成为所有竞争要素的核心和竞争的关键，商业模式的创新带来的不再是原有要素竞争中量的改变，而是一种质变，带来的是生产力的极大解放和企业发展速度、效益指数的增长。凡客诚品就是其中一个典型的代表。

延伸阅读

凡客诚品（简称凡客）于 2007 年 10 月创立，经过 4 年发展已成为国内网上 B2C 领域收入规模的第四名（前三名是京东、卓越和当当），服装类 B2C 销售收入第一名。2010 年，凡客诚品的销售额达到 20 亿元人民币，服装销量达 3000 万件。

凡客没有工厂、没有实体门店，而是以互联网组织客户，统筹产业链上游过剩的制造资源，实现对市场的快速响应，仅仅 4 年就成为服装类 B2C 销售收入的第一名，每个月销量远远高于传统衬衫行业霸主雅戈尔，成为业界的一个新神话。

凡客刚出现时给人的印象是批批吉服饰上海有限公司 PPG 的跟随者，而如今 PPG 已全然不存在了，凡客却成为网络服装类的第一 B2C 企业。其成功在于：抓住了男士白领这一目标人群，以"自有服装品牌＋网上销售"为基本模式，以互联网和 IT 技术低成本聚集资源，通过广告及各种促销手段实现规模发展。

凡客通过强大的垂直一体化的供应链和整合的 IT 系统来保证并主导整个供应链的顺畅运转。后向聚集大量产业资源，从生产计划、材料供应到流程、调度等工作，都由凡客通过 IT 系统进行决策。前向通过在线服务、呼叫中心等方式加强与客户交流。在学习 PPG 的同时，凡客也在创新，不断给自己的品牌注入文化内涵。它不满足于作为一个服装销售平台，而是要把自己打造成一个互联网快时尚品牌，倡导一种简单、草根、得体、低价但不廉价的生活方式。

凡客虽然没有厂房和设备等固定投资，但通过商业模式的创新，它无疑取得了引人瞩目的成功。

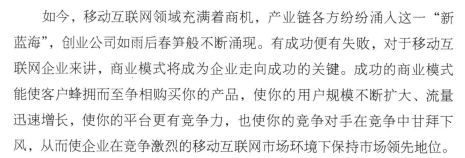

　　如今，移动互联网领域充满着商机，产业链各方纷纷涌入这一"新蓝海"，创业公司如雨后春笋般不断涌现。有成功便有失败，对于移动互联网企业来讲，商业模式将成为企业走向成功的关键。成功的商业模式能使客户蜂拥而至争相购买你的产品，使你的用户规模不断扩大、流量迅速增长，使你的平台更有竞争力，也使你的竞争对手在竞争中甘拜下风，从而使企业在竞争激烈的移动互联网市场环境下保持市场领先地位。

　　成功的商业模式并没有一个定式，各个企业又具有各自不同的特点，关键是根据企业自身的优劣势、市场环境的变化、客户需求的特点及企业发展的战略进行科学地制定。

> 商业模式的竞争是企业更高层次的竞争，商业模式创新从总体上来看，不能墨守成规，不能采取跟随战略，要寻找独特的发展模式，要从潜在客户的需求入手，要有超前的眼光和敏锐的判断力，看到别人看不到的东西，提出别人没有提出的问题，从而探寻到适合企业发展且有别于竞争对手的独特的商业模式。

二　移动互联网企业的几种典型商业模式

　　每一种商业模式的运用都不是单一的，也不是固定的。在实际运作中，移动互联网企业通过将多种商业模式复合使用，换着方法来创新，充分挖掘客户与产业要素资源内在的价值，从而最大限度发挥商业模式效力。现在，走向移动互联网时代的商业模式更加呈现出魔幻般丰富多彩的组合和变化。

　　由于移动互联网的产业链组成较为复杂，涉及终端厂商、电信运营商、内容提供商等多个成员，因此，移动互联网的商业模式也趋于多元化，且由于仍处在发展初期，尚未出现非常明确清晰的商业模式。正如前文所讲，由于商业模式是包括了产品模式、用户模式、市场模式、营销模式和盈利模式等，所以我们可以简单地划分几个角度来认识商业模式。从用户或平台角度，有 B2B、B2C、C2C、C2B 等模式；从线上线下的角度，有 O2O 模式等；从市场或营销等运营过程角度看，有"硬件＋软件"或"终端＋服务"等模式；从盈利角度看，有"免费＋收费"等模式。根据移动互联网行业的发展历程及相关企业的运营情况，下面将介绍几种典型的互联网、移动互联网商业模式。

1. 一体化商业模式

随着移动终端的不断普及，终端设备的价格日趋降低，使得利润空间越来越小，移动终端设备厂商之间的竞争不断加剧。传统移动终端厂商不仅需要应对智能手机领域新兴力量的强劲挑战，而且需要平衡信息服务提供商等新进入者日渐增强的影响力。面对复杂多变的市场竞争环境，终端设备制造商不得不延伸自身的业务价值链，整合内容、服务及应用等资源，并提供基于终端设备的持续性内容服务，包括影音娱乐、应用软件、互联网应用等多种在线服务，以提高用户忠诚度和企业竞争力。于是，移动互联网行业内就出现了"终端＋业务""终端＋服务"或"硬件＋软件＋服务"等，统称为一体化商业模式，该模式的形成是产业融合的趋势所向。下面仅以"终端＋业务"的一体化模式做简单介绍，相信不久将成为未来移动互联网领域竞争的重要商业模式之一。

在"终端＋业务"一体化商业模式中，终端设备厂商整合大量的应用与服务等资源，一方面，通过直接销售终端设备获得一次性利润，或通过与运营商签订协议，在帮助运营商获得绑定用户提高用户规模和收益的基础上，获得运营商的收入分成；另一方面，还可以通过提供基于终端设备的内容及增值服务获得持续性的收入。同时，通过提供的优质业务吸引更多的用户，进而拉动其设备的销售。

"终端＋业务"一体化商业模式的践行者主要以苹果、诺基亚、Google 及微软等企业为代表，苹果主要以"iPhone＋App Store"模式引领终端厂商的发展；诺基亚"Nokia＋OVI Store"也使其能在新兴的终端厂商强势竞争下留住大批忠实用户；Google 则见机与终端厂商合作，将应用内置于智能终端，并且研发了全面开放的 Android 系统，还自行研制了首款智能手机 Gphone—G1，以期称霸移动互联网行业，让用户更为直观和全方位地"感受谷歌"。这里主要以苹果公司的"iPhone＋App Store"模式为案例分析"终端＋业务"一体化的商业模式。

　　苹果公司是"终端＋业务"一体化商业模式的先行者，其推出的"iPhone＋App Store"模式体现出了"终端＋业务"的理念，打破了传统模式中终端制造企业只能通过制造、销售终端设备来获取利润的定位。2008年7月，App Store的官方网站正式上线，上线之初只有500余款软件，下载量却达6000万次。随着iPhone 3G的同时上市，正式确立了苹果"终端＋业务"一体化的商业模式。App Store的下载次数一直呈递增的趋势，在推出之后的前9个月时间里达到了10亿次的下载量，2010年6月达到50亿次，2011年10月达到了180亿次。截至2012年4月，App Store上线的软件共63万余款，下载量已突破250亿次。App Store的主要产品共分为20类，大部分应用属Widget且为本地应用，其中付费应用约占77％。从上线软件数量及应用下载量可以看出，App Store取得了巨大成功，不仅创下了iPhone销售量的新高，更是通过App Store丰富优质的应用吸引和锁定了更多的新老用户。

　　随着普及率的提高，智能手机引领着移动互联网终端的发展方向，手机操作系统和应用服务平台成为各方势力博弈较量的核心领域。作为手机终端市场的领导者，苹果面临着智能手机领域新兴力量和信息服务提供商等多重势力的挑战，适时改变传统手机终端市场的格局，创建全新的商业模式和业务框架，重建市场秩序，实现企业战略转型，延伸业务价值链，这是苹果明智的战略选择。

　　苹果公司通过对产业链上下游资源的整合，将互联网体验完美移植入移动终端。在应用开发方面，苹果与Google结盟，在网络运营方面与AT&T、T-Mobile等运营商结盟，并且集成了内容及应用等服务。在App Store平台上，苹果与应用开发者进行密切合作，开发者享有定价权，可以自由对所开发的应用进行定价，开发者和苹果公司按7：3的比例进行分成。App Store在运营的过程中，始终保持在开放的平台下进行封闭的运营，这是苹果引领产业发展独有的思维模式，也是其成功的关键因素。另外，App Store 的产品开发模式属于典型的 C2C 模式，任何人只需交纳一笔注册费之后，都可以加入到开发者的行列中，高达 70％的分成更是吸引了大批的开发者参与 App Store。无论对用户还是开发者来说，App Store 整合了终端、服务、支付、网络通道等所有资源，是真正的产业整合者和发布者。

苹果将"终端＋业务"一体化的商业模式推向了整个移动互联网行业，其成功的商业模式引起了业内诸多厂商的追捧，手机终端厂商、电信运营商、内容/服务提供商等企业纷纷成为苹果模式的效仿者和实践者。

2. 免费综合模式

传统商业模式直接面向客户，通过产品营销从客户身上挣钱，强调产品（product）、价格（price）、渠道（place）、促销（promotion）组合。然而在移动互联网时代，商业模式正经历种种的"异化"，很多东西可以白拿，很多服务可以白白享受，面对屏幕，人们因为得到各类免费服务而欢呼雀跃。放眼望去，互联网免费商业模式非常普遍，我们可以免费在网上浏览新闻、阅读书籍、听音乐、看电影、搜索网页、收发邮件，甚至还可以免费打电话。

"商业"一词总是和"利益"紧密相连，但是随着时代的发展，越来越多的企业开始走上了"免费模式"的道路，这些企业并非大发善心，义务向市场提供资源，恰恰相反，它们的最终目的是获取更多、更大的利益。

自从互联网开始盛行免费商业模式以来，这一商业模式就开始被更多人重视，当我们走进了移动互联网时代之后，更多人开始发现免费模式已经成为当代企业发展必不可少的商业元素，并且想尽一切办法打造自己的免费战略，隐藏自己的收费本质，并期望获得事半功倍的效果。

现在我们就来一起分析一下这种巨额利润之下的"免费模式"究竟拥有哪些特点，它们又是如何获得巨大利益的。

> 相对于传统的商业模式，新型商业模式最直接的变化就是价格。很多产品对直接用户而言是免费的，目的就是最大限度地扩大使用群体，吸引用户。其利润点从产品本身转化为广告收入、增值服务收入，即企业产品免费是因为想获得直接客户信息，然后再将这些信息通过广告、增值服务形式卖给第三方需求企业。

对于数字产品而言，它的成本结构比较特殊，生产第一份产品需要投入很大的研发和创造成本，但第一份产品出来后，复制的成本极低。比如杀毒软件，一个企业花了几年的时间研发完成，这是固定费用，然而上线后，传播和复制的成本极低，用户自行下载即可，下载一千万份和下载一万份对企业来说都一样（服务器和带宽等成本越来越低，不考虑在内）。也就是说，该款软件达到一定的销量后，边际成本可以认为是 0。

因此，从经济学的角度来看，数字产品的免费模式是有理论依据的。

固定成本过高、边际成本很小的成本结构，决定了企业必须通过大量销售产品，以获得规模效应，销售量越大，平均下来的成本就越小。因此，只要价格大于边际成本，随着销量的增加，总利润就会呈现上升的趋势，从而获得巨大利润。

对于互联网产品而言，流量才是变现的根本。不论是通过广告来赢利还是通过增值服务来赢利，都需要有大的流量支撑，而免费模式无疑是吸引流量的最好模式。

注意力的稀缺也使得互联网领域的创业者们想尽办法争夺注意力资源。我们说互联网产品最重要的是流量，流量就代表了注意力，有了流量才可以以此为基础构建可行的商业模式，互联网经济就是在吸引大众注意力的基础上创造价值，从而转化为赢利。在抢夺注意力的时候，免费模式就成了最可能成功的模式。

免费模式有广泛的代表性，类似的互联网业务如新浪微博、360 杀毒等。人们在使用 360 安全卫士、360 杀毒、360 保险箱时都不必付费，可是当使用越来越频繁，依赖越来越强时，360就会给我们推荐、提示更新第三方的"安全"游戏、第三方"安全"软件，或者弹出网页广告。

免费模式的魔力在于，用免费来最大限度圈定客户，客户群越大，流量越大，网络价值也就越大。实际上，当产品或服务的价格为0时，价格（Price）快速转换成了客户和商家的黏合点（Stick Point），坚持免费时间越长，其黏合力就越强，用户依赖性也越强，庞大的客户流量就自然能转化为价值不菲的广告收益。

免费模式改变了价值链的传递方向，其中最重要的手法是交叉补贴。当互联网企业通过某种方式免费送给用户某项服务时，目的却是想推销第三方的另一种服务，免费让互联网世界变成一个交叉补贴的大舞台。

> 免费模式的法门在于：互联网时代，谁更能黏住用户，谁就更有机会赢。不少企业选择了免费，目的就是最大限度地扩大使用群体，吸引用户，先赚流量，再通过各种交叉补贴形式来赢利。互联网进入免费时代，免费不再是商业噱头，而将成为经营的常态。

在互联网经济中，人们确实享受到了种种免费的好处，但作为互联网企业，最关心的问题必然是企业的盈利模式与盈利能力。互联网企业在短期内基本均倾向于通过免费迅速占领市场，扩大"客户资产"以引起注意力，从而形成网络效应。但是，长期来看互联网企业必须建立自己的盈利模式，以达到最终利润最大化的目的。因此，每种免费模式下一定会有互联网企业根据不同经营战略需要所选择的商业模式。以下是互联网企业中几种常见的免费商业模式：

（1）免费＋收费的模式

"免费＋收费"模式又称为免费增值模式，它是互联网最常见的一种商业模式。"免费＋收费"的商业模式最早由风险投资人弗雷德·威尔逊（Fred Wilson）提出，这种商业模式是企业为用户提供免费服务，

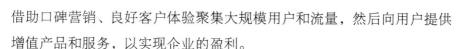

借助口碑营销、良好客户体验聚集大规模用户和流量，然后向用户提供增值产品和服务，以实现企业的盈利。

免费增值模式是目前移动互联网企业普遍使用的商业模式。在国内，知名的互联网企业如百度、腾讯、奇虎360等，都是这种模式的践行者。

（2）免费＋广告的模式

这种模式又称作"三方市场"或"双边市场"，就是由第三方付费来参与前两方之间的免费商品交换。"免费＋广告"模式的一个典型例子就是电视媒体：电视媒体负责向观众免费播放新闻、娱乐节目以及广告，而广告发布商向电视媒体支付广告费，广告产生的较好的效应可以扩大自己的产品或者服务的销量，最终弥补广告费。移动互联网也像电视媒体一样，可以通过广告收入来弥补前向的"免费"。从移动互联网企业的整体发展角度来看，针对前向用户的免费应用将会培育出更大的有效用户规模，从而对后向广告主产生极大的吸引力，使得广告主们愿意花大资金投入移动互联网广告。

（3）非货币市场模式

非货币市场模式来自个人行为的外部性。随着大量人群在互联网社区的聚集，在网络效应的作用下就会吸引更多的人参与进来，从而形成更大规模的聚集，使互联网具有一定的公共性。个人行为的外部性给其他人带来效用的提高，从而使公众处于一个有利的外部性平台上，这就是互联网商业模式的非货币市场模式的本质。

移动互联网中关于非货币市场模式比比皆是。如Youtube视频网站具有丰富的视频内容，积极打造UGC平台，用户可以通过互动方式上传内容。再如，用户在旅游景点拍照上传与朋友分享，同时也上传了其所在的地理位置，从而帮助更多的潜在游客了解其周边的景色，大众点评网是一个典型的UGC移动网站，用户可以对使用过的餐馆、娱乐场所进行点评、提供相关用餐资讯，这些信息对其他用户挑选餐馆有着很好的参考价值。在大量用户点评的基础上，大众点评网深入挖掘自身的营销和渠道优势，推出了点评卡等多种服务，用户凭此卡在其联盟店享受一定的折扣优惠，这实际上是一种劳动交换。可以看出，点评的用户越多，对提高其网站或服务的价值、品牌的作用就越大。大众点评网凭借其平台优势拓展服务领域，通过增值服务、线下服务、佣金收入和广告等实现盈利。

3. 平台整合模式

平台整合商业模式即在以手机、平板电脑、电脑等为基础的终端上搭建多种业务平台，或搭建手机与互联网之间的平台，包含了开放平台、广告平台、移动电子商务平台及应用商店等多种平台类型，具体如 Facebook 开放平台、淘宝开放平台、移淘商城、手机淘宝、苹果 App Store、三星应用商店及中国移动构建的 MM（Mobile Market）平台等。整合型平台构建起了融业务销售、软件下载、开发者社区到终端定制等于一体的商业模式，让内容提供方、服务提供商、产品开发者、终端厂商、运营商可共享一个平台。这种平台模式的出现，给产业链上下游带来了深刻的变革，具体的体现如平台与终端的融合，以及平台与业务提供的一体化等。原来产业链各角色之间的界限开始变得模糊，各个参与者都在重新审视平台的战略意义，并依托原有的资源和能力优势向平台运营领域拓展。

在平台类商业模式中，平台提供者及其他的平台参与者或各利益相关者之间存在着"相互依存、相互加强"的特征，这种特征是平台型商业模式的灵魂。因此在平台型商业模式中，更多的参与者能带来更大的交易价值，但增加的交易成本却几乎为零，特别是在移动应用平台上，增加一个新商家或新用户的边际交易成本基本为零，但却能为各利益相关方带来可观的交易价值。因此，平台提供商总是尽可能地吸引更多的参与者，在设计平台的架构时，往往会重点考虑如何鼓励更多利益相关者参与其中。平台拥有越多的参与者，其相互之间的依存加强作用就越大，平台的整体竞争力就越强，进一步又吸引了更多的用户及商家参与其中，形成一种良性循环，因此，一些率先步入平台领域的领导性企业在发展到一定阶段后往往让后来者无从追赶。

在各种类型的平台中，较为典型的移动互联网平台是由移动运营商、移动终端厂商或互联网公司等提供的应用程序商店，如苹果 App

Store、谷歌 Android Market 及中国移动 MM（Mobile Market）等。一方面，这些应用程序商店为消费者提供了一站式服务，从购买到使用，方便快捷；另一方面，它提供的开发工具及审核、分成、广告机制等，降低了开发者开发和推广移动应用的门槛，也激发了开发者研发更多优秀应用的热情。另外，开放平台也是各大互联网巨头进军移动互联网的重要部署，具有十分重大的意义。移动互联网有着更复杂的操作系统、多样的终端设备及海量的内容和服务，生态系统十分复杂，没有哪个企业能够把这全部的内容都做好。因此，企业需要通过开放平台，让第三方合作伙伴参与进来，将自己不擅长的开放给合作伙伴们，共同满足商家、消费者在移动互联网时代的个性化需求，逐步构建起以自己为中心的生态圈，并形成多方共赢的局面。

目前，国内外已有多个互联网企业推出了自己的开放平台，如Facebook开放平台、淘宝开放平台、百度开放平台、新浪微博开放平台、人人网开放平台、腾讯开放平台。这些开放平台的盈利途径主要包括微支付、广告和销售收入分成，其中，微支付主要包括虚拟产品、虚拟货币及游戏费用等。

有关平台商业模式还将在第六讲中详细介绍，故这里不展开。

4. O2O 模式

O2O（Online to Offline，线上线下互动）模式，是最近移动应用领域越来越流行的商业盈利模式。所谓 O2O 模式就是将线下商务的机会与互联网结合在一起，就是线上订购、线下消费模式，让互联网成为线下交易的平台，把线上的消费者带到现实的商店中去，真正使线上的虚拟经济和线下的实体经济融为一体。这样线下服务就可以用线上来揽客，消费者可以用线上来筛选服务，交易可以在线结算，很快达到规模。

"线上线下互动"变成了简单的 IT 专业名词 "O2O" 三个字，中间那个 "2" 应该念成 "to"，千万不要读成 "二"。当整个移动互联网界在 2012 年开始热议 O2O 时，O2O 的不同商业定义就出现了：有人认为 "Online to Offline"，有人定义为 "线上交易线下消费体验"，有人定义为 "O2O 是第三产业服务类产品的电商，而 B2C 是第二产业工业类产品的电商"。

O2O 模式的核心是线上交易、线下体验。随着用户消费习惯的养成、移动支付的成熟、商家营销意识的增强，O2O 平台的各类应用层出不穷。O2O，就是线上和线下的结合，因为中国有巨大的商家，也有巨大的用户群，O2O 市场前景非常广阔。

O2O 模式相比其他电商模式更具吸引力。由于运作主体在线下，成本相对较低，带来的价格优惠也比其他电商模式要多。就国内市场而言，大部分选择线上交易的移动互联网用户很多是因为线上带来的优惠。因此，O2O 模式单凭价格这一方面就比其他模式更具吸引力。

在 O2O 模式中，移动互联网成了一个单纯的交易平台，或者说是单纯的连接平台，将线上的顾客引导至线下消费，如此这般的优势在哪里呢？实体化的服务，虽然线上发展迅速，但是线上服务一直无法具象化。换而言之，无论线上叫得多亲热，无论我们称呼多少个 "亲"，也无法与实体市场中的到位服务相提并论。而 O2O 模式可以进行线上交易，线下服务，这种模式就等于在传统电商模式之上，大大增加了实体服务。也正是因为实体服务的增加，线上的 O2O 模式更容易吸引线下的客户。

移动互联网的迅猛发展为 O2O 提供了无限想象的空间。消费者通过手机连接互联网，在 O2O 网站、App 商店、社交网店或通过在线下实体店、传单上扫描条形码或二维码等方式，查找和获得自己需要的产

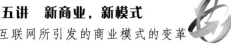

品和服务，然后利用手机支付进行购买，再到线下实体店进行消费。

O2O 模式正在引导我国电子商务走向多元化。移动互联网时代的到来，为 O2O 提供了绝佳的发展机遇。目前，基于移动互联网应用的全新 O2O 商业模式标志着电商 3.0 时代的到来，这一模式将拓宽电子商务的发展方向，引导电子商务行业走向"蓝海"，由规模化走向多元化。移动互联网是 O2O 模式的天堂，如今，O2O 已经从概念逐步走向真实产品的用户体验，一个更加美好的 O2O 模式时代正在向人们走来。

O2O 模式已有以下几种具体模式：

（1）O2O＋SNS

以即时通信、微博、微信为代表的互联网应用服务 SNS 近年来发展迅猛，O2O 运营企业除了运用 App 商店这一形式外，要充分运用微博、微信等社交平台开展 O2O 业务，利用社交网络的人气带动销量。

（2）O2O＋LBS

手机相对于 PC 来说，一个明显的优势是可以体现出用户的地理位置信息，因此，基于地理位置的服务 LBS 就成为移动互联网的一项典型应用。LBS 本身也是线上与线下的结合，通过 LBS 服务，用户也可以进行周边商家、商品查找和购买。但是两者也有一些不同点，例如 LBS 不一定以产生购买行为为目的，某些 LBS 应用也可以通过社交功能聚集用户，然后在此基础上发展出其他的盈利模式，而 O2O 则是专注于用户购买需求的应用。将 O2O 与 LBS 结合起来，就可以充分挖掘 O2O 这座金矿。

（3）O2O＋二维码

进入移动互联网时代，通过手机扫描二维码为撬动 O2O 入口提供了极大的便捷性。马化腾在 2012 年 10 月移动开发者大会上说："二维码是连接线上线下的一个关键入口。"手机扫描二维码可以在瞬间获得网址、访问移动互联网，进而获得商品的信息，也可以下订单，从而拉近商家和消费者之间的距离。商家可以利用手机这种特定终端推出更多服务，形成更多互动，最终实现更大的商业价值。

目前二维码行业还处于起步阶段，尚未出现成熟的商业模式或成规模的商业应用，行业参与者多处于创业阶段。

5. 价值链资源优化匹配模式

价值链资源优化匹配模式在于，在互联网和IT技术支持的环境下，企业从最靠近市场的地方用互联网抓获客户，然后进行资源的反向匹配，让外部资源为自己所用。企业就像黏合剂一样，对资源进行整合、重装，从而产生新的商业价值。运用价值链资源优化匹配模式，企业的能量聚焦在最能为企业创造价值的核心环节上，而其他要素环节则可利用众多合作伙伴来完成，从而改变了以往企业在价值链上"大一统"的发展模式。这样，企业变得更"轻"，更灵活，更接近用户，更具有创新性，也更具有市场吸引力。

在当前的移动互联网市场中，产业融合程度空前提升，纵向整合趋势也随之不断加剧，这使得其主流的市场竞争形式已不再体现为单一企业、单一价值创造环节之间的对抗，而是企业所处的整体价值链之间全方位的角力。在这一产业形势之下，价值链各环节之间共创双赢的合作关系，已成为整合产业链优势资源、实现价值链整体产出最大化、同时体现所处产业链竞争优势的关键。

> 随着3G、4G网络的日益成熟和智能手机的大量普及，越来越多的用户开始通过手机获得各种服务，传统PC未来必然被智能手机所替代。O2O只有抓住移动互联网带来的机遇，才能真正获得爆炸式的发展。

延伸阅读

携程旅行网占据了中国在线旅游50%以上的市场份额，主要竞争对手有全球最大在线旅行公司Expedia控股的艺龙，以及分别背靠大型国有控股旅游集团、拥有雄厚资金保障和丰富旅游资源的遨游网和芒果网。携程旅行网被誉为互联网和传统旅游资源无缝整合匹配的典范。

价值链资源优化匹配模式的魔力在于在互联网突飞猛进的背景下轻资产的运营，通过运用新技术改写了传统的商业法则。企业不必自己投资于产业链的全部环节，而将非主要业务"外包"，企业内只保留最核心的业务部分。通过价值链要素整合与合作伙伴形成利益共享的联盟体，根据市场动态快速反应，打造公司的系统性优势。

　　价值链资源优化匹配这种商业模式的"法门"在于，通过互联网和 IT 技术，把公司做小，把客户做大。企业选择自身能创造价值的核心环节，在所选择的价值环节中投入最大的资源，一方面建立开放的外部资源整合接口，调动和组织外部资源，低成本打造供应链；另一方面对用户需求进行快速反应，以轻资产方式快速、灵活地做大规模。

三　移动互联网商业模式中的盈利模式

　　尽管移动互联网市场前景巨大，但盈利才是各方参与者的最终目的。移动互联网的未来发展能否持续，关键取决于是否具有盈利性。虽然我国移动互联网发展较快，市场潜力巨大，但同时也要看到，由于移动互联网的发展还处于起步阶段，移动互联网商业模式尚不成熟，众多企业仍处于"烧钱"阶段，仍没有实现盈利，在一定时期内移动互联网还处于赔钱赚吆喝的阶段。因此，积极探索移动互联网商业模式中的盈利模式乃当务之急。

　　盈利模式是商业模式中的子模式。由于商业模式的本质和目标是实现盈利，因此，盈利模式是商业模式中的核心子模式，即核心内容。

1. 移动互联网盈利模式概述

　　盈利模式即企业的收入模式，是指企业成功地为价值链各方创造价值并满足客户需求而获得的收入的模式。

　　移动互联网的快速发展正在改变着人们的工作、生活和学习方式，

移动互联网巨大的市场前景吸引了电信运营商、互联网公司等众多企业的纷纷进入。手机制造商如苹果、LG、三星、联想、海信等，设备制造商如华为、中兴等，互联网公司如腾讯、阿里巴巴、百度、奇虎360等，电信运营商如软银、中国电信、中国移动、中国联通、韩国SKT等，这些企业都在移动互联网上纷纷布局。

当前，我国移动互联网呈现快速的发展势头，良好的移动互联网市场环境正在形成，为移动互联网企业的盈利创造了条件。移动互联网的真谛就是创新，因此，加快移动互联网盈利模式创新，积极探索多元化的和新兴的盈利模式已刻不容缓。

移动互联网盈利模式基本仿效PC互联网的两大主要方式：广告和用户付费，这两块要走上正轨仍需较长时间。目前，移动互联网主打免费应用，诸如手机浏览器、移动IM等厂商寄希望于广告营收，而用户付费的未来主要集中在移动游戏和移动电子商务以及其他增值业务领域。移动互联网盈利模式的成熟需要一个过程，而目前这一模式仍处于起步或者是爆发初期的阶段。

一是交易模式。常见的是"平台＋销售"的盈利模式。好的平台，加上好的销售等于交易模式。比如，淘宝、京东、阿里巴巴为代表的一系列C2C、B2C和B2B电商就是交易模式，用户在线上决策或支付费用；商家在线下配送商品或货到收款的模式，就相当于传统"一手交钱，一手交货"的交易模式。

二是增值模式。常见的是"免费＋收费"的盈利模式，也是互联网最常见的一种商业模式，最早由风险投资人Fred Wilson提出，这种商业模式是企业为用户提供免费服务，借助口碑营销、良好客户体验聚集大规模用户和流量，然后向用户提供增值产品和服务，以实现企业的盈利，著名企业，平果、百度、腾讯、奇虎360等，都是这种模式的践行者。腾讯就是"免费＋收费"的典型代表，其QQ实行免费，从而吸引了大量的用户，如今腾讯QQ用户达到10亿户，但对一些增值业务采取收费模式。当然目前腾讯收入来源较多，主要有网游、互联网增值服务、无线增值服务和品牌广告等收入。

三是广告模式。就是"三方市场"模式。三方市场是指客户、运营企业和第三方企业。"三方市场"模式就是由第三方付费来参与客户或用户、企业两方之间的免费商品交换。最典型的一个例子就是电视媒体的"广告"模式。电视媒体负责向观众免费播放新闻、娱乐节目以及广告，主要的费用由第三方——广告发布商向电视媒体支付广告费，广告产生了较好的效应可以扩大自己的产品或者服务的销量，最终弥补广告费。移动互联网也像电视媒体一样，可以通过广告收入来弥补用户的"免费"。

四是混合模式。也称为"服务"模式。主要有会员费、月租费、道具费、按次收费、流量费，还包括平台分成模式、劳动交换、客户消费行为数据收费、交易分成等。苹果就是典型的"混合"模式，也就称为"终端＋服务"全模式。苹果依靠其一贯时尚新颖的产品设计和持续不断创新的商业模式，令 iTunes、iPod、iPhone、App Store 风靡全球，苹果的"混合"模式有两点：其一是通过终端获取利润。就是直接销售终端，也就是产品获得利润，或者通过与运营商签订协议，在终端销售帮助运营商获得和绑定用户的基础上，得到运营商收入分成。其二是基于终端提供长期持续的内容服务获取利润。就是通过影音娱乐、应用软件、互联网应用等多种在线服务，获得另一部分收入。其中的典型是苹果 App Store，应用程序达到 30 万个，收费占 70％左右。

对于进入移动互联网的企业来说，盈利模式的设计可以结合上述几种模式进行综合考虑。在移动互联网行业，只有用户在增加，流量在增长，企业才有赚钱的机

> 盈利模式收入来源应是多元化的，收入流可以是一次性的，也可以是长期的。盈利模式来源主要有：终端销售收入、内容收费、专利费、交易分成、广告收入、会员费、数据咨询服务费等。

会，才能拓宽盈利模式，实现盈利模式多元化。

2. 影响移动互联网盈利模式的主要因素

探寻成功的移动互联网盈利模式，把握影响移动互联网盈利模式的关键因素十分重要。概括起来，影响移动互联网盈利模式的因素主要有以下几个方面：

（1）用户规模和流量大小

移动互联网盈利模式能否形成，前提是能不能形成庞大的用户规模和足够高的业务流量。无规模、无流量，难有盈利模式。因此，电信运营商在面临移动互联网的巨大市场机遇时，需要聚焦业务发展重点，通过培育市场，以做大规模、做大流量为首要目标。只要规模和流量做大了，业务平台就自然形成，盈利模式也就会形成。

（2）用户消费习惯

互联网自产生以来就存在着免费和分享两大优势，广大网民早已习惯免费服务模式及分享带来的乐趣。但目前这两大优势正面临着严峻的考验，互联网影视及音乐的"免费时代"或将终结，"付费时代"即将来临。很多互联网企业为用户提供很好的内容却向用户收不到任何费用，影响了企业的发展，因此，前向用户付费意愿也是影响移动互联网盈利模式的主要因素。

培养用户付费习惯和使用习惯是影响移动互联网发展的关键因素。在移动互联网时代，培养用户付费和使用习惯需从以下几方面着手：

第一，要为用户提供差异化、具有吸引力的产品或服务。

移动互联网发展需要网络、终端走向成熟。因此，要为用户提供好的上网体验，要加快3G发展，进一步推广和普及智能手机。

第二，适当降低资费，通过捆绑或包月形式降低印象价格。

唯有如此，用户的付费和使用习惯才能逐步形成，才会逐步从传统互联网向移动互联网转移，企业也能因此探索出前向收费服务渠道，丰富和完善企业的盈利模式。

（3）产品和服务的创新

进入移动互联网的企业，能不能形成好的盈利模式，从而实现盈利，从本质上来说，最终取决于能否为市场、用户提供具有吸引力的、创新的、差异化的产品或服务。互联网前向收费一定存在，但是前向收费一定要有能吸引用户愿意为之付费的产品。同时，好的产品能为企业带来巨大的流量，有了流量就能通过后向收取广告费等方式获取赚钱的机会。因此，如何为用户提供好的产品和服务至关重要。

好的业务关键要做好产品创新，没有好的产品，再好的盈利模式设计也无济于事。在业务创新方面，互联网有着无可比拟的优势，我们要充分运用企业掌握的海量用户数据，深入洞察客户需求，在运营中推进产品创新。在实践中，往往由于创新产品和应用缺乏可靠的盈利模式而失去可持续发展的能力，因此，将互联网的创新能力和移动互联网的盈利模式有效结合起来，将会是一个良性的发展模式。

（4）市场竞争状况

在比较封闭的市场环境中，由于竞争并不明显，用户缺乏可供选择的替代性产品，这时企业的盈利模式设计往往比较简单。如传统移动增值业务，一般为一次性订购，产品形态也很单一，没有差异化的产品和定价策略。

在开放的移动互联网市场环境下，由于业务提供者众多，各种低价、免费产品大量地涌现，企业固有的粗放式的盈利模式难以适应新的市场环境的需要，为此，需要盈利模式的创新。

市场竞争有利于推进业务创新，有利于鼓励企业进行盈利模式的创新，只有创新才能在开放的市场环境下获得更好更快的发展。虽然移动互联网盈利模式框架比较清晰，不外乎"前向＋后向"的收费模式，不外乎广告、电子商务、游戏、增值业务等模式，不外乎"免费＋收费"的模式，等等，但不同的企业在盈利模式创新上可能不一样。如网络视频企业酷6、优酷、土豆等企业收入的80％以上来源于广告收入；而腾讯收入的70%来源于互联网增值服务收入，网络广告收入只占7%。因此，市场竞争有利于企业根据自身发展状况和优劣势构建差异化的盈利模式。

3. 对移动互联网盈利模式的探索

目前移动互联网盈利模式尚未成熟，良好的盈利模式的形成和发展需要一个过程，需要移动互联网产业链各方携起手来，为移动互联网持续健康发展共同努力。

在技术与市场双重驱动下，移动互联网保持着强劲的发展势头。从盈利模式的本质来看，只有移动互联网业务为客户所接受，客户愿意花钱，企业才可以获得源源不断的利润。为更好地推进移动互联网盈利模式创新，促进移动互联网产业的繁荣发展，需要从以下几个方面积极探索：

一是要提供差异化的服务内容。移动互联网也许可以从接入费和通信费中弥补成本、实现少量盈利，但要真正获利，还需要有市场的、针对性强的"内容产品"。综观互联网的商业模式，无非是广告盈利和服务内容盈利两大类。在发展的初级阶段，移动互联网在资费还不能迅速下降的情况下，实际上对内容提出了更高的要求，因此，企业要以提高客户体验为中心，加强业务创新，满足客户差异化、多元化、碎片化需求，以高品质的内容产品培养用户的付费习惯。

二是正确地进行客户定位。移动互联网的最大特点是允许大量信息资源的有效访问和随处漫游的个人通信，而且其竞争优势往往集中于后者——随处漫游、终端位置不受限制。这样，移动互联网的客户群必然与传统互联网客户存在一定的差异，移动互联网更多的是时尚消费人群。

从客户发展趋势来看，移动互联网又可能与传统互联网非常相似。回顾传统互联网的发展，也是通过时尚消费人群才实现爆炸式增长。根据移动互联网用户行为分析，目前，移动互联网用户行为中逐步体现出追求免费、强调互动等传统互联网特性。因此，移动互联网的客户发展道路也可能呈现"时尚消费带动—大众消费普及—商务应用价值凸显"的特点。

三是搞好流量经营，以巨大的流量兑现广告价值。流量包括"接入流量"及直接面向用户的"用户流量（包括用户数、点击量、浏览量等)"。移动互联网产业链中靠传输数据流量收费只是移动互联网产业链利润池中很小的一部分，主体收入是在智能终端销售和应用服务以及第三方收费上，这主要是靠"用户流量"来拉动的，也是移动互联网企业做好流量经营的重点。提高用户流量一般通过免费或低资费吸引用户的方式，只有做大流量才能真正提高流量的广告价值，才能吸引广告商投放广告，才能拓展盈利渠道。

四是设计合理资费方案。合理的资费方案必将有力撬动用户消费。给用户设计合理的低资费的前提是不会造成对资源无法控制的滥用、不会冲击网络的正常运营。

五是整合价值链，形成良好的产业生态系统。打造一个合作共赢、健康有序的产业价值链是发展移动互联网业务的必要基础，这就涉及价值链整合问题。移动运营商由于掌控大量的用户，并积累了资金、计费体系、认证等方面的优势，从而在价值链上占有主导地位。但价值链主导者如果不能适时整合产业链资源，就将逐步丧失主导地位。移动运营商需要以用户需求为基础，加强与价值链各个环节的合作，包括与内容服务商、终端商、软件开发商的合作，从而创新应用，不断普及移动智能终端。要采用合理的利润分配模式，调动整个价值链企业的积极性，实现"合作共赢、共创繁荣"。

四　移动互联网商业模式的创新与发展

面对迅猛发展的移动互联网市场，移动互联网企业能否立足，关键取决于商业模式的创新。创新，是移动互联网的基本驱动力，而创新最直接的突破口是商业模式创新。移动互联网时代总在热情地拥抱着新的商业模式！

1. 移动互联网商业模式需要不断地创新

移动互联网的产业链组成较为复杂，涉及终端厂商、电信运营商、内容提供商等多个成员，因此，移动互联网的商业模式也趋于多元化，且由于移动互联网仍处在发展初期，尚未出现非常明确清晰的商业模式。不过，这种状况也为人们的模式创新留下了广阔的空间。

移动互联网商业模式是多变和不断发展的，任何一种商业模式都有可能过时，都有可能被取代，但只要我们站在移动互联网之上，捕获移动互联网时代的特色信息，我们就可以不断创造全新的移动互联网商业模式。

信息技术的快速发展和互联网的普及，开启了一个快速变化的时代。在这样一个信息化、全球化和城市化的时代背景下，企业的商业模式不可能保持一成不变。由于商业模式是多种商业要素的组合和协同，因此，宏观环境、市场竞争、用户需求和使用习惯、新技术、新产品、原材料等的变化，都有可能导致商业要素以及商业要素之间协同关系的变化，在当今的移动互联网市场竞争中，无论怎样强调商业模式创新都不为过。

商业模式一般建立在对外部环境、自身资源、能力的假设之上，没有一个统一的商业模式适用于任何企业，也没有一个商业模式永不过时。因此，企业需要对商业模式不断进行创新，改变其中的某些要素或者环节，甚至彻底地再造商业模式，以差异化经营获取超额利润，从而获得更大的竞争优势。

目前，从移动互联网整体市场来看，企业商业模式的创新已经取代了单纯的产品创新，成为促进众多企业在高度动态的产业环境中构筑具有延续性的核心竞争力，进而在激烈竞争中脱颖而出的主要动力和源泉。商业模式的创新实际上是一种高层次的企业创新行为，它与传统意义上的产品创新、技术创新、制度创新和观念创新有很大的不同，不但包括了企业从内部到外部的资源、制度、模式的整合，而且还必须实现价值创造的目的，包括顾客、供应商、股东和企业在内的各方都应获得更大的价值或价值预期。

商业模式创新将成为构建企业长期竞争优势的根本保证，它就像在讲述一个美妙的故事，能将每个人都统一在公司期望的价值观中。

> 每一次商业模式的革新，如果能够最先发现客户价值需求变化并优先满足，都可能给企业带来一定时间内的竞争优势。但是随着时间的改变，企业必须不断地重新思考它的商业模式设计。因此，企业的商业模式设计是一个不断的、螺旋式创新演进的过程。

互联网的快速发展给了中国一个追赶世界的机会，处于这个时代，创新的商业模式对中国企业的发展极其重要，其影响力丝毫不亚于技术革命。当苹果用"硬件＋应用商店"的模式迅速在手机终端市场崛起，仅用全球4％的销售额占据着全球56％的利润时；当淘宝用免费的会员方式迅速替代以前的王者易趣，3年翻了3番，成为亚洲最大的网络零售商时，人们惊喜地发现：一种新的商业模式将改变一个行业的经营法则，并且难以被人复制，其自身就能创造出强大的竞争优势。模式为"王"，是因为在今天这个时代，创新的模式不仅带来竞争中量的变化，更是一种质变，它在深刻改变着这个时代的商业和竞争。

2. 移动互联网商业模式创新的途径与方法

基于对移动互联网商业模式的理解以及商业模式创新的目标，以下6种基本方法，可以满足移动互联网企业对模式创新的需求。

（1）基于提升客户价值的商业模式创新

客户价值是商业模式价值的源泉，建立在提升客户价值、价值创新基础上的商业模式创新，企业才能创造出物超所值的产品和服务，才能吸引用户，快速形成用户规模，才能最终走向成功。因此，移动互联网企业通过客户需求洞察、市场

> 80％的商业模式创新来自"客户与合作伙伴"，当你不知道怎样进行商业模式创新时，不妨去找你的客户和合作伙伴，他们会告诉你答案。

环境分析，发现客户的潜在价值需求，推进产品创新，打造独特的产品或服务，实现客户价值的飞跃，由此实现用户规模的增长，实现企业平台价值升级。

因此，移动互联网企业需要从确定客户的新需求入手，做好客户需求分析。要了解客户需要什么，关注什么，客户在什么场景使用，深刻理解客户购买你的产品需要完成的任务或要实现的目标是什么，客户为什么要购买你的产品，客户使用你的产品体验好不好，等等。对这些问题的回答，有助于企业找到和发现尚未满足的客户需求，一旦确认客户需求，设法去满足，也就重新定义了客户价值，为商业模式创新创造了好的条件。

要积极寻找和实施能创造客户黏性、忠诚度和进入壁垒的商业模式，多关注、多了解你的客户和合作伙伴。

（2）基于产品/服务变革的模式创新

即借助于移动互联网企业满足其用户需求而提供的创新型营销物（包括产品和服务），并由此出发来实现整个商业模式的设计创新。移动互联网中的产品、服务革新意味着对已有互联网信息服务细分市场中的产品和服务进行替代，重新定义后的产品和服务体现了对现有客户价值的提升，其改变了互联网产品和服务的功能价值和顾客价值实现的方式，是对产品功能、结构和形态的创新，而不仅仅是产品、服务形式或款式的改变。革新后的产品和服务主要包括：结合移动通信业务与互联网产品特性，对现有产品和服务的生产/提供方式和所包含的技术信息进行重新规划，实现与传统互联网产业中已有产品和服务在价值上的区别。

（3）基于改变游戏规则的商业模式创新

商业游戏规则往往由大公司制定，中小公司必须遵守。改变游戏规则是商业模式创新的最高境界，也是众多企业追求的目标。改变游戏规则是企业最大的成功。一个成功的商业模式不一定是在技术上的重大突破，而是对某一个环节的改造，或是对原有模式的重组创新，甚至是对整个游戏规则的颠覆。

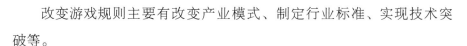

改变游戏规则主要有改变产业模式、制定行业标准、实现技术突破等。

改变产业模式是最激进的一种商业模式创新，它要求一个企业重新定义本产业，进入或创造一个新产业，实现行业模式的创新。如 IBM通过推动智能星球计划和云计算，重新整合资源，进入新领域并创造新产业，如商业运营外包服务和综合商业变革服务等，力求成为企业总体商务运作的大管家。亚马逊也是如此，它正在进行的商业模式创新是向产业链后方延伸，为各类商业用户提供如物流和信息技术管理的商务运作支持服务，并向他们开放自身的 20 个全球货物配发中心，同

> 三流企业卖力气，二流企业卖产品，一流企业卖技术，超一流企业卖什么？主要是卖规则、卖标准。从某种意义上说，商业模式创新就是在创造新规则和新标准。

时，进入云计算领域，成为提供相关平台、软件和服务的领袖。行业模式创新的典型公司是苹果公司，原来主要从事计算机以及数字产品的经营，通过 iPod 与 iTunes 的结合，开创了一个全新的行业。

移动互联网是技术密集型行业，推进技术创新、实现技术突破是移动互联网企业商业模式成功的关键。能够长期存在的企业，其成功的秘诀在于进行不断的技术创新。因此，要改变游戏规则，就必须在技术创新上下功夫，成为行业颠覆者。

（4）基于重组产业链的商业模式创新

通过对产业价值链进行创造性的重新组合，也能创造出新的商业模式。戴尔公司砍掉中间销售环节，采取直销模式的故事早已人人皆知；京东商城在发展初期将物流外包，但由于外包影响京东的服务水平，为此，京东商城投资数十亿元自建物流公司和仓储中心，实现价值链的垂直整合，从而确立了在电子商务领域的领先地位；谷歌在意识到大众对信息的获取已从桌面平台向移动平台转移，自身仅作为桌面平台搜索引擎会逐渐丧失竞争力后，就实施垂直整合，大手笔收购摩托罗拉移动和安卓移动平台操作系统，进入移动平台领域，从而改变了自己在产业链

中的位置及商业模式。

（5）基于关键资源能力的商业模式创新

不同的企业拥有不同的关键资源能力，企业拥有关键资源能力是企业获取持续竞争优势的根本。因此，基于关键资源能力的商业模式创新就更有竞争力，对企业关键资源能力的获取和利用，可以充分挖掘现有资源的潜在价值，从而建立起竞争优势。

关键资源是具有垄断性、排他性的资产，可以进一步分为有形资产和无形资产。关键资源能力主要包括品牌影响力、技术创新、具有庞大的用户规模、差异化渠道模式、资源整合能力、好的产品、知识信息能力、良好的企业文化等。一旦一个企业获得该资源后，竞争对手就无法获取或者需要付出很高的代价来获取。在商业环境中资源和环境约束日益加剧的背景下，基于关键资源的商业模式创新尤为重要。

（6）基于模仿基础上的商业模式再创新

商业模式创新不是一件容易的事情，而在模仿基础上实现再创新则是一条商业模式创新的捷径。模仿能使企业快速进入某一业务领域，节约企业成本，可以使企业少走弯路，并有助于企业快速满足市场需求。因此，在我国互联网和移动互联网市场，模仿仍是主流。团购火了，纷纷涉足团购；Foursquare 成功了，迅速被引入我国；苹果 App Store 成功了，迅速吸引诸多企业的效仿，等等。因此，对于进入移动互联网的企业来说，模仿成功企业的商业模式、借鉴成功企业的做法未尝不是一个重要策略。

3. 移动互联网商业模式的发展趋势

近年来，移动互联网发展突飞猛进，主要表现在三个方面：一是用户增长速度非常快；二是移动互联网市场十分繁荣，发展空间很大，有许多想象的空间；三是移动互联网各种商业模式应运而生，不断创新。

同时也应看到，移动互联网发展进入了理性回归的阶段，预计未来一两年内将有很多移动互联网公司倒闭，移动互联网机会变现还有很长的路要走。尽管移动互联网商业模式近年来不断创新，但总体来看，移动互联网商业模式仍然不成熟。特别是内容付费、广告类商业模式，由于人们已习惯免费模式，加之手机屏幕和带宽的限制，目前还无法完全移植互联网的商业模式。随着移动通信技术的发展，以及产业链各方对移动互联网产业认识的深入，新的商业模式将会不断涌现，产业规模将会不断扩大。预计未来移动互联网商业模式的发展将呈现以下趋势：

（1）价值链网络化

随着终端企业进入移动互联网业务领域及互联网 SP（意为互联网内容应用服务的直接提供者）进入终端软件领域，促进多功能终端和应用导向终端的发展，将使得以移动终端为载体、不通过门户或搜索的移动互联网业务种类不断增多。这些业务简单易用且更新快捷，将获得各层次用户的青睐。业务种类的增多反映出社会专业化分工的细化，业务组成移动互联网产业价值链中的各个"节点"，每个节点都是一个功能模块，由此，整个价值链体系将变得更加清晰且有序，呈现出网络化结构。

（2）盈利模式复合化

新型移动互联网业务的盈利模式更加多样化，不仅可以凭借流量和内容向用户收费，而且可以实现后向收费，后向收费的广告模式将得到快速发展。移动互联网服务提供商不会完全按照或依赖某种单一的商业模式，更多的是组合各种模式来适应市场的需求和自身的资源约束。在Web2.0时代，互联网上的内容主要是由用户创作，用户将自己原创的内容通过互联网平台进行展示，博客、视频分享和社区网络都是主要应用形式。由于用户参与到内容的创作中，所以与用户分成的模式也会逐渐占据一部分市场。

（3）市场主体多元化

目前运营商在整个移动互联网产业链中具有主导地位，其谈判能力来自庞大的用户资源。运营商不仅扮演接入商的角色，还是服务提供商，并且对终端制造行业与内容提供都有一定的影响力和控制力，由此建立"Walled Garden"，把用户圈定为自己的特有资源。随着新一代无线通信技术的发展，以及移动互联网产业价值链的不断延伸，传统的服务提供商与内容提供商的结构和组成正在发生变化。越来越多掌握优势资源或者拥有庞大用户资源的传统厂商进入了移动互联网领域，如强势的媒体机构、金融机构及传统的互联网巨头，实际上市场主体多元化的趋势在全球已经不可避免。

移动互联网商业模式创新必须充分考虑移动互联网的特点。移动互联网由于终端的高度移动性，使得碎片化成为移动互联时代的重要特征。移动互联网碎片化包括两个方面含义：一是时间的碎片化，即每次上网的时间较短；二是信息的碎片化，即海量信息包围下，用户只选择其感兴趣的信息和应用，例如人们乘坐公交车、地铁，从等车到乘车再到下车，大多数人会掏出手机，看新闻、发微博、玩游戏或查地图。

在碎片化、个性化、多元化的移动互联网时代，如何吸引用户、提高产品用户黏性就成为移动互联网企业成功的关键。

选择进入移动互联网细分市场十分重要，千万不能跟风模仿，而要选择具有差异化的、能避免直接与互联网巨头竞争且盈利可期的业务为切入点。要紧贴市场需求开发和运营产品，提升自身可持续发展能力，坚持、坚持、再坚持。唯有如此，企业才能见到胜利的曙光。

第六讲　沟通、开放、融合
——移动互联网时代的商业平台

移动互联网产品，都有一个共同特点，它们都属于某种商业平台。这些商业平台处于某个移动互联网商业生态体系的中心，周围是与平台有共生关系的多个相关联企业。平台得以存在的基础是双边理论，平台一边用户的存在依赖于另外一边用户的存在，任何平台的经营都需要致力于双边用户的良性互动，平台的关键特征是下沉并开放，平台把自己的核心能力通过开放的调用接口供外部使用，使自己成为商业网络中的基础设施；平台存在的形态是担当所处价值网络的中心，利用自己所处的关键位置，与合作伙伴一道共同创造价值。

一　移动互联网的平台模式

在移动互联网时代，平台化商业模式越来越成为产业的基础性、核心性商业模式。任何企业都只有两种选择，一种是成为平台，一种是与平台以某种形式结盟并交换价值。无论哪种选择，都必须深刻地认识到，没有哪个企业是孤岛，外部商业网络是如此强烈地影响着企业的命运，企业的成功依赖于对商业生态体系的参与和利用，来自对商业平台的深刻理解与对规律的准确把握。这其中发展迅速的电商平台无疑是耀眼的"明星"，以京东、天猫、聚美优品、唯品会等为代表的 B2C，以淘宝、阿里巴巴分别代表的 C2C、B2B 电商平台已经成为人人皆知的热词，而 "11. 11" "O2O" 购物节等也成为国人熟知的消费时点。

1. 商业平台：移动互联网的新模式

所谓商业平台，就是为合作参与者和客户提供一个合作和交易的软硬件相结合的环境。商业平台是通过双边或多边市场效应和平台的集群效应，形成符合定位的平台分工。这个平台上有众多的参与者，有着明确的分工，都可以做出自己的贡献，每个平台都有一个平台运营商，它负责聚集社会资源和合作伙伴，为用户提供好的产品，通过聚集人气，扩大用户规模，使参与各方受益，达到平台价值、用户价值和服务最大化。

从形式上看，超市就是一种交易平台，各种商品和顾客在这里集中交易，而超市提供场地、环境、收银、促销等各种服务。股票交易市场同样也是一种平台，无数买家和卖家在这里对接，而交易市场则提供信息服务和交易服务。

在移动互联网领域，商业平台是一个宽泛的概念，在不同的行业中通常有着不同的定义。在电信行业，业务平台一般是指一个业务运营的基础平台。在这一平台上，电信运营商通过提供一些业务、计费等标准接口，就可以快速引入和推广各种新的业务。而其他企业可以借助运营商的平台和资源，推出新的业务。从电信的集中管理思路可以看出，电信行业业务平台还需要提供运营管理的支持，如鉴权、计费、用户管理、业务管理等。

对于服务或内容提供商来说，业务平台就是业务发布与接入的功能平台。业务平台提供了使用网络及其他功能资源的接口规范，服务或内容提供商所提供的业务模块只需要按照所指定的规范开发，就可以实现在业务平台上的部署。

从平台管理方的角度看，业务平台是指一个对业务进行管理的平台。通过引入平台管理模式，管理者可以实现对应用内容的管理、合作伙伴的管理和激励等，并提供鉴权、计费的运营支持管理功能，从而使各种业务能够良性运行。

综合上述各种定义，可把业务平台定义为一个订货的集成、管理、提供业务资源的技术框架。

业务平台的主要目的是支持业务的开发、部署、执行、管理、控制

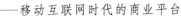

和运营，它通过开放分布式计算架构，将网络能力、基本服务资源抽象成业务模块，并通过开放接口向上层应用开放，使得应用可以更便捷地开发，并通过分布式计算架构支持上层应用的执行。

打造成功的平台需要四大要素：一是它必须拥有至少一项核心应用或功能，从而聚集人气，汇聚流量；二是它必须能让合作伙伴很容易进入，而且对合作伙伴有吸引力；三是有足够规模的用户；四是要有创新的商业模式，评价商业模式是否创新关键看能否形成良好的生态系统，吸引更多的用户，获取持续的盈利。

延伸阅读

　　美国运通卡就是一个平台运营商的经典案例。它与传统的信用卡盈利渠道不同，主要盈利来源于运通卡用户的消费商家返点和年费，而不是用户购物后向银行产生的利息，运通卡将这部分利益让渡给了银行。在这个前提下，各大银行就有动力帮助运通卡，成为运通卡通向最终用户的渠道。随着运通卡发卡量的增大，就吸引了越来越多的商户加盟，这就形成了良性循环。运通卡成为一个平台，用户和商家都依赖于运通卡广阔的渠道和营销服务获得利益。

2. 商业平台的实质是信息增值通道

移动互联网的机会有很多，但平台是纲领。从操作系统、浏览器到应用商店，平台正在变得广泛而重要。商业平台的实质是信息的增值通道，谁把握了这个通道，谁就掌握了通往移动互联网财富之路的话语权。

一般而言，在平台模式下，由平台运营商提供平台服务，两类或多类用户通过平台实现交换行为，也就是所谓的"双边市场"或"多边市场"。以应用商店为例，作为移动互联网双边市场中的典型平台，一方面，应用商店为消费者提供了一站式服务，从购买到使用，方便快捷；

另一方面，它的审核、分成、广告等特点，也激发了开发者研发更多优秀应用的热情。可以说，应用商店的出现使开发者和消费者"双边"的需求都得到了更加充分的匹配，而且在一定程度上也解决了移动互联网业务自由定价的问题。

打造商业平台是移动互联网的发展趋势。平台经营的内容更加丰富，不仅包括网络经营和流量经营，而且还包括内容经营、价值链合作、市场营销、产品创新、盈利模式、标准制定等，但

> 打造商业平台，用户规模为王。有了人气都可以成为平台，应用、程序可以成为平台，终端、网站也可以成为平台；只要有了人气，平台就能为客户、企业、合作伙伴创造价值，企业就有赚钱的机会。

更为重要的是做好向第三方开发者开放 API，和合作伙伴共享用户，分享收入，让合作伙伴提供应用促进平台成长。平台经营好了，企业掌控了互联网游戏规则，就能在产业链中拥有话语权。

商业平台给移动互联网企业的发展产生如下作用：

（1）引领产业生态变革

平台模式的出现，给产业链上下游都带来了深刻的变革，具体的体现如平台与终端的融合以及平台与业务提供的一体化。原来产业链各角色之间泾渭分明的界限开始变得模糊，各个参与者都在重新审视平台的战略意义，并依托原有的资源和能力优势向平台运营领域拓展。

（2）创新商业模式

平台模式的出现，大大拓宽了移动互联网商业模式的内涵和外延。其商业模式的侧重点，已经从传统互联网的强调构建内容，升级为构建包含内容、应用和终端的商业生态，盈利模式也从相对单一的"前向收费""后向收费"向"衍生收费"演进。而引入了SoLoMo（意为社交本地移动）概念的移动互联网应用，更是在业务内容和应用形式上极大丰富，满足了人们的个性化需求。

（3）塑造新的竞争格局

移动互联网开始呈现小企业做应用，大企业做平台的趋势。互联网大企业通过平台运营实现用户统一体验，通过账号经营实现多产品之间"互联"，开始掌握越来越多的用户消费行为和时间份额。

提高平台经营能力，打造有价值的商业平台是进入移动互联网领域的企业的战略选择，做好平台经营要做好以下几点：制定平台游戏规则，使平台运营健康有序；以扩大用户规模和使用量为目标，广泛开展合作，实现能力开放；创新合作模式，建立利益共享的互利联盟，营造良好的产业生态系统。深入洞察客户需求，更加注重客户体验，以应用创新聚集人气，提高平台经营能力，汇聚外部资源，提高生态系统的资源整合能力；积极探索"免费＋收费＋广告"等多元化的盈利模式，实现商业模式创新。

3. 构成商业平台的基本条件

商业平台要健康运营，取得成功，应具备以下六个必要条件：

一是平台具有开放性特征，也就是对合作伙伴开放。合作伙伴越多，平台就越有价值，如淘宝网、亚马逊等就是典型。

二是平台具有双边市场和网络外部性特征。平台企业为买卖双方提供服务，促成交易，而且买卖双方任何一方数量越多，就越能吸引另一方数量的增长，其网络外部性特征就能充分显现，卖家和买家越多，平台就越有价值。如农贸市场、人才市场、淘宝、App Store 等都是双边市场，淘宝一边是卖家，另一边是买家。

三是市场中有大量潜在买家和卖家需要对接，也就是说平台要具有聚合力。

四是平台企业具有至少一项对于行业来讲是稀缺的且具有竞争力的核心能力或核心应用，如资金、品牌、关键技术、渠道通路、运营能力以及核心应用，如新浪的微博、奇虎 360 的安全卫士、阿里巴巴的电子商务、腾讯的微信和 QQ，等等。

五是平台企业与其合作伙伴没有直接的竞争关系，二者具有相同的盈利模式和市场目标。

六是平台企业通过打造开放式平台、扶持合作伙伴等策略，为合作伙伴和第三方开发者带来利益。

移动互联网发展到今天，市场情况非常符合这六个必要条件，因此，平台模式出现也就是必然的。在互联网经济的背景下，平台化商业模式呈现快速发展之势，出现在社交网络、电子商务、移动通信、搜索引擎、线上游戏等诸多领域。在全球最大的100家公司中，60家公司的大部分收入均来自平台商务。在网络效应下，平台上往往出现规模收益递增现象，强者可以掌控全局，赢者通吃，而弱者只能瓜分残羹。

4. 移动互联网领域中的平台竞争

在移动互联网产业中，用户接入不同平台的成本仍然较高，包括更换终端、系统等，这就决定了行业市场将由少数几个提供差异化服务的大型平台主宰，最终呈现寡头垄断的格局。在多平台竞争的情况下，成本优势或者差异化优势这两者中必须拥有其一，或者以差异化优势吸引客户，或者以成本优势打败对手；这种成本优势和差异化优势不单指平台本身，还要从企业整体出发考虑。因此，在产业链某一个环节占据优势，并以此为基础拓展平台运营的新领域，是当前市场竞争的主要形式。平台竞争成为移动互联网市场竞争的核心。

平台竞争的目的是标准之争。这里所说的标准，是指一种产品因为具有足够大的用户规模而处于网络效应的优势一方，并逐步形成强者恒强的正反馈。产品成为标准有很多好处，如用户和开发者都会倾向选择加入网络价值更大的标准方的网络、用户放弃标准而转用其他平台的转网成本很大，以及开发者放弃为标准一方开发软件而转向其他平台的开发成本也会增大，标准一方将成为游戏规则的主导者。

标准之中最核心的产品就是操作系统OS，OS是控制开发和用户使用界面的最核心环节，因此，平台竞争也可以看作移动互联网产业链的OS标准之争。移动互联网产业链还未像计算机互联网产业链那样形成Microsoft Windows为OS标准的局面，而"终端＋OS＋内容"应用正是强势一方促进尽快形成标准和弱势一方尽可能延缓标准过早产生的重要商业途径。

一是利用直接网络效应促进（延缓）标准的途径：一般具备用户规模先发优势的一方最容易成为标准；而挑战者要挑战主导者的地位，必须具备 N＝10 倍的性能优势，或者采取开放合作的策略（如免费使用和开源代码等）。

二是利用间接网络效应促进（延缓）标准的途径：利用开放的平台和便捷的结算渠道激发开发者的积极性，迅速扩大软件规模来吸引用户。当前移动互联网 OS 标准竞争中，苹果利用快速汇聚的软件规模优势和卓越的各类终端（iTouch、iPhone 和 iPad 等）性能优势迅速扩大终端和移动操作系统 iOS 的份额；Google 作为后起的挑战者，利用卓越的软件先发优势和开放合作的策略，迅速扩大 Android 的用户规模。

5. 开展移动商务的三大基础平台

（1）WAP 平台（移动网络接入平台）

WAP 平台是开展移动电子商务的核心平台之一。通过 WAP 平台，手机可以方便快捷地接入互联网，真正实现不受时间和地域约束的移动电子商务。同时，WAP 提供了一种应用开发和运行环境，能够支持当前最流行的嵌入式操作系统。

WAP 可以支持目前使用的绝大多数无线设备，包括移动电话、PDA 设备等。在网络方面，WAP 也可以支持目前的各种移动网络，如GSM、CDMA、PHS 等。当然，它也可以支持第三代、四代移动通信系统（3G、4G）。目前，许多电信公司已经推出了多种 WAP 产品，包括 WAP 网关、应用开发工具和 WAP 手机等，向用户提供网上资讯、机票订购、移动银行、游戏、购物等服务。

尽管有很多的优点，但是，WAP 自 1998 年问世以来也一直饱受争议。另外，WAP 应用需要较高的无线通信带宽，这也是它一直未能获得商业成功的主要障碍。但随着 3G 和 4G 的逐渐推广，带宽已经不是主要问题，WAP 的发展也迎来了良好契机。

（2）IVR平台（交互式应答平台）

IVR（Interactive Voice Response），即自动语音应答，是自动与用户进行交互式操作的业务。用户可以通过电话等通信终端拨号呼叫IVR平台，根据IVR平台的语音提示进行互动操作，从而完成交易、娱乐等业务。比较典型的IVR有电话银行等。

移动IVR就是利用手机等移动终端设备拨打IVR进行交互，与普通电话不同的是，手机等移动终端能够随时随地拨打IVR、浏览语音互联网、电话聊天、信息查询、收听歌曲文艺节目等。移动IVR还能够利用手机终端独有的短信息收发功能，通过自动语音识别、语音合成等技术，实现语音和短信息的互动。由于IVR不受手机的限制，而且跳出了文字输入的局限，故而能比短信赢得更加广泛的用户。

但是，从国内IVR的现状来看，主要还有几大问题有待解决。首先，IVR的费用偏高；其次，IVR的应用单一；同时，IVR业务的操作烦琐也是影响其市场扩张的重要因素。但随着技术的发展和商业的驱动，IVR将成为继移动消息平台和WAP平台之后，又一个能提供综合业务服务的移动应用平台。

（3）Linkwise平台（移动电子商务综合平台）

Linkwise是一个统一的开放式平台，连接传统的固定电话网、移动网、数据网。目前，接入方式包括语音接入、SMS和STK短信接入、WEB/WAP/GPRS接入等。平台通过与银行、商家、证券等各种电子商务服务提供商的互连，开展多元化的电子商务业务。平台上可以开放的业务有：电子证券、电子银行、电子报税等。

二　移动互联网的开放式平台

开放、协作和分享是移动互联网商业平台的核心价值理念。打造开放式平台已是移动互联网领域的发展趋势。移动互联网发展到今天，平台开放的商业模式已经成为主流，各个垂直领域都出现了平台型服务商。Google 的 Search API、Google Map API、Opensocial API 等一系列还在不断增长的 API 列表以及 Android 操作平台，Facebook 的 F8 开放式平台，腾讯的社区开放式平台和微信开放式平台，新浪的微博开放式平台，阿里巴巴的电子商务平台，还有应用商店的 App Store、MM 交易平台，诸如此类，不胜枚举。

1. 什么是开放式平台

开放式平台，指在软件业和网络中，软件系统通过公开其应用程序编程接口（API）或函数（function）来使外部的程序可以增加该软件系统的功能或使用该软件系统的资源，而不需要更改该软件系统的源代码。通俗地说，开放式平台就是首先提供一个基本服务，然后通过开放其自身的接口，使外部第三方开发者可以增加平台功能或使用开放的资源，使第三方开发者得以将自己的应用统一运行在这一平台之上。打个比方说，开放式平台就像一个超市，软件开发者是商品供应者，把自己的产品拿到开放式平台上供人挑选。同时，通过平台开放和平台运营为移动互联网产业链各方提供服务和支持。

为了理解开放式平台，我们需要了解：API 和 OpenAPI 这两个概念。API 的全称是应用程序接口（Application Programming Interface），这并不是一个新概念，在计算机操作系统出现的早期就已经存在了。在互联网试点，把互联网产品的服务封装成一系列计算机识别的数据接口开放出去，供第三方开发者使用，这种行为就叫作开放互联网产品的 API，与之相对应的，所开放的 API 就被称为 OpenAPI。API 的商业价值在于其聚合了多种威力强大的应用功能，为开发者提供了一个编程工具，能够很好地促进销售、市场营销以及锁定客户。

> 构建开放式平台、集成互联网应用服务、创新商业模式、提高产业链服务能力，是当前网络运营商积极探索和思考的问题。

互联网经历了两次开放 API 的浪潮：第一次是即时通信软件开放通信协议，MSN、雅虎通、Gtalk、AOL、Skype 等纷纷开放了通信协议，所以 MSN 和雅虎通实现了互通，Gtalk 可以与其他第三方即时通信客户和网页聊天工具互通。然而，此次开放 API 浪潮仅仅是国外互联网巨头的"联谊"，对开发者意义较小。第二次是 SNS 社区的平台 API，Facebook、Myspace、Linkedin、Friendster 均发布了自己的开放式平台，继 Facebook 之后 Google 发布了自己的开放式平台标准 Open Social，校内网和 51.com 也相继发布了自己的开放式平台。

这些 SNS 开放式平台在开放程度上有所差异，有的只提供了第三方开发者使用的数据和方法调用，校内网的开放式平台就是这种形式。但是 Facebook 开放得更加彻底，它将平台架构全部公布出来，其他社区运营者可以直接采用这些设计，这使得小应用程序可以很方便地移植到使用同一开放式平台的社区上。第二次开放 API 浪潮吸引了全球几十万的开发者，短时间内涌现了数万个应用，全球每天有数以千万计的用户在使用这些应用。

网络移动化、无线化的技术进步是促使移动互联网走向开放、协作和分享的关键因素。终端标准化是减少应用服务开发复杂度和降低成本的基石。开放接入和开放标准形成了促进移动互联网平台业务快速发展的基础。分享流量、技术、设备和营收，促进整个移动互联网产业进入正反馈的良性循环。开放和充满活力的平台，为移动互联网价值链上各个产业主体的大规模协作创造了条件。基于协作共赢的理念，移动互联网从业企业在开放的平台上共同开拓产业发展的价值空间，满足用户深层次需求，为用户传递价值和创造价值。

开放最本质的目的，是希望通过用户之间的互动，个性化和精准化地传播和推广各种服务和服务信息。开放式平台的运营商是专心致志地做平台而不是做应用，是上游而不是上中下游通吃；开放式平台一定是通用型的，只有一个入口和完整清晰的逻辑架构；开放的空间是三维一体的，这意味着开放具有全新的广度与深度。

从某种意义上理解，开放的蓝图更像是一种大同世界般的畅想，大

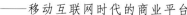

企业搭平台，小企业/开发者唱戏，合作服务用户，分成收益所得。各司其职，和谐共处，以实现最大程度的共赢——平台的成熟、企业的收益以及用户长久的认可。这样的蓝图堪称美好，但通往如此美好未来的道路毕竟也不平坦，所需要的是大企业对"开放"更深入的理解，以及更加开阔的思维和心胸。

当前开放平台五花八门，但从开放式平台分类来看，主要可以分为两类。第一类是应用型开放式平台，即基于某一个基础的应用模式，然后开放式平台供第三方开发者扩展，如 Facebook、谷歌 Apps Marketplace、苹果 App Store 等。第二类是服务型开放式平台。即没有一个基础的应用模式，而是把计算资源作为一种服务提供给开发者，让开发者能快速拥有大量、稳定的计算或存储资源（云计算），专心做好应用的业务逻辑，实现快速开发和部署，如谷歌 App Engine、亚马逊 S3（Simple Storage Service）等。

当前应用型开放式平台所占比例较高，应用型开放式平台主要分为媒体平台、垂直应用平台、电子商务平台、综合服务平台四大类。媒体平台如新浪、搜狐、Twitter、开心网、微博等；垂直应用平台如 360 安全卫士、阿里巴巴、优酷、盛大文学等；电子商务平台如京东商城、当当网、阿里巴巴、最淘网等；综合服务平台是通过与价值链合作伙伴合作，为客户提供多种产品和服务，如腾讯、百度、苹果 App Store、我友网等，腾讯不仅提供即时通信服务，还向客户提供游戏、音乐、安全软件等各类服务。当前，由垂直应用平台向综合服务平台和媒体平台转变是大趋势，其前提是垂直应用平台要做精、做深，在行业处于领先地位，拥有足够的用户规模和良好的客户体验。

延伸阅读

　　作为世界上最大的社交网站，Facebook 拥有 6 亿多用户，其估值已经近千亿美元。Facebook 在 Web2.0 网站中拥有无可置疑的霸主地位，而帮助其实现并巩固霸主地位的，则是开放式平台，是开放式平台帮助其实现了 SNS 的核心价值。当前的互联网巨头里，哪一家还敢闭关自守？谷歌、腾讯、阿里巴巴、Facebook、亚马逊、eBay、Twitter、百度、奇虎 360……无论是搜索引擎、在线零售还是炙手可热的社交网络，无一例外地都走向开放式平台。无疑，开放式平台已成为当下互联网行业最为流行的风潮之一。

　　Facebook 成功之后，谷歌、微软、亚马逊等开始竞相推出自己的开放式平台战略。国内互联网公司闻风而动，2010 年，新浪微博、百度、盛大文学、人人网等相继尝试开放部分互联领域的 API，尤其是"3Q"大战后，为了显示开放创新的心态，腾讯公司宣布开放微博、QQ 空间、财付通等 API，此后，又宣布开放 QQ 团购平台。

2. 开放式平台是成功的网络商业模式

　　开放式平台模式是互联网最早的商业模式，也是成功的模式。

　　开放式平台模式通过搭建网络系统环境，对外开放集合客户资源，实现多重交易的汇聚放大。开放式平台可以是硬件、软件，或者是服务体系。开放式平台模式前向连接用户，后向连接内容提供商（新闻、游戏、各种网络应用）、支付工具、广告商户等多种利益相关者，这些利益相关者的利益诉求互补，通过开放式平台集合在一起放大交易价值，即参与交易的利益相关者越多，平台的价值越高，对后来利益相关者的吸引力就更大，类似"滚雪球""赢者通吃"的效应改变了传统商业理念的线性发展逻辑。

　　开放式平台的魔力在于为市场参与方提供价值，一起形成动态的利益联盟。在开放式平台上，集聚多方利益的相关方，彼此共处于同一平台，形成网络集群效应，信息流畅通，搜寻成本降低，更重要的是平台利益相关方还可以利用平台诱发潜在需求，创造新的需求，比如消费意见的反馈、思想的交流等，为企业管理的完善和新产品的研发提供思路。这些基于双边市场的创新从而实现的价值增值功能，在传统市场上是很难轻松和普遍地体现出来。

延伸阅读

　　开放式平台模式开创者应当是美国门户网站雅虎。雅虎搭建了一个为一些比较知名的网站进行分类的平台，并且建立索引，方便用户查找，为千万网民提供信息发布的门户入口。随着时间的推移，门户网站向着大而全的方向发展，庞杂无序的问题日益突出，平台模式转向专业化发展，比如配对型的婚恋平台、搜索下载平台、网购平台、游戏平台和互动社交平台等。如今，开放式平台模式非常普遍，也成为在激烈市场竞争中制胜的关键所在。

　　Google是全球最大的并且最受欢迎的搜索引擎平台之一，一边面向有信息检索需求的全球网民，另一边面向与网站有直接交易的商业客户，比如广告商、API开发商、移动位置服务商、媒体图片服务商等。

　　Google作为开放式平台，除了提供核心的搜索业务，还通过对外收购、控股方式在平台上集合丰富的线上软件服务，除了文字搜索，Google平台还提供了众多的信息服务，如天气预报、股价、地图、机场、体育赛事比分、单位换算、包裹追踪、地区代码、语言翻译、语音搜索和图片搜索等。Google平台深受大众喜爱，聚集了越来越多的网民，据公开信息显示，2011年Google的月独立访客数量超过10亿，每天处理数以亿计的搜索请求和大量用户生成的数据，Google成为全世界访问量最大的站点。

要打造开放式平台模式，其核心"法门"是：首先，平台方需专注于核心能力，不断丰富应用，构筑强大的应用服务平台，聚集人气和流量；其次，要提供清晰明确的共赢商业模式，前向聚集用户，后向聚集商家，盈利可以从前向收费和后向收费两种方式实现：前向收费就是向用户直接收钱，比如游戏、SP增值服务平台等；后向收费就是向用户之外的其他人收费，主要是面向商家的广告收费模式；最后，开放式平台就是围绕参与方的需求，明确开放的程度，开发或扩充平台规模和丰富应用，搭建利益相关的产业生态，与参与方共同成长。

3. 发展迅速前途广阔的电商平台

电商平台是指通过平台交易的电子商务，起初是通过互联网发展起来，现在越来越多的消费者或用户通过手机等智能终端进行电商平台登录。由于我国幅员辽阔，人口众多，所以电子商务发展迅速，特别是每到"11.11"购物节，可谓街头巷尾都在谈论：B2B、B2C、C2C、C2B，其实这些都可以看作是电商平台。其中，B2B指商业机构对商业机构的，B2C指商业机构对消费者的电子商务，B2G指商业机构对政府管理部门，C2C消费者对消费者的电子商务以及C2B是指消费者对商业机构的电子商务。当然，国内目前最主要的电子商务平台就是B2C、C2C、B2B等三种电子商务模式，前两者属于消费性市场，而B2B由属于生产性市场。

B2C模式是我国最早产生的电子商务模式，以8848网上商城正式运营为标志。B2C即企业通过互联网为消费者提供一个新型的购物环境——网上商店，消费者通过网络在网上购物、在网上支付，企业通过物流将消费者选择的商品配送到相应地点。由于这种模式节省了客户和企业的时间和空间，大大提高了交易效率，网上购物用户迅速增长。目前B2C市场上成功的企业京东、天猫、当当、卓越亚马逊，还有无数个垂直电商聚美优品、唯品会等，以及属于传统企业随后赶来的苏宁易购、国美在线等。

而C2C这种模式的产生以1998年易趣成立为标志，曾经采用C2C模式的有eBay、易趣、淘宝、拍拍等公司。目前，最著名的就是淘宝。C2C电子商务模式是一种个人对个人的网上交易行为，电子商务企业

通过为买卖双方搭建拍卖平台，按比例收取交易费用，或者提供平台方便个人在上面开店铺，以会员制的方式收费。零售电子商务的四个基本要素是信息流、物流、资金流以及交易信用与风险控制。特别是"支付宝"的出现极大地催生了 C2C 模式的迅猛发展。

相对于 B2C、C2C 而言，B2B 无疑是属于先发后至的代表，在电子商务的早期，B2B 也曾是盈利状况最好的电子商务商业模式。B2B 模式主要是通过互联网平台聚合众多的企业商业机构，形成买卖的大信息海洋，双方在平台上选择交易对象，通过电子支付完成交易。在 2004 年底，中国进行过网上 B2B 交易行为的企业数量已经达到 135 万家，B2B 电子商务市场规模占 2004 年中国整个电子商务市场规模的 98% 左右，交易额达到了 3160 亿元，较 2003 年增长了 128.2%。但是，由于互联网原本就存在的草根性，随后其风头被 B2C、C2C 等消费性市场超越。

4. 我国四大开放式平台的特色比较

自 2011 年以来，一个又一个开放大会的召开，暗示着互联网以"开放"为基调的竞争时代即将到来。TechWeb 对四大开放式平台腾讯、奇虎 360、新浪、百度作了比较，看每个企业对开放的不同定义。

（1）腾讯的开放式平台：用户始终是筹码

腾讯开放式平台拥有四大优势：一是流量；二是用户账户资源；三是社交网络；四是支付平台。

事实上，截至目前，从 QQ 客户端到 QQ 空间、互动娱乐，再到微博、无线、搜索、QQ 邮箱、QQ 浏览器、财付通和拍拍……腾讯各业务体系、事业部和产品线纷纷开始构建自己的开放式平台，仅腾讯内部的开放项目就已经扩张到近 20 个之多。

腾讯的开放从某种意义上来说，出发点和落脚点只有两个字——用户。因为与腾讯相比，其他开放式平台也同样在流量和支付平台上具备优势，而腾讯的核心优势归根结底还在于其 6.47 亿 QQ 用户和用户关系。腾讯通过 QQ 用户体系开放引流，一方面将用户流量引入合作企业，并借助团结小网站来让 QQ 号码成为整个互联网的身份证号；另一方面使得用户可以获得更便捷的注册和登录机制，加快网络业务的运行效率，同时进一步扩大腾讯在行业生态链中的控制地位。这种类似于圈用户的方式，疏通自身触及的整个产业链条，迫使原本沉淀的用户群体在这一链条之中充分流动起来。

（2）360的开放式平台：借开放做大企业

开放是360转型的重要跳板之一。360的开放举措主要涵盖实现与各大电商、SNS厂商的账号互通，邀请团购商家入驻团购平台，开放App应用接入三大类。除此之外，360还重金扶持开发者/厂商的加盟，包括建立最高达1亿元的个人开发者奖励基金，以及拿出10亿元创新应用基金投资创业创新企业。

360公司总裁齐向东曾在互联网开放大会上多次强调，"360将开放所有业务、全部流量及用户数据"，并且"只做平台，不做应用""不与合作者争利""360开放式平台的价值不光是把好的应用带给用户，还要促进互联网行业创新更多应用，与合作伙伴共赢"。

360的"共赢"理论及所做出的举措都显示出360对开放的理解和把握。我们完全可以这样理解，360意在借助这些开放举措吸引合作伙伴，扶持对方的同时让对方壮大自身的平台，从而意在最终成为一家更加名副其实的大企业，甚至有朝一日和腾讯分庭抗礼。

（3）新浪的开放式平台：打造新型媒体平台

与前两者相比，新浪的开放式平台就显得简单和单纯——几乎全部围绕微博业务展开。

事实上，新浪的开放式平台更像是一个新型媒体平台，在这一平台上，微博的优质资源和传播属性得到充分的发挥。但对于未来的微博平台发展，我们更希望它不仅仅是简单的流量汇聚，而是具有更优质组织架构和传播效能的社会化媒体。对这一平台的战略认识、开放心态以及技术能力，可能恰恰是决定新浪等企业在微博下一个阶段竞争胜败的关键。

（4）百度的开放式平台：框中的开放

百度CEO李彦宏于2009年8月首度提出"框计算"理念，称百度将提供业界最卓越的需求识别和分析技术，并将用户引导至合适的服务提供方。

百度开放式平台与"框计算"的紧密结合使得搜索信息更加精细化，

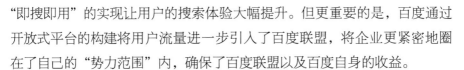

"即搜即用"的实现让用户的搜索体验大幅提升。但更重要的是，百度通过开放式平台的构建将用户流量进一步引入了百度联盟，将企业更紧密地圈在了自己的"势力范围"内，确保了百度联盟以及百度自身的收益。

实际上，百度的开放十分有节制。在用户出发、数据透明、网站开放、人际关系等层面上，百度做得仍欠火候。当然，这与百度把控着互联网入口的地位有莫大关系，也许百度还在寻找开放与收益之间的基本平衡点，仅仅在搜索收益稳步攀升的前提下实施具有辅助意义的开放政策，还只是"框中的开放"。

三　应用服务平台：移动应用商店

移动应用商店是指手机应用软件的开发、发布以及购买服务平台。该平台能够为开发者提供软件开发工具及应用发布渠道，为用户提供浏览和下载途径，并具备完整的付费结算体系。

1. 什么是移动应用商店

随着移动通信与互联网技术日趋融合、移动网络宽带化、移动终端操作系统智能化以及其硬件飞跃式发展，移动终端对各类移动服务和应用的支持性大大增强。以此为契机，传统应用提供商、互联网服务企业、移动运营商、个人开发者等应用提供者纷纷推出具有特色的移动应用和服务，吸引了大部分移动用户，使得移动用户对终端的使用频率大大提高，并随之寻求更多有价值的移动应用和服务。然而，如何筛选有价值的移动应用，并快速推送给用户以减少用户搜寻时间，促进从应用提供者到用户的商业循环？移动应用商店的出现给出了答案。

一般而言，移动应用商店可以被认为是以智能移动终端为载体，以互联网、移动互联网为通道，由平台运营者拥有并运营的开放式数字产品商业市场。在这个市场中，开发者向平台运营者的客户销售应用软件和增值服务，应用消费者通过移动应用商店门户或客户端门户选择所需的产品和服务。

从严格意义来讲，移动应用商店应当具备以下三个基本要素：

一是具有电子商务的典型特征。移动应用商店本质就是软件和内容服务的交易平台，是一种典型的电子商务 B2C 或者是 C2C 模式，同时，移动应用商店还需具备完整的付费结算体系，用户能够以特定的支付方式（移动支付、第三方支付、运营商代收费等）购买付费应用，开发者和广告主能够获得相应的结算分成，付费结算体系是手机应用商店进行应用发布、分销和营销的核心功能之一。

二是具有应用和内容服务的交付能力。它能够面向应用开发者提供终端规格和功能、操作系统开发环境和 API 接口技术规范等相关平台技术标准和开发工具，能够为用户提供完整的产品和服务。一般来说，为了吸引和培育开发者数量，增进平台与开发者之间关系，移动应用商店都会主动创建和运营开发者社区。

三是具有应用和内容服务的发布和审核制度。移动应用商店服务提供商对在其平台上发布的应用和内容不拥有所有权，企业或个人开发者授权其在全球或本地范围内发布其手机应用和内容产品，开发者在拥有版权的前提下享有内容许可的相关权益，例如产品定价、独家授权或转让等。移动应用商店一般都会规范开发者的注册流程，同时制定应用内容的发布和审核制度，所有发布的应用均需内容许可，从而有效保护知识产权，也为自身平台避免版权纠纷提供制度保障。

移动应用商店是一个典型的双边市场，它服务于两个目标群体：终端用户和应用提供商。

手机终端用户是产业链的末端，也是整个资金链的源头。终端用户为丰富手机功能需要下载应用程序，其对于应用商店的希望是能够下载到满意的应用程序。为满足终端用户需求，应用商店必须有充足且高质量的应用，这需要应用商店有能力吸引足够的应用提供商。

> 移动应用商店对手机应用软件和数字内容的发行渠道和商业模式创新都产生了深远影响，建立了应用开发商或内容提供商与用户之间的直接联系。

延伸阅读

　　随着移动互联网带宽的增加、智能手机的普及以及手机上网用户的壮大，移动应用商店近几年获得了飞速发展。从用户付费并获得相应手机应用的角度来说，电信运营商的移动增值业务平台具备了移动应用商店的初步要素。自 1999 年日本运营商 NTT DoCoMo 率先转型推出移动应用增值平台 i-mode（随着 3G 发展逐步演化为 FOMA）以来，日本电信运营商 KDDI 推出移动互联网的专用品牌 EZ-web，韩国 SKT 移动互联网综合门户 NATE、中国移动的移动梦网纷纷跟进，这类移动增值服务平台由运营商完全掌控，用户通过运营商的定制手机和内置通道可以方便地购买相应的移动应用产品和服务，电信运营商通过对网络、用户信息以及计费系统的控制，决定应用提供商的收入分成和用户保障政策。

　　从硬件软件的结合和吸引开发者的角度来说，苹果的 App Store 确立了移动应用商店的基本要素，吸引了大批手机应用软件开发者参与其中，自 2008 年 7 月上线以后，在极短的时间内获得了巨大的成功。App Store 能够给用户提供完整的移动应用下载解决方案，给开发者足够的技术支持和合理的收入分成，并且提供了便捷的支付方式，使移动应用商店的概念风靡全球。苹果应用商店巨大的市场影响力促使众多类型企业纷纷开设移动应用商店，电信运营商、硬件制造商、操作系统提供商以及第三方应用聚合平台提供商都加入了竞争。

　　随着产业融合的趋势进一步加剧，"智能终端＋应用程序"的模式将更加普及，未来的应用商店将横跨手机、平板、电脑以及电视等各种终端，逐步演化为移动应用服务平台。

2. 移动应用商店的四种类型

根据移动应用商店的性质和运营企业类型综合考虑，可将其概括为以下四种类型：

（1）运营商应用服务平台

为了避免"被管道化"的趋势，全球许多电信运营商开始搭建并运营自有的移动应用商店，并培育开发者团队。这类应用商店通常跨不同的操作系统，具有较强的管控能力和成熟的支付渠道，但运营商对开发者培育和互联网服务的运营经验显得稍弱，而且在产业链中通常受到终端厂商明星手机的制约。

（2）操作系统应用服务平台

这类移动应用商店一般内置在手机操作系统中，由提供操作系统的厂商运营，如苹果 App Store、谷歌 Android Market、黑莓 App World 和 Windows Marketplace 等。特定的智能手机都会搭载特定的操作系统，苹果和黑莓更是将操作系统和终端捆绑以近乎封闭的模式发展应用和培育开发者，这类应用商店目前占据了较强的话语权。

（3）终端厂商应用服务平台

将基于授权或者开源操作系统的原始设备制造商 OEM 归为这个类型，这类企业本身不开发和运营操作系统，为了让手机更具竞争力，通常也会开设应用商店，但对产业链掌控力稍弱，以摩托罗拉、LG 和酷派为代表。

（4）第三方服务平台

一般由互联网企业运营，支持多操作系统手机接入，支持多运营商用户接入，同时还会提供网页浏览与同步服务。这类企业可能会培育自己的开发者，也有可能充当纯粹的渠道，为其他应用商店提供应用软件的推广和分销，以广告为主要收入来源，以 GetJar、机锋网为代表。

在众多应用商店中，苹果的 App Store 依然独领风骚，截至 2012 年年中应用程序数量已突破 100 万，下载次数占全球下载总量的 60％，而 Android Market 位居第二，不过发展势头迅猛。值得一提的是 GetJar，一

个第三方应用程序商店跻身为全球最大的三个应用商店之一，在 200 多
个国家提供业务，下载量超过 20 亿次，面向 Android、iPhone、黑莓、
Windows Mobile、Symbian 等多个平台的用户提供服务。

据市场研究公司 Gartner 不完全统计，到 2013 年年底移动应用商
店的总收入已达到 580 亿美元。其中近 70％的收入来自用户，其余
30％来自广告。

3. 移动应用商店的组成与功能

常见的移动应用商店由应用商店平台、面向开发者的开发者门户和
面向用户的用户门户/客户端组成。

（1）应用商店平台

应用商店平台是平台运营者进行控制管理的业务平台，是移动应用商
店的核心组成部分。其主要功能是规定应用开发所基于的终端软件平台和
API，为开发者提供统一的开发接口。此外，应用平台还必须提供开发者/
用户管理、应用管理、版权保护、支付结算、内容审查等支撑功能。

（2）开发者门户

开发者门户是移动应用商店为开发者提供的操作门户，包括开发者
账号以及配套开发工具，如用户需求指南、软件开发工具包 SDK、开
发手册、测试工具、安全沙箱等。用户需求指南是为开发者提供用户需
求统计、营销数据等，引导应用开发。SDK 是为开发者提供的开发及
测试工具集，包括开发工具、样例代码、UI 风格控制工具、测试工具
等。开发手册包括开发文档、编程指南、参考工具等。安全沙箱对开发
者的代码进行检测，以确保其对终端是安全可控的。

（3）用户门户/客户端

用户门户/客户端，是移动应用商店为用户提供的门户或客户端，
包括用户账号，以及应用下载、应用搜索、应用试用、支付等功能。

应用下载，是指用户购买应用后，通过用户门户/客户端将应用下
载到手机上。

应用搜索，是用户门户/客户端为用户提供应用分类、应用搜索等

功能，使用户能方便找到应用。

应用试用，是用户门户/客户端可为用户提供试用功能，采取先试用后购买的方式，避免用户购买不喜欢的应用。

4. 移动应用商店对平台运营者的意义

一般意义上的应用商店，是为应用提供商提供上传/销售服务、为手机终端用户提供应用购买/下载服务的应用商店门户。它的出现是由于智能手机的迅速普及以及消费者对于手机应用程序的需求日渐加剧，这一业务模式打破了外部开发者必须同移动运营商合作的传统格局。通过应用程序商店，外部开发者（包括应用开发商、个人开发者）只需上传应用作品，经过一系列审核程序，消费者就可直接在该网络商店购买和使用这些应用作品，也就是说，应用商店成功地在外部开发者和手机用户之间搭起了沟通的桥梁。应用程序下载商店改变了人们应用的获取方式，开启了移动互联网应用爆发的新时代。

对平台运营者而言，移动应用商店具有如下意义：

一是运营者将掌握面向用户的最主要界面，控制应用的销售渠道，从而增强对产业链的控制能力，这是各产业巨头推出应用商店的根本目的；

二是运营者通过运营移动应用商店，可以获得巨大的利益分成；

三是可以提高移动应用商店运营者原有产品的附加值（主要是移动终端或移动操作系统），并通过各种应用增加用户黏性。

自从苹果公司推出 App Store 并获得巨大成功后，各大手机及操作系统商不约而同地宣布推出各自的应用商店：谷歌的 Android Market 在 2008 年 8 月推出，随后诺基亚的 Ovi Store、微软的 Windows Marketplace for Mobile 和三星的 Mobile Applications，以及 Palm 和黑莓等应用商店也都陆续上线。

早先诺基亚和索爱构想的移动互联网品牌——Ovi 商店、PlayNow Arena，就具备了移动应用商店的形式。但由于它们没有向应用开发商提供专门的平台，直接把应用推向大众，并一直试图取得应用的所有权，因此没有取得很大的成功。2008 年 7 月 11 日，苹果公司推出 App Store，开创了移动应用商店模式。应该说，供 iPhone、iPod Touch 和 iPad 终端用户使用的 App Store 或多或少借鉴了 iTunes 的经验，在向用户提供应用搜索、选择和下载的门户的同时，更重要的价值是对于应用内容的管理和与开发者进行利润分享的商业模式。对于下载产生的收益，苹果与开发者是三七分成，这无疑极大地激励了应用开发者。App Store 运营的第一年，已有 6.5 万款软件，下载量突破 15 亿次，为其开发的个人和公司超过了 10 万。到 2011 年 1 月 22 日，苹果官方宣布 App Store 迎来了它的第 100 亿次下载，再一次验证了苹果 App Store 模式的成功。

　　苹果 App Store 的成功，在移动互联网行业内掀起了模仿的热潮。其中包括诺基亚 Ovi Store、谷歌 Android Market、中国移动 Mobile Market、微软 Windows Marketplace Live、中国电信"天翼空间"、中国联通"沃"商店、黑莓 App World、Palm 公司 App Catalog、宇龙酷派 Coolmarket 等。

　　参与者涉及终端制造商、操作系统开发商、移动运营商等。由于对移动应用商店的运营要求对应用开发者和相关各方都具备相当的掌控能力和协调能力，因此其运营者在产业链中必须要有足够的话语权。此外，运营者要让大量用户参与到其所运营平台的使用中，还要有吸引用户的独特之处。从这两方面上看，上述类别企业都有其各自优势。不过，随着移动应用商店的日益同质化，用户流动性增强，只有掌握了优秀开发者资源的企业，才有可能在竞争中脱颖而出。

5. 移动应用商店典型案例介绍

（1）苹果的 App Store

目前最红火的手机应用商店无疑就是苹果的 App Store，它是一个由苹果公司为 iPhone、iPod Touch 和 iPad 创建的服务，允许用户从 iTunes Store 浏览和下载一些为了 iPhone SDK 开发的应用程序。用户可以购买或免费试用，让该应用程序直接下载到 iPhone 或 iPod Touch，其中包含游戏、日历、翻译程式、图库以及许多实用的软件。苹果用一个平台为所有终端厂商提供了一个现成的解决方案，于是各厂商纷纷效仿 iPhone 模式开设应用商店。

目前，苹果 App Store 的应用主要分为 20 个大类，在 20 类应用中排名前 10 位的分别为：游戏（18%）、书籍（11%）、娱乐（11%）、教育（10%）、生活（8%）、工具（6%）、旅行（5.5%）、商务（4.5%）、音乐（4%）和参考。其中，针对占比最大的游戏类应用还开设了动作类、冒险类、纸牌类等 18 个二级分类。依据苹果网站公开的数据资料，App Store 还设置了付费应用软件排行榜（top paid）、免费应用软件排行榜（top free）以及畅销应用排行榜（top grossing），帮助开发者了解用户需求，推广优秀应用。

苹果 App Store 的付费应用定价由开发者自行决定，但会提供一个定价标准和定价起点供开发者选择，还会帮助开发者了解用户需求，提出指导性意见，指导开发者如何给应用程序定价、调价或是免费。根据国家和地区的不同，苹果的定价标准和定价起点也会做相应调整。

手机应用市场已成为苹果等运营商的摇钱树。苹果应用商店目前每月的下载次数为 30 亿，利润自然可观。苹果 App Store 商业模式的成功不仅给了所有对手压力，也把所有竞争对手拉上了这辆"战车"。

（2）谷歌的 Android Market

面对苹果 App Store 的成功，谷歌敏锐地发现这一极具借鉴意义的模式对推广 Android 手机操作系统具有极大作用。于是，谷歌在 2008 年 10 月推出了学自苹果 App Store 的 Android Market。与苹果 App

Store 处处设限严格审核相比，谷歌更加开放，强调其 Android Market 是一个开放的手机平台和移动应用销售传播的中心，而不是软件过滤器。谷歌希望 Android Market 最终会像 YouTube 那样，只需要注册一个发行人资格和软件的类别就可以发布软件。一方面 Android Market 学习了 App Store 开创的软件销售模式，另一方面却又拥有比其更加宽松的发布环境，而这样的差异给 Android Market 迅速崛起创造了必要条件。

近年来，Android Market 上应用程序数量发展迅猛，显示出其强劲的竞争力。Android Market 上的应用分类也随着应用数量增长而逐步丰富，包括增添了电子书、数字音乐、视频等分类，从最初的 17 项发展为目前的 33 项，其中娱乐、工具、游戏和生活方式 4 类总共占据了 39％的应用份额，成为主打应用。

Android Market 在推出之初应用软件全部免费，直到 2009 年上半年才开始推广收费软件，收费软件定价在 0.99—200 美元，由开发者自行决定。开发者需要通过谷歌 Check Out 捆绑账号进行注册，一次性注册费用为 25 美元，一旦完成注册即可上传应用程序，而不需要进一步的认证和授权（苹果 App Store 需要审核才能发布）。

（3）中国移动的"移动 MM"

"移动 MM"是"移动 Mobile Market"的简称，是中国移动推出的手机应用商城，也是国内第一家手机应用商城，于 2009 年 8 月 17 日正式发布，主要销售各类手机应用（包括游戏、软件、主题）。其商业模式原型是苹果的 App Store，也就是通过为软件和应用开发方提供一个在线销售平台以及计费通道，从而获得分成收入。

简单来说，"移动 MM"就是一个手机软件商场，用户登录"移动 MM"之后进入其网站，可以在网站内挑选软件下载，然后安装到手机里，这和互联网上的软件商城一样，可以下载后安装到自己的计算机里。

中国移动 MM 是一个整合的应用商店，它涵盖市面上几乎各品牌、各操作系统的终端手机，而且更倾向于具有开放的操作系统的终端手机。

中国移动在发展移动 MM 的策略中提出了一个新概念：B—B—C 模式。在 B—B—C 模式中，产业链多出一个环节，即多渠道分发环节。在此环节中，包括已有平台、遍布全国各地的中国移动营业厅、互联网、客户或中国移动自有的电子渠道、WAP 网络、社会实体渠道、终端内置等各渠道商都加入到中国移动 MM 的渠道推广中去。这种多元化的渠道推广方式推动着中国移动 MM 中应用销量的快速增长，给中国移动和应用开发者带来更大的收益。

移动 MM 采用移动通信账号支付，虽然金融账号支付是国际移动应用商店的主流支付模式，但由于中国用户的移动支付习惯及商业环境的差异，这样用户可以通过绑定手机的话费进行支付，这在增加用户交易量、降低使用门槛方面具有较大优势，特别在智能手机向中低端普及的趋势下，这种支付方式更显重要。

移动 MM 显示出很强的开放性和包容性，允许其他各类企业将其作为销售渠道和平台，开设店中店，中国移动提供计费和结算服务。

(4) 中国联通的"沃商店"

联通手机应用平台正式命名为沃商店，已于 2010 年 11 月正式上线。上线初期为体验期，用户可以免费下载 3G 应用和体验 3G 服务。体验期过后，沃商店将分免费和收费两个区域供用户选择。在运营模式上，沃商店与内容开发商分成比例为业界通用的三七分成。沃商店目前拥有全部应用 2376 款，主要包括游戏、工具、娱乐、主题、生活、阅读 6 大类应用。其中游戏 387 款，工具 69 款，娱乐 21 款，主题 889 款，生活 102 款，阅读 909 款。支持 Symbian、Android、Java、Windows Mobile、Linux、Widget 等多种手机操作系统。

中国联通的沃商店目前适用于诺基亚、索尼爱立信、三星、黑莓、摩托罗拉、联想、酷派、中兴、华为等近 20 个品牌、600 多种型号的手机终端。在支付方式上，沃商店采用了中国联通的专用实时在线通信账户——沃账户，用户可以使用联通一卡充、银行卡等方式给自己的沃账户进行实时充值。

（5）中国电信的"天翼空间"

天翼空间定位于为中国电信内、外部增值业务资源的整合营销平台和新业务创新孵化平台，其业务已迈入高速增长阶段。目前，中国电信签约的数字内容涉及了爱音乐、天翼视讯、天翼动漫等多种内容，并通过天翼空间所建设的渠道推向用户。定价方面采取在指导区间内，由AP（意为访问接入点）自由定价、鼓励免费应用的策略，运营商与AP按照三七比例分成。

天翼空间产品基于免费应用和收费应用结合，综合广告模式和应用销售模式，分别以应用的引入和孵化、应用的开发和生成、应用的供应和销售、应用的分发和运行等阶段为主题为用户提供一站式服务，增强用户体验，促进应用内容的产生和消费。

第七讲　新业务带来商业新格局

——移动互联网业务的发展

随着全球移动通信用户数的迅猛增长，移动互联网在创造新的商业格局的同时，正逐渐成为移动运营商新的业务增长点。纵观全球运营商借助移动互联网所发展的增值业务，可以发现个人应用业务仍然是增值业务发展的主要方向。随着移动互联网业务平台承载能力的提高，综合行业以应用成为当前商务模式中新的亮点和发展趋势。国际和国内各大知名运营商都纷纷加大在移动互联网业务上的开发与投入，把移动终端定位于目标客户，以抢占商业盈利的制高点。

一　移动互联网业务概述

互联网应用的快速普及和被认知，同时扩展到移动平台。互联网应用的移动平台开发和普及，各类应用业务内容与形式的日益丰富，人们随时随地能通过移动互联网获得生活指南、资讯服务、信息提供、电子支付、商务助力和交友娱乐等各项服务。移动互联网的业务也在剧增的市场需求刺激下，功能越来越强，内容不断更新，形式丰富多彩，在满足移动终端用户的需求下为运营商赚取了惊人的财富。

1. 什么是移动互联网业务

业务是指活动主体通过一系列理论与实践（或原理与行为）来重组和糅合（美化、排序、组合等）资源（有形和无形），使得新生资源具备吸引客体关注或交付使用的能力，且可为主体带来利益可重复的、健康的人类社会活动。在互联网或者是移动互联网时代，互联网产品和服务的制造已经成为社会热点，相应的业务层出不穷。根据我们的研究，将移动互联网业务定义为，企业运用科学方法、移动通信技术、终端技术与互联网技术的聚合，不断产生新能力、新思想和新模式，制作可交付用户使用的产品与服务，并以此为企业带来利益的一系列行为组合。换句话说，"业务"是以产品为中心，连接有关利益环节的组合，相当于微小版的"商业模式"。特别说明，本章所谈"业务"更多的是为传统企业的经营者更容易理解而撰写的，对于互联网企业而言，业务完全可以理解为产品。

2. 移动互联网业务类型

移动互联网的业务分类，目前尚不统一，而不同的分类依据可分为不同的业务类型。

（1）根据商业模式区分的三种业务类型

根据商业模式的不同，移动互联网业务可以分为以下三类：

一是产品和服务类模式。这是目前移动互联网中最常见的商业模式之一，从手机终端便捷性和可移动性的设计出发，很多新的移动互联网应用和服务出现在市场中。如位置服务和生活信息搜索等，为用户提供了便捷的资源；另外，厂商复制了互联网市场的很多产品和服务投入到移动互联网，使产品和服务模式成为移动互联网中较普遍的模式，主要是以内容应用类产品和服务等向个人客户收取相应的费用。

二是广告类模式。即通过移动通信网络传输，以手机为显示终端及发布平台的广告营销活动，主要向企业类广告主收取费用。由于手机所特有的私密性及互动性，所以无线营销相对于其他传统媒体的营销行为具有更好的互动性和精准性。

三是电子商务类模式。这是借助移动互联网提供交易平台，以中介费和交易费为主要收入来源的业务模式。

（2）根据提供方式和信息内容区分的六种业务类型

根据提供方式和信息内容的不同，移动业务应用大致可细分为六种类型：

一是移动公众信息类。主要包括为公众提供普遍服务的生活信息、区域广告、紧急呼叫、合法跟踪等。这类业务可以为移动互联网聚集人气。

二是移动个人信息类。主要包括移动网上冲浪、移动 E-mail、城市导航、移动证券（信息）、移动银行（信息）、个人助理等。移动个人信息类是最个性化的业务，会占据潜在的巨大市场。

三是移动电子商务类。主要包括移动证券（交易）、移动银行（交易）、移动购物、移动预定、移动拍卖、移动在线支付等。

四是移动娱乐服务类。主要包括各类移动游戏、移动 ICQ、移动电子宠物。

五是移动企业虚拟专用类。主要应用在企业用户的移动办公方面。

六是移动运营模式类。主要包括移动预付费、移动互联网门户等。

另外，还可根据应用场合和社会功能的差异，把移动互联网的业务分为：社交型、效率型和情景型这样三种组合类型。

可以预计，未来适合移动终端特点的互联网业务与应用创新将非常活跃和更快发展，将给人们带来更多的惊喜。

3. 移动互联网业务的显著特征

相比传统互联网，移动互联网业务主要有如下显著特征：

（1）移动性

移动互联网主要依托的是移动终端，其中智能手机是移动终端的绝对主力。智能手机具有随时随地地网络连接及精确的位置信息，这是移动互联网区别于传统互联网的最显著特征，位置信息与其他信息及业务能力的结合将为移动互联网带来巨大的业务创新潜力。

（2）应用性

移动互联网平台包括移动终端侧软件多层面平台和网端平台，而在两大平台内的各层软硬件体系中又存在平台化的发展趋势。这种趋势的根本原因在于移动互联网业务与互联网业务一样是一个应用为王的世界。而在移动互联网的使用中用户受到手机终端输入和浏览的局限，对一站式的平台业务更为青睐。而能为用户提供平台式的应用服务是产业各环节共同追逐的目标，由此出现了移动通信运营商、互联网内容提供商及终端厂商三大阵营。

（3）交互性

以人为节点的强交互网络是移动互联网运营商的一个理想业务。如

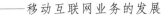

移动社区业务主要是社交网站 SNS，它通过开放用户数据及社会关系帮助普通 Web 页面实现社交化功能。当前移动互联网正在加速 SNS 化，传统互联网运营商纷纷向 SNS 转型，这是移动互联网业务开发的一大特色。

（4）个性化

由于移动终端特别是智能手机是私密性极强的个人专有设备，一般仅限手机用户本人使用；同时手机和 SIM 卡天然具有身份识别特征。因此，移动互联网用户与手机用户是一一对应的，手机将承载满足用户需求的个性化和差异性业务，并且用户身份和信息的使用将为移动互联网创造众多的业务模式，如定向广告。

（5）融合性

当前智能手机的功能集成度越来越高，终端技术与计算机技术和消费电子技术的融合，使手机不只是一个通信终端，各行各业都可以通过移动互联网为用户提供在线服务，智能手机将成为各种业务的汇聚点。

延伸阅读

有关专家指出，移动互联网业务应用的发展趋势，还潜伏着三大隐性特征：

一是媒体化属性。移动互联网比互联网的媒体属性更为强大，但是互联网 SNS 业务缺乏稳定的盈利模式的支撑，整体流于泛娱乐化，存在缺乏产业资金支持原创等问题。

二是移动终端的深化与泛化。移动终端不断发展既有手机终端的纵深发展，也有特定终端的泛无线宽带化发展。

三是移动互联网业务开发的生长性。移动互联网业务的开发首先是技术门槛低，业务开发迅速简单，UGC（意为用户生成内容）比例增加；其次是业务开发可跨平台运行，一次开发，到处运行。

4. 移动互联网业务的发展趋势

移动终端是移动互联网最重要也是最依赖的设备，因此一部拥有友好界面、能耗低并可管理的智能手机是移动互联网成功的法宝。未来移动互联网业务的发展，可以肯定的是移动终端操作系统将是网络服务与终端软件的有机组合，国外终端生产巨头已经明晰未来的发展战略，开始从终端入手渗透移动互联网。通过移动终端乃至移动终端的操作系统控制用户界面成为终端厂商共同的目的。就目前移动互联网发展情况来看，其业务主要呈现以下发展趋势：

（1）Web 化的发展

移动互联网业务很大一部分来自固定互联网的业务复制，尤其是发展初期更是成为移动互联网的主要业务类型。固定互联网业务，尤其是Web2.0 类创新业务的移动化将极大丰富移动互联网的业务类型，满足用户各类计算机体验需求，主要表现在移动终端性能大幅提升，浏览Web 页面不再成为瓶颈、移动 Web 应用增长势头明显、移动互联网业务发展充分共享现有固定互联网丰富的资源这三个方面上。

（2）差异化的发展

移动互联网内容迅速向移动网络渗透，内容由同质化不断地向差异化发展。众多厂商通过与传统媒体等合作的模式，丰富移动互联网内容；同时推出创新应用服务及产品，增加用户体验和相应的产品储备，手机应用成为争夺用户的关键因素。移动互联网第三方手机应用逐渐丰富，而用户对手机多媒体化和多功能化的认知也逐渐加深、对于应用服务的需求呈现多元化而有个性差异，特别是移动游戏、手机阅读和手机证券等服务及产品受到用户的广泛关注和欢迎。

（3）长尾化的发展

与 Web2.0 的发展类似，移动互联网从产生的那天开始就带有了长尾效应。手机作为用户的私密终端，更能够有效地反映出用户的个性化需求，因此移动互联网的业务具有多样化、个性化和种类繁多的特征。随着手机浏览器功能的强化，移动互联网用户的 Web 浏览习惯逐步向传统计算机浏览习惯靠拢，呈现出长尾化趋势。

(4) 融合化的发展

移动互联网将移动通信与传统互联网相结合，天生就带有融合的特性，业务的融合属性体现在终端技术、业务能力和基础资源等多个方面。智能手机技术逐步发展，除了拥有电话功能外，还集成了摄像机、播放器、传感器和RFID等功能，超级终端的概念逐步体现。在业务能力层面，移动互联网业务除具有互联网特性外，还具有移动通信特有的能力，如精准定位和身份标识等。移动互联网的业务创新主要原因是来自移动通信网络和互联网的网络能力融合、数据融合和应用融合。因此将出现众多的创新业务，如移动Web2.0、移动Mashup和移动位置类业务等，这也将成为未来移动互联网业务创新的主要方向。

(5) 开放化的发展

移动互联网业务模式正由封闭转向开放，产业间的互相进入使参与主体日趋多元化，技术的发展降低了产业之间及产业链各个环节之间的技术和资金门槛。世界各信息产业巨头，如谷歌、微软、诺基亚、苹果和中国移动都凭借各自的优势进入移动互联网领域，以求在新型的产业链中占据有利地位，特别是移动互联网的关键环节——终端软件平台已经成为各方争夺的焦点。各方在竞争合作中博弈，共同瓜分移动互联网市场。

(6) 转移化的发展

原有的固定互联网业务模式正向移动互联网领域转移，移动增值业务的盈利模式及用户使用习惯等都将发生深刻变革。传统互联网的

> 伴随着新技术、新模式的发展和应用，移动互联网业务会出现新的发展趋势。Web2.0颠覆了传统的以新闻门户网络平台为中心的信息发布模式，催生出"个人媒体"，从而实现个体制造信息、个体发布、个体传播并扩散到尽可能多的其他个体。

广告、多样化的内容和增值服务成为移动互联网企业在盈利模式方面主要的探索方向；同时，移动运营商通过开放用户的行为信息，精确匹配用户需求也推进了盈利模式从代计费模式转向定向广告模式；此外，用

户将成为移动互联网产业链的参与者和分成者。移动终端将成为图片和视频信息的第一来源，移动互联网业务的创新将转向个人，源于用户贡献的网络效应将是未来移动互联网业务发展的方向。

5. 移动互联网业务用户需求的特征

目前，大多数移动互联网的服务与应用多处于导入和成长期，需要一段时间的发展和普及，发展前景乐观。从移动互联网用户需求角度看，主要体现在以下几个特征：

（1）多样化需求

多样化是当前移动互联网用户需求最为显著的特征之一，主要体现在以下几个方面：一是从用户普及率和主要付费意愿来看，在当前所处的移动互联网初期发展阶段，用户常用业务和付费的意愿相对集中。二是随着移动互联网应用的逐步发展，用户对其业务需求的多样化特征日趋显著。从移动互联网具体业务类型来看，无论是用户当前正在使用的移动增值业务，还是用户感兴趣的移动互联网业务，均呈现出明显的多元化特征，并涵盖了娱乐、咨询、沟通、理财、购物和社交等多方面的业务。从具体业务内容来看，当前移动互联网用户对同种业务中不同风格内容的多样化需求也是非常明显的。

（2）整合化需求

整合化需求已成为移动互联网用户的关键诉求之一。一方面，移动互联网业务产品质量相差较大，种类和定位在不断地细分，且资费模式不够明朗（如按流量还是按时长计费之争始终没有定论），这使得用户对于当前的多种应用普遍存在顾忌与迷惑。

另一方面，大众用户期望能够获得统一的服务界面，从而以较少的业务获取成本来满足其多元化的服务需求；同时，考虑到移动互联网信息类产品所特有的经验性质，其效用唯有通过消费者的体验才能真正被判断出来，鉴于此，绝大多数用户更愿意接受某一统一品牌的辐射影响，以延续已有应用体验的方式来尝试新的业务，从而在迅速明确产品定位和减少选择成本的同时充分地降低其体验成本及风险。

移动互联网上主流的 CP/SP 多元化、门户化和整合化的业务开展也可印证用户需求。

（3）碎片化需求

由于受到手机终端的限制，与传统互联网相比，移动互联网用户时间、信息和消费碎片化的行为趋势更为明显，因此用户期望业务能够充分迎合和满足上述需要。移动互联网用户需求的碎片化特征主要体现在如下几个方面：

一是时间碎片化。这是其他几种碎片化倾向的基础。用户使用移动互联网应用的行为一般穿插在日常工作和生活中，较容易受到用户生活行为及外部环境干扰。因此单次会话时间一般较短，这说明用户黏性和消费习惯的养成是移动互联网应用成功的关键要素之一。

二是获取信息碎片化。总体而言，用户通过移动互联网关注和获取的信息碎片化特征明显，而且其阅读层次通常浮于表面，不够深入。因此，不能期望用户花费很多的时间来消化并整理来自移动互联网的信息内容，这使得信息内容的适当组织整理及其信息的精准性成为移动互联网信息类服务应用的主要特征。

三是体验碎片化。用户对移动互联网应用的体验通常来自多次的短暂交互，而非长时间的单次体验。第一印象将成为用户体验的关键，因为它有可能对用户进一步尝试的意愿和好恶评价产生显著影响。上述用户行为特征要求移动互联网应用必须高度重视用户体验的精细化与一致性。

四是消费碎片化。手机将成为用户随身携带的终端支付平台。经过早期移动增值付费业务的长期教育和培养，小额、多次和增量的碎片化支付方式已被目前的移动互联网用户广泛接受，逐渐成为移动互联网消费形态的主流，并正以移动支付业务的形态积极渗透到实体经济。这种消费行为与其他碎片化特征的结合，必然要求移动互联网应用需具备较为完善的基础设施及商务流程支持。

因此，未来的移动互联网业务应用的选择与扩张，应以上述分析作为重要参考，根据用户需求的变化做出取舍，以使移动互联网业务为投资商和运营商带来理想的回报。

二 移动音乐业务

移动音乐，也可以称为手机音乐，是移动互联网运营中的一项主要业务应用。移动音乐业务是用户利用手机等移动终端，以选定的移动互联网音乐平台的接入方式，获取以音乐为主题内容的相关业务的总称。近年来，中国手机用户数持续稳定增长，尤其是智能手机用户的持续增长为移动音乐业务的发展奠定了庞大的用户基础，使得移动音乐用户基数和在线音乐相比具有明显优势，这也是中国移动音乐业务自起步之后就始终保持着较快增长速度的最大原因。从政策环境、经济环境等各方面来看，目前中国移动音乐业务发展环境良好，大力发展移动音乐已经成为移动互联网运营商的经营共识和业务发展目标。

1. 移动音乐业务概述

移动音乐业务，包括炫铃（彩铃）、振铃音下载、整曲音乐等业务，还包括以音乐内容为主题的移动互联网的增值业务和服务产品，涉及了音乐本身以及衍生产品。可以说，在移动互联网时代，移动音乐逐渐成为人们享受生活的主要方式。

随着智能手机的不断普及，移动音乐的快速发展成就了一些大规模的移动音乐运营公司，这些公司拥有着上百万甚至千万级别规模的用户群体。

手机客户端音乐业务的不断发展及用户群体不断壮大，随之也带来了大量无线音乐数据的产生。这些数据看似杂乱无章、繁多冗余，但却隐藏着很多的秘密。如果能有效地对这些数据进行组织管理，并且利用相关技术进行挖掘、分析，可发现潜在的高价值业务或需求，这些业务或需求很有可能为网络运营公司的发展提供战略性指导意见。

移动互联网音乐的崛起已是共识，A8 音乐董事局主席刘晓松说：

"数字音乐正在向移动互联网和跨终端发展。"这一方面归因于移动用户数的增长及电信运营商对无线音乐业务的持续推动，另一方面则与移动互联网技术的发展密切相关。随着移动互联网的日益普及，网络环境日趋成熟，3G终端迅速普及，从智能手机到平板电脑，各种移动终端更加智能化，各种移动音乐应用形式变得更多，这使移动音乐成为网络音乐市场中最具增长力的细分领域。据中国互联网信息中心（CNNIC）第32次《中国互联网络发展状况统计报告》的最新数据显示，截至2013年6月底，我国手机网民规模达4.64亿户，较2012年年底增加了4379万人，网民中使用手机上网的人群占比提升至78.5%。这些都促成了移动音乐用户群的持续增长。社交网站的兴起为音乐传播模式带来了变革，其内嵌的音乐播放插件和用户分享、口碑传播的模式，促进了移动音乐传播方式的变革，让网络音乐可以更容易得到传播，社交网站的黏性和互动性将为移动音乐传播培养出一个有潜力的移动音乐市场。

2. 聆听音乐的新体验

移动互联网的崛起，让人们欣赏音乐的方式已经变得多种多样。随着移动音乐市场的迅猛发展，移动互联网的运营商选择了与唱片公司合作来共同推出用移动终端收听或下载音乐的方式，来推动移动音乐的发展。

具体形式包括很多，有音乐播放、整曲下载、收听、点送、回铃音、振铃、音乐 DIY、音乐 MTV、音乐搜索、音乐社团、音乐社区、音乐杂志、音乐活动、音乐新闻等。音乐业务则涉及音乐的制作、购买、发行、使用、活动、交流、杂志等价值链的各个环节，通过在运营、销售、传播音乐业务的过程中从各环节获取收益。而移动音乐的另一个应用内容指的是手机音乐播放器，这是一种在手机上用于播放各种音乐文件的多媒体播放软件。它涵盖了各种音乐格式的播放工具，包括 MP3、WMA、AAC、AAC＋、MID、AMR、OGG、MP4、FLAC 等支持格式，这些音乐播放器在手机中运行，不仅界面美观，而且操作简单。

移动音乐在国外发展得比较早，其中手机音乐市场在日本已经进入迅猛发展期。移动运营商与唱片公司、广播公司不断推出手机下载歌曲、用手机聆听现场音乐会等服务。通过手机下载歌曲是日本数字音乐市场的一大增长点。此外，日本一些唱片公司还和手机运营商联手，推出了"移动音乐打包"服务，即将声音、影像、图像和文字等集合在一起提供给用户，如歌曲与歌手照片可同时下载。日本文化广播公司还和手机运营商共同推出了通过手机收听广播的服务，用户可以在网站上免费下载音乐广播节目，然后在手机上收听。

在我国，现在的唱片公司被盗版唱片搞得焦头烂额，盗版唱片大大吞噬着它们的利益。推出移动音乐首先可以很好地控制盗版音乐的出现；其次对于消费者来说，通过移动终端下载音乐非常方便，这种方便让消费者更愿意消费正版服务，不仅大大提高了唱片公司的利益，而且对打击盗版也有积极意义。对消费者而言，首先，使用移动音乐最重要的就是手机终端的支持，最起码手机要支持无线下载，能够让音乐进入自己的手机，当然这已经不是问题。其次，就是手机能够支持音乐播放，安装音乐播放器，这也不是问题。再次，对于一些音乐发烧友来说，能够欣赏到高质量的音乐是异常重要的，这就对手机软件、芯片、扬声器、内存提出了高要求，要求手机厂商需研制出高质量的终端产品。这一要求既是机会又是挑战，在此方面独树一帜的厂家，尤其是手机巨头们，自然不会放过这样的机会，欲借此东风有所成就。

3. 中国移动音乐的发展态势

移动音乐的发展极为迅速。有分析指出，为了争夺移动音乐的市场份额，除了苹果、微软这些巨头之外，各大手机巨头如诺基亚、三星等也开始高调进入这个市场。一场不可避免的移动音乐之争敲响了战鼓。

仅就中国而言，目前移动音乐市场发展呈现以下态势：

其一，移动音乐的竞争格局正在形成。中国移动音乐市场竞争格局尚在形成中，中国移动以及一些较早进入移动音乐市场的 SP、唱片公司已占有一定的市场先机。整个市场初步形成了 SP 以 TOM、腾讯、

A8、华友世纪和金鹏为主，唱片公司以百代、环球、华纳、SONYB-MG 等为代表的国际唱片公司和以太合麦田为代表的国内唱片公司为主的竞争格局。但移动音乐是一个资源主导型的产业，进入的门槛不高，国内一些中小企业仍有进入的可能，同时其他一些知名唱片公司和 SP 也比较看好无线音乐市场。众多的投资关注无疑将为现有格局带来变数，未来几年将形成怎样的市场格局，仍有待观察。

其二，移动音乐的整曲下载发展空间大。中国的铃声、个性回铃市场已经形成了相对完整的产业链，但整曲下载市场还有待发展和完善。尤其是与国外无线音乐各业务比重相比，整曲下载未来的发展空间还很大，特别是随着 3G、4G 商用进程的加快，这一业务被普遍看好。

目前，移动互联网的运营商已经开始布局整曲音乐下载业务。在工业和信息化部允许运营商介入内容领域之后，中国移动、中国联通、中国电信均已经和一些国际唱片公司以及本土唱片公司签约，在其移动互联网上布局整曲音乐下载业务，并且提供了包括版权管理在内的系统解决方案。移动运营商决策层都把整曲音乐下载比作"长尾业务"，在资源整合、品牌建立、用户习惯培养、业务推广上都不遗余力，力图使其成为 3G 时代的"杀手级"业务。

其三，移动音乐的产业链各方合作逐步深入。从产业链视角来看，音乐的销售在无线领域是以彩铃、手机铃音和无线歌曲点播等移动增值方式来实现的，因此要推动无线音乐市场成熟发展就需要运营商和产业链各方的密切合作。可以说，以正版音乐为基础、以产业链协作为推动力、发挥产业链各方优势的良好市场氛围正在形成。

4. 移动音乐商业发展模式

移动音乐目前的商业模式主要有三大类：

（1）免费下载

移动互联网中各个移动音乐平台一般都对个人用户主要是移动终端用户开放免费音乐下载，而运营商自身则通过在线广告来维持经营。不过天下终究没有免费的午餐，在免费的音乐下载背后，用户被设立了很多限制。当前，有些移动音乐平台由于设置了太多的限制，很多人认为这样的限制是无法接受的，而转向其他免费供应移动音乐平台。

（2）免费试听

免费试听在移动音乐的商业模式中，是商业链条最短的一种模式，成本非常低，风险也最小，不需要客户端、播放器、支付端口等环节的配合，复杂度很低。但是，由此带来的最大问题就是不能产生太高的商业收入，而且广告输入也很难，单靠广告支撑同样是不现实的。

（3）付费音乐

付费音乐首推是"iPod＋iTunes"，苹果公司推出的这一模式堪称经典。近年来，在付费音乐这一模式下，获利最大也被认为是营销最成功的案例是苹果公司的"iPod＋iTunes"模式。苹果公司的 iTunes 网络音乐商店于 2003 年开放，2004年开始在欧洲部分国家推出。苹果的 iTunes 业务一

> 目前的中国手机付费音乐市场，彩铃和铃声下载已经成为人们的习惯，这一业务的应用已经非常普及。2008 年以后，随着 3G 商用推广，基于 3G 网络的单曲下载迅速流行。这种收入几年之内还有可能出现大幅度的增长。

经推出，就获得了音乐爱好者的热烈欢迎。报道表明，在运营的第一个星期，法国、德国和英国的音乐爱好者们总共下载了超过 80 万首的歌曲，仅英国的下载量就达到了 45 万首。2007 年年底，iPhone 与中国运营商的亲密接触令人振奋，中国移动等国内的几大运营商在这个时候推出了整曲下载的业务。

总之，在移动互联网的商业模式中，移动音乐不只是音乐和铃声的寻找及下载就完成服务了，而只把音乐当作一个快速消费品一样来卖，这是典型的以产品（歌曲）为中心的初级模式，而真正的服务移动音乐的商业发展模式，应该以用户需求为中心，以为用户提供更全面的服务为根本，只有以人为本，才能开发出产品以外的多种赢利模式，从而把移动音乐市场做大。

5. 移动音乐的未来发展趋势

据移动互联网运营商的总结，加之近年来我国移动音乐的应用实践，可以预计，未来移动音乐发展将出现以下几种趋势：

（1）移动音乐容量将继续放大，用户接受度进一步提高

随着用户对于彩铃、交互式语音响应、互联网音乐接受度的提升，无线音乐市场规模进一步扩大。中国移动推行的"中央音乐基地建设""彩铃唱作先锋大赛""音乐新贵族"等对用户使用彩铃业务起到了持续刺激作用，用户使用彩铃积极性大大提高。"联通丽音"用户受到中国移动用户影响，普及率也大大提高。

（2）音乐产业链蜕变，移动运营商将会主宰音乐市场

移动音乐市场容量放大，让产业链的各方都想尽可能多地攫取产业利润。无论是运营商还是终端厂商，都进行了一些革命性行为，目的是尽可能抢占市场制高点，提升行业进入门槛，避免竞争加剧而导致利润被摊薄。

（3）移动音乐终端大减价，为音乐市场增添了动力

随着移动终端市场价格竞争的日趋激烈，具备强大音乐功能的智能手机价格不断下降，为移动音乐业务的推广奠定了扎实的基础。音乐手机在整体手机总销售量中的比重不断提升，音乐手机的普及反过来又刺激了音乐业务的提升。

可以预见，移动音乐运营商将会不断探索移动音乐业务的赢利模式和产业链上各环节的合作关系。打造合理的商业模式，要不断尝试移动音乐销售渠道的创新，借助移动音乐各种平台和推广途径，引导移动终端用户音乐消费新潮流，促进移动音乐业务的快速发展。

三　移动阅读业务

人类通过阅读前人积累的经典，获取知识的速度得到迅速提升，容量也会更加丰富。在人类几千年的文明史中，阅读的载体从石块、甲

骨、兽皮、竹简、布帛一直到纸，阅读这一活动始终是人类传承文化、分享信息、丰富知识的重要途径。

当人类社会进入移动互联网时代，人们阅读的形态也进一步发生了改变，移动阅读的方式不仅扩充了其资源的可选择范围，同时也使得阅读得以随时随地进行。移动阅读不仅成为获取知识的重要渠道，同时也是人们现代生活不可缺少的重要内容。同时，互联网聚集了丰富的阅读资源，同时有强大的技术工具可以帮助人们对图书进行检索、筛选、排序、翻译等工作，使跨区域、跨语言的阅读资源共享成为可能。

1. 移动阅读业务概述

移动阅读是指用户通过各类移动终端，如手机、平板电脑、MP4等，连接互联网在线或下载各类电子书进行阅读，或以手机接收短信、彩信、文件等方式进行的阅读。移动阅读的阅读方式，与传统阅读和基于计算机的阅读有着明显的不同。移动阅读凭借其灵活、方便等优势可以满足人们随时随地阅读的需求。在这个高科技的时代，生活的快节奏迫使人们无法腾出整块的时间来阅读，移动阅读凭借其优势逐渐渗入人们的生活。在公交站台旁、地铁车厢内、公园散步小歇的凉亭边、商务会议的休息间等。这些很零碎的时段都可以被用来弥补我们对阅读的渴望。

移动阅读利用移动阅读终端（主要是智能手机），以软件客户端下载的方式，实现图书、杂志、网上文学、动漫等电子书的在线和离线阅读。据2013年年底中国互联网络信息中心CNNIC公布的《中国手机媒体研究报告》调查表明：在过去半年内使用过手机小说的用户仅次于手机报，因而拥有良好的用户基础。从日本电信运营商KDDI等国外3G运营商经营电子书阅读业务的经验也表明，丰富的多媒体内容、快速的下载方式、畅快的阅读体验，使得移动阅读极有可能成为继移动音乐之后又一3G的"杀手级"应用。

从产品形式看，移动阅读主要有两种形式：第一种需要从移动阅读平台（例如中国移动的手机阅读平台）选择各类电子书内容，包括图

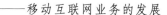

书、杂志、漫画等；用户可以在终端上选择感兴趣的内容在线阅读，也可以下载之后离线阅读。第二种是通过发送短信、微信、彩信的形式进行阅读，这种形式主要是针对移动终端特别是智能手机开展的。

移动阅读作为移动互联网一种新生的移动增值业务，在短时间内得到快速推广，用户量呈井喷之势。近几年，移动阅读人数剧增，而传统阅读日渐萎缩，大街小巷，常见人们在手机上阅读。据2013年年初中国三大运营商发布的数据显示，中国已有超过10亿的手机用户，拥有丰富的移动阅读基础资源。据易观智库最新数据显示，手机阅读市场活跃用户数已超过3亿，并且随着移动阅读终端的多样化，用户数还在快速增长。

从技术实现方式上，移动阅读分为WAP、彩信及手机客户端软件等几种；从阅读终端区别，主要有手机客户端阅读和移动阅读器两种，国内有专家综合上述类别将移动阅读分成以下两大类：

一是浅度移动阅读。手机时刻都在我们身上，打开手机就能阅读，可以不受时间、地域和阅读物理介质的任何限制。大部分用户是在上下班、差旅公共运输工具上使用手机进行阅读，所以手机阅读能更好地迎合我们在各个零碎式的阅读时段内获取知识和信息的容量最大化的需求。但是，由于当前手机的屏幕都是采取主动光源不断刷新的方式，导致使用者的眼睛要经受较大的刺激，往往不能阅读较长的时间；阅读过程中往往采用跳跃的阅读方式而使阅读速度加快；注意力被分散导致不能对文章内容进行仔细的分析，对文章的理解流于肤浅，因此手机阅读大多是浅度移动阅读，主要阅读内容是手机报、手机杂志等。

二是深度移动阅读。随着电子纸技术的迅猛发展，电子书的出现成为人类历史上文化记录与文明传承的最新载体，预示着一个新的阅读时代的到来。电子阅读器采用的是被动光源静止的显示方式，与纸质图书是一样的，不会干扰阅读者，有利于提高电子阅读的效率，因此读者可以进行深度移动阅读。

2. 移动阅读的特点与优势

移动阅读具有如下几方面的显著特点：

一是便捷性。移动阅读主要通过移动终端来进行，移动终端固有的特性使得移动阅读打破了时间、空间的限制，可以随时随地进行，非常便捷。无论是上下班的公交车上还是等人的空当时间，都可以利用手机进行阅读。随着移动互联网的发展和手机的普及，移动阅读逐渐成为人们获取信息和知识的主要方式。特别是当今社会快速的生活节奏，使得广大上班族在相对适宜阅读的环境下阅读的时间大大减少，利用乘车、乘飞机、等车等零星时间，以快餐的阅读方式获取信息日渐成为潮流。移动阅读正是发挥移动终端随身的特点，满足现代社会人们这种在碎片时间阅读的需求。移动阅读内容可以通过电子渠道获取，相比传统书籍杂志等的获取更加方便快捷。手机、平板电脑、电子阅读器等轻便小巧的移动终端便于随身携带和使用，比 PC 阅读以及传统阅读方式更有优势。

二是成本低。移动阅读的阅读终端都是电子产品，免去了传统阅读的纸张、印刷、物流等成本，因此售价也比较低，相比之下更具价格优势。传统纸质图书价位较高，对于小说这类重复阅读率较低的书籍，动辄数十元一本使不少读者望而却步。移动阅读的推出，使得用户可以免费或者花费少量的信息费或服务费即可阅读到心仪的作品。

三是互动性。通过手机，读者可以阅读各类感兴趣的文学、漫画作品，还可以通过手机短信、电子邮件或者网络互动平台就内容与

> 移动阅读市场正在日趋成熟。阅读终端包括手机、平板电脑、专用阅读电子书、电子报的电子阅读器和大屏幕的数码产品等。目前在各类数字阅读中，手机阅读排第一。

作者进行沟通，撰写作品评论，给作者提意见，告诉作者自己想看什么样的书，通过互动提升阅读的乐趣。同时，句式简单、内容通俗易懂，也是移动阅读的特点之一，这一特点也是使得移动阅读迅速被推广发展的原因之一。

与传统的阅读方式相比，移动阅读拥有许多独特的优势，这主要体

现在以下几个方面：

一是无所不在性。移动阅读满足了人们随时随地阅读的需求。而且由于其便携性，手机更容易成为获取知识、陶冶情操的渠道。

二是多面媒体性。移动阅读拓展了传统图书的功能。手机不仅能够提供文字版的文学作品，还可以提供多媒体的图书浏览，如目前最流行的漫画书，未来在手机上可以做成 Flash 或动漫形式，成为有声图书，可以极大地提升客户的阅读体验。

三是主动获取性。移动阅读提高了人们的阅读效率。手机具备搜索和内容定制功能。读者不再被动地接收信息或知识，从而避免了以前买一本书只为阅读其中一两个章节甚至几段话的状况，同时节省了搜寻成本，提高了阅读效率，节约了读者的时间。

四是存储高容量性和个性化。移动阅读可以满足人们拥有私人图书馆的愿望。由于可以上网，手机不会受到物理空间的限制，手机可以成为一部百科全书甚至一个图书馆，而且不同于网络图书馆，手机图书馆可以通过书签的方式满足个性化的需求，真正成为私人的图书馆。

五是参与性和互动性。移动阅读可以促进文化的传播和推广。如中国移动连续举办了三届手机文学大赛，涌现了数十万的参赛选手，吸引了近千万的读者，有效推动了文化的传播与普及。

六是订阅便捷性。移动阅读具有订阅的便捷性，使人们随时随地可以进行订购和退订，只要发个短信或者打个电话即可。

七是成本低廉性。移动阅读可以减少传统传播模式中印刷、物流、投递等中间环节，大大提升了发行效率，有效降低了发行成本和减少了资源浪费。

这些独特的优势使得以手机为主的移动终端正成为最具发展前景的数字化阅读工具之一。不可否认，在未来的几年中，手机阅读将引领移动阅读新潮流。

3. 移动阅读的蓬勃发展及存在的问题

阅读是人的基本文化需求，具有巨大的产业发展空间。文字阅读作为最基本的文化形态，是一切文化形态的源头。移动阅读的发展，在一定程度上改变了传统的媒体概念和大众阅读习惯，传统的阅读产业格局正被颠覆。

随着移动阅读技术的发展和智能终端特别是智能手机的普及，移动阅读得到了蓬勃发展。无论是在城镇还是乡村，不管是在男性群体还是女性群体中，移动阅读都已经迅速普及开来，并渐渐融入到人们的日常生活之中。

移动阅读产业规模比音乐市场和网游市场的规模都大。在移动互联网用户使用最多的手机应用服务中，手机阅读位居手机游戏之后，呈现稳步上升的趋势。随着移动互联网应用服务的不断成熟及用户使用行为的加深，移动阅读的应用渗透率将逐步提高。

延伸阅读

有关国民阅读调查数据显示：截至 2013 年，全国很大一部分人接触过手机阅读，并且手机阅读和电子阅读器阅读是接触率增加最快的阅读方式，综合接触率与增长速度，手机阅读已经成为电子阅读的绝对主力。结合最新的网络调查结果，全国约有 5.27 亿手机网民，不难想象，手机网民中的手机阅读率已经达到很高的水平。随着移动互联网技术的进步以及移动终端产品价格的降低，移动阅读生活在人们生活中全面铺开。对于使用手机的人来说，手机阅读已经是生活的一部分，是不可或缺的。

有关调查数据还显示：手机阅读人群平均每天进行手机阅读的时长接近 40 分钟，平均每年花费在手机阅读上的费用约为 20 元。由此可见，手机阅读已成为一种较为流行的数字阅读方式。一个有意思的现象是，手机阅读成为中国男性阅读的一大特色。目前，男性、年纪较轻、学历较高、收入较高的群体中手机阅读使用者比例最高。

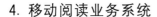

4. 移动阅读业务系统

移动数字阅读业务已经成为许多运营商在 3G、4G 移动互联网时代的标配业务，运营商主导的数字阅读业务，借助运营商已有的承载网络和系统，具备可管理、可控制、可计费的规模化运营的能力。

（1）移动阅读的业务支撑系统

移动数字阅读作为典型的移动互联网业务，在运营商通用的移动业务网络架构基础上，除实现业务的主体功能的业务系统以外，还包括运营商现有的业务支撑系统，如业务发布与管理系统、计费结算系统等。

这里主要介绍业务管理系统。业务管理系统提供面向基于不同承载的业务网络的统一管理、统一认证、统一鉴权、统一计费和统一数据功能，通常可以分为管理部分、控制部分以及与其他系统接口部分。管理部分主要包括用户管理、业务能力管理、业务能力开通管理、CP/SP 管理、CP/SP 业务能力签约管理、内容/业务/产品/产品组合管理、计费管理、结算管理、终端管理、号段管理、信息通知中心、投诉、统计运营管理功能；控制部分主要包括认证、鉴权、计费及订购等功能；接口部分主要包括与 CP/SP、综合业务展现门户、移动业务接入网关、运营支撑系统等接口。

（2）移动阅读平台

移动阅读平台作为整个系统的核心，提供了完备的内容、业务、用户等管理功能，实现了电子书的编辑、存储、下发等功能。该平台包括的主要模块及功能如下：

一是内容编辑管理模块。该模块负责 CP 内容的在线和离线编辑处理。电子书文字、图片、动画、视频、声音等素材可在此模块提供的编辑环境下，接受整合处理，形成标准格式的电子书文档。

二是业务功能管理模块。该模块负责对各业务功能的开通、业务配置以及内容审核流程管理等。它管理对电子书关键字、敏感字的审核流程，严格审查内容，以符合手机作为媒体的监管要求；同时管理用户对电子书的订购状态，维系订购关系。

三是用户管理模块。该模块负责对用户信息、权限、业务属性管理以及会员服务。它对用户登录进行鉴权认证，对用户使用业务的权限进行定义和管理。同时，提供会员制的积分管理与服务，将会员消费与积分相结合，以积分回馈来吸引用户。

四是计费及统计模块。该模块负责业务计费和业务统计。它提供按本、按节、按字、包月、包年等灵活多样的计费方式，以满足图书、网上连载文学等不同的计费需求；提供业务使用统计数据，为内容排行、推荐提供支撑。

五是版权管理模块。该模块负责电子书版权加密打包、解密阅读的处理。它对电子书进行版权加密后，下载传输到用户终端；用户终端与版权管理模块交互，在获取解密信息后，可打开阅读电子书。

六是内容下载模块。该模块负责对电子书进行打包压缩处理，并与用户终端配合进行内容下载，实现在线或离线阅读。

七是用户互动模块。该模块负责用户书评、投票等反馈信息的管理。用户在阅读电子书过程中，可发表书评或对内容进行投票，以互动的形式，凝聚人气，培育书友圈。

八是业务平台模块。该模块负责产品和服务的展现，包括各种Web、WAP、客户端、自服务门户等各种门户接入界面，以支持用户对业务的订购管理及自服务管理。

九是第三方内容聚合模块。该模块负责对互联网上丰富内容的抓取和聚合服务。它利用 Mashup 或 RSS 技术，抓取互联网上第三方提供的丰富内容，集中到阅读平台进行展现，以新的模式灵活引入内容合作方，支持用户个性化的阅读内容需求。

（3）移动阅读的版权管理

防止盗版、控制电子读物在移动终端上的非法传播，是保障移动数字阅读价值链健康运行的关键。移动阅读 DRM（意为内容数字版权加密保护技术）的基本原理是：参照 OMA DRM1.0 要求，阅读平台在完成电子书内容编辑整合后，将电子书进行 DRM 打包处理，在下发至用户端后，用户端只有得到有效许可证后才能进行内容展现。

5. 移动阅读的发展趋势

在 3G 的推动下，移动阅读的发展前景逐渐明朗，产业链发展将越来越成熟，并呈现出三大发展趋势。

一是移动互联网加速助力，移动阅读将成为未来最有潜力的盈利业务之一。移动互联网的应用创新模式逐渐演化成"移动商务""移动娱乐"等分类，除去移动支付、移动音乐、移动游戏等逐渐成熟的应用外，移动 SNS、移动阅读等新应用也逐渐崭露头角，发展迅速。移动阅读已成为仅次于移动音乐和移动游戏之外的第三大应用。

二是优质内容成为核心竞争优势，运营商和互联网厂商恐重蹈 WAP 发展竞争复辙。随着 3G、4G 的发展，越来越多的传统互联网巨头、运营商、手机厂商等纷纷介入无线互联网领域，而更多的新兴企业也加入到竞争中来。从目前市场的发展情况来看，运营商由其依托的用户资源以及对网络资源的控制，在移动阅读产业中占据了优先的主动权，然而针对移动阅读，其内容资源环节稍显薄弱。传统电子书产品资源丰富然而涉及版权问题，不能大规模应用于移动领域，因此优质的内容将是移动阅读产业发展的核心竞争优势。

三是电子阅读器将成为终端定制要求之一，移动阅读用户需求和商业前景紧密结合。从企业的角度，以移动阅读等移动互联网应用为切入点，结合三维地图、交通路况等功能，与手机导航业务、广告等其他业务进行融合捆绑，在为用户创造更大的价值的同时，商业模式及盈利模式也日趋明显。而对于用户而言，手机的相关应用随着 3G、4G 的成熟与普及、移动网络宽带化、IP 化以及手机终端的智能化也变得越来越丰富。随着 3G、4G 业务的推广，上网资费的下调、智能终端的进一步普及、阅读内容的日益丰富、盈利模式的探索和完善，手机阅读必将成为未来主流阅读方式之一。

四 移动游戏业务

移动游戏一般是指将移动终端与游戏产品相结合，为消费者提供方便、易携带的游戏服务支持。而根据移动终端的类型，移动游戏可分为广义与狭义两种。广义层面的移动游戏包含广泛，凡是能在移动过程中进行游戏的服务均可称之为移动游戏。目前市场中的 PDA、游戏手机等均可享受广义的移动游戏服务。狭义的移动游戏主要是指与移动通信终端相结合的游戏服务。就通信领域的移动游戏而言，移动游戏就是指手机游戏。

1. 移动游戏业务概述

移动游戏是移动通信终端与游戏产品的结合。用户对于电子游戏网络化和游戏终端移动化的需求催生了移动游戏。网络游戏使游戏玩家可以实现人与人之间的交流，也使游戏更加充满变数，更具娱乐性和挑战性。游戏终端的移动化则可以满足随时随地玩游戏的需求。从这两个方面来看，利用移动互联网的数据承载能力，为用户提供时时在线的移动网络游戏就成为满足这些需求的最佳方案。

移动通信网络的数据承载能力的提高，使移动游戏逐渐成为可能。随着移动通信技术的发展，移动终端的数据传输能力也有了大幅提升。移动互联网的技术进步，为移动游戏的发展提供了一个基本条件。

移动互联网运营商为推动数据业务发展，增加用户对移动网络的使用，加强了与各种内容提供商的合作，从而大大推动了移动游戏业务的发展。传统游戏商作为移动数据业务的一项主要内容提供者，与移动运营商的合作正在逐渐加强。反过来看，庞大的移动用户基础对传统游戏厂商也有着巨大的吸引力，而几乎所有的移动用户都可以被视为移动游戏的潜在使用者。

和传统的电子游戏相比，移动游戏业务具有以下三大特点：

一是便携性。这是移动游戏不可忽视的一大优势。

二是永远在线。移动终端随时随地与移动网络以及通过移动通信网络与其他终端保持着联络。移动终端永远在线的特性使其具备了开放移动网络游戏的条件。

三是可定位性。正是由于移动终端与移动通信网络保持着实时的联系，就使移动通信网络能够随时确定移动终端的位置。对于移动游戏运营商来说，可以充分利用用户的位置，随时发出基于位置的移动游戏产品。因为增加了位置的元素，从而增加了游戏的趣味性。

移动游戏现下流行的分类方式有两种，一种是根据它所使用的技术方式来分类，比如：嵌入式游戏、短信游戏、WAP 游戏、Java 游戏以及 BREW 游戏等；另外一种是按照游戏的内容进行分类。

2. 移动游戏的发展现状和发展前景

全球正在使用的移动电话已经达数十亿部，而且这个数字每天都在不断增加。在除美国之外的各个发达国家，手机用户都比计算机用户多。移动游戏潜在的市场比其他任何平台都要大。同时，和游戏控制台或者 PC 相比，手机虽然可能不是一个理想的游戏设备，但因为是网络设备，在一定限制因素下可以实现多人在线游戏。毕竟人们总是随时随身携带手机，这就使得手机游戏成为人们消遣时间的首选。

移动游戏在中国已经进入了快速发展期，潜力巨大的市场规模以及用户规模使其成为当前中国移动互联网的支柱产业之一。移动游戏市场在网络游戏不断壮大的预期下也被普遍看好，游戏开发商、游戏代理商、传统强势门户网站以及移动运营商都纷纷抢滩，希望在这一轮的"圈地运动"中取得一席之地。

从用户层面看，移动游戏已经随着智能手机的普及而迎来了初步繁荣期。智能手机的高速度、强性能、大屏幕，使得手机游戏的可玩性、丰富性、复杂性增加，触屏也使得手机游戏的体

> 手机的随身携带，使得手机游戏不同于电脑游戏，具有随时随地性，不管在哪里，只要有碎片的时间，手机就可以变身为"掌上游戏机"，供用户消遣娱乐。

验性增强，手机游戏不再是"俄罗斯方块""贪吃蛇"这种简单、粗糙的游戏类型，而变成画面精致、三维立体、情节引人入胜、操作简便、关卡有趣的游戏。

随着3G网络的商业化以及数据服务水平的提高，手机游戏的体验性也将大幅度提升。手机游戏的可玩性、有趣性、方便性，使其迅速受到用户喜爱，从而吸引更多玩家。大数据必然可以支撑更高速、更流畅、画面更细腻的手机网络游戏，因此3G时代会使用户体验前所未有的游戏感受。总的来说，未来手机游戏可呈现以下几种发展前景：

一是产业链出现融合趋势，各环节参与厂商逐渐丰富。由于手机游戏产品在移动互联网时代形成了开发运营一体化的形态，优化精简了产业链，因此，各个环节的厂商数量也逐渐丰富，特别是游戏开发商。

二是高端智能手机的普及率进一步提升。伴随技术的发展，移动终端作为工具及载体，数据的采集/重现、数据的传输、数据处理以及数据存储4个环节的能力均在逐渐增强，使实时互动成为可能。移动终端市场的激烈竞争、价格降低、品质提高、用户可选择的余地变大等都刺激了用户的换机需求。在可享受手机网游服务的终端普及率大大提高的基础上，智能手机的覆盖率将日渐提升，服务器端实现交互的游戏软件、联网游戏将成为新的市场。

三是手机游戏开发和运营日趋专业化。专业手机网游游戏制作公司逐渐成熟，并引进了传统的游戏开发人才和专业的游戏制作流程，在产品的运营方面也逐渐流程化和成熟化。

四是网络环境更加优化。随着云时代和4G的来临，移动互联网环境不断优化，用户无论是通过OTA下载产品还是通过网络与其他玩家交互，网络传输速度和传输质量都有了明显提升。

3. 移动游戏人群及其特点

在移动互联网高速发展的背景下，移动游戏人群可谓是全面活跃，在付费应用、网游时间、应用数量等各方面都较其他人群更加活跃、更有价值。

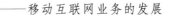

"手机人 2011"的调查结果显示，有超过 60％的手机网民玩手机游戏，手机游戏在手机网民中已有较大程度的扩散，手机的随身特性使手机成为人们最方便的娱乐终端。但是若分不同群体来看，各个人群使用手机游戏的比例不同。女性、独生子女以及学生群体使用手机玩游戏的比例更高，其中性别、职业情况的差异更大，两个群体的差值都在 10％左右。

移动游戏受到青少年和城市高收入者的钟爱。从年龄、婚姻状况、城乡三个角度来看，移动游戏整体普及率较高，移动游戏整体扩散程度较好。但总体上看，城市人群对于移动游戏的使用率高于农村。在城市中，单身人群的移动游戏使用率整体高于非单身人群；而在农村，青少年对于移动游戏的使用率则整体较高。

不同教育程度的人，玩移动游戏的概率都比较高，以高中、大专、本科为最，但差距并不大。从收入情况来看，家庭收入越高，玩移动游戏的比例越高，这可能是由于手机的性能较强从而影响了移动游戏的娱乐体验，而高性能手机价格不菲，需要一定经济收入的支撑。总体而言，年轻人、高收入者玩移动游戏的比例较高。

调查发现，移动游戏人群呈现以下特点：

一是追求更新款的智能手机。在对移动游戏用户使用的手机研究中，新一代智能手机对于移动游戏的促进作用相当大，移动游戏用户对新派手机品牌更"感冒"。移动游戏用户更加青睐的操作系统有强大的手机生产厂商支持。游戏用户偏爱的苹果系统有苹果手机商的强大硬件支持，安卓系统也得到了大牌可靠的手机制造厂商的支持，三星、LG、摩托罗拉、HTC 均在此列。

二是付费意愿高。从手机用户付费意愿提升指数可以看到，移动游戏族手机支付意愿水平全面高过总体，付费意愿提升指数值为 69.32％。目前，在移动网络游戏产业中，以大型多人在线角色扮演网游 MMORPG 类型和休闲类游戏占主导地位。由于移动网游 MMORPG 类型游戏本身的剧情、任务、角色、地图、道具等内容丰富。这类玩家具有"沉迷"性，有可能长时间地浸泡在游戏中，继而容易产生付费冲动。

移动游戏人群兴趣广泛，并且使用付费项目水平全面高过总体水平；移动游戏人群非常重视手机系统安全，杀毒类应用的付费意愿也在不断提升。

4. 移动游戏业务的产业链

移动游戏开发商、游戏运营商、移动终端厂商、移动运营商、非官方游戏推广平台服务提供商、内容/资源版权提供商以及手机用户构成了整个移动游戏产业链。

（1）游戏开发商

CP是指纯粹的应用开发商，通过多种商务模式和SP合作将自己的产品和应用推向最终用户，同时CP也会和终端厂商合作来推出手机捆绑和定制应用。目前中国手机游戏产品中，特别是手机单机游戏，既有来自国内CP的，也有很多欧美和日韩CP的产品。

（2）游戏运营商

SP是连接运营商和CP的纽带，SP凭借用户资源，与运营商合作以及通过市场运作来帮助CP推广产品。在收入分配方面，运营商首先按照合作协议将其代收的信息费用与SP进行分配，然后SP再与CP按照合作协议进行二次分配。目前，为了提高产品的自主研发能力和产品数量、质量的控制力，很多SP同时也扮演CP的角色。

（3）移动终端厂商

移动终端厂商是手机游戏产业链上的重要一环，移动游戏业务的发展离不开能够支持游戏运行的高端智能手机的普及。

（4）移动运营商

运营商主要负责投资建设增值服务平台，制定业务的发展策略，探索积极的商业模式，审核和管理CP/SP，规范技术平台的开发标准，以保证产业链各个环节的协调发展。一般移动运营商需要专业的技术支持商来管理甚至运营整个产品的推广平台。

（5）非官方游戏推广平台服务提供商

非官方游戏推广平台服务提供商是相对于移动运营商来讲的，它通过互联网或移动互联网网站提供手机游戏产品的推广、下载、资讯甚至代理等一系列服务。在运营上相比运营商更加得灵活，合作也更加开放，为用户和厂商提供了全新的平台。随着非官方站点的发展，运营商平台逐渐被分流，因此在移动游戏产业的发展过程中，非官方游戏推广平台服务提供商起到了非常积极的促进作用。

（6）内容/资源版权提供商

内容/资源版权提供商是移动游戏产品创新的添加剂，移动游戏 CP/SP 通过购买优秀内容资源，如电影、电视剧、小说等来丰富产品，也带来了一批对原有资源喜爱的用户。

> 移动游戏产业属于创意产业，创意只有转化为产品，满足用户需求才能创造财富。为此，在移动游戏产业的发展中，整个产业链的各个环节正在共同努力，在满足用户需求中创造更多的财富。

五　移动即时通信业务

移动即时通信是在移动互联网的技术支持和业务平台上，使用户在移动终端上能像在计算机上一样方便地进行即时通信，并且可以访问已有的朋友列表，发送文字和图片。用户使用移动即时通信不仅可以与移动用户进行文字、语音、图片、邮件和文件交流，而且可以与计算机上的即时通信用户进行同样的交流。

1. 移动即时通信业务概述

即时通信又称"即时消息"（Instant Messaging，IM），是依靠移动互联网和移动终端（主要是智能手机），以沟通为目的，通过跨平台和多终端的通信技术来实现的一种集声音、文字和图像的低成本、高效率的综合型"通信平台"。除了基本的文字聊天、多方聊天、语音聊天和视频聊天功能外，即时通信的功能日益丰富，逐渐集成了电子邮件、博客、音乐、电视、游戏和搜索等多种功能，多功能和综合化已经成为即时通信业务的发展趋势。即时通信不再是一个单纯的聊天工具，它已经发展成集沟通、社交、资讯、娱乐、搜索、电子商务、办公和企业客服等为一体的综合化信息平台。

根据发送者对发送时间的预期，任何消息都可以分为即时消息和非即时消息。即时消息是指发送者期望消息立即发送到接收者（即以实时或准实时的方式）。非即时消息是指发送者并不在意消息是否是立即发送的，只要在一定时间内送到即可。移动即时通信来自两个网络技术应用的结合点，即固定网络中的桌面即时消息和移动网络中的短消息系统，它使得用户在移动终端上能像使用桌面即时消息一样方便。目前，移动即时通信业务如中国的微信、国外的 Twitter 等业务项目受到移动终端特别是手机用户的普遍使用与好评。

根据开放移动联盟 OMA 的相关规范，即时通信业务具有如下主要业务特征：

一是即时消息。在两个线上用户之间的准实时消息传递，包括用户可以向单个用户或群组发送即时消息；可以接收来自单个用户或群组的即时消息，而且提供 Push 和 Pull 两种接收方式；消息的接收方不在线时，服务器可以实现消息的存储转发功能；可支持多种消息格式，包括基本的文本格式。

二是呈现。对用户的在线情况，根据用户设置有条件地显示，系统随时跟踪用户的上下线情况和当前倾向的联系方式等，并将该信息可控地提供给其他相关的线上用户。

三是群组。服务器或用户可建立包括某些用户的组，可建立聊天室。群组的动态功能包括加入、离开群组，邀请别的用户加入群组，以及查找群组和用户等，并可在群组的信息发生改变时以通知的形式告诉用户。

四是共享内容。用户之间可共享文件和图片等，并支持在发送消息和群组聊天时的文件共享。

五是其他即时通信业务。包括咨询并增加联系人到用户列表；邀请某个用户或某些用户加入群组聊天和内容共享，对方可以接受或拒绝邀请；进行接收控制等。

2. 即时通信业务的主要功能

在业务功能上，即时通信已经突破了传统的文字即时消息，增加了语音和视频聊天以及文件传送等网络增值服务。目前，移动即时通信能提供如下主要功能：

一是文字聊天。这是即时通信软件最基本的功能，如以 QQ 为代表的即时通信应用，也支持离线的文字消息。

二是语音聊天。目前几乎所有的即时通信应用都提供了实时语音聊天功能，即时通信用户通过配置耳机和麦克风不仅可以实时语音聊天，还可以语音留言。

三是视频聊天。用户接入带宽条件满足并有摄像头则可以用即时通信应用来代替传统的视频会议软件，这对电信运营商的视频业务产生了较大的冲击。

四是拨打电话。MSN Messenger 和 AIM 等国外即时通信软件提供了 PC to phone 的拨打电话功能，即从运行即时通信软件的计算机上使用话筒和耳机拨打固定电话或手机。这项业务在国内受政策管制，没有开放。

五是提供点到点和点到群组的消息传送能力。可发送文本及多媒体消息，并传递状态报告等。而 ICQ 等少数即时通信产品还支持类似断点续传的功能，不必担心文件传送过程中发生突然中断的情况。

六是协同办公。即时通信用户之间相互协同完成相应的工作，其功能主要体现在应用程序共享、电子白板和远程协助上，目前的 QQ 和 MSN Messenger 都提供此功能。

七是邮件辅助。如 MSN Messenger、QQ 和 Yahoo Messenger 等都将即时通信和 E-mail 做了完美的结合，在即时通信应用中可以直接给自己的好友发邮件，而无须输入 E-mail 地址。

八是实现用户状态的呈现与管理，提升业务体验。包括属性订阅、通知和取消订阅，属性可以是对方是否在线、正在干什么（开会或吃饭等）、心情、客户端能力和爱好等信息。

九是用户群组管理功能。用户可以加入组、离开组、向组发消息、订阅组成员及变更属性等，也可将有共同爱好和共同语言等存在关系的用户群组织起来供各种业务部件使用。

十是允许用户在网络存储信息资料并共享数据。用户可以通过发送邀请给其他用户共享铃声、图片和文件等媒体内容。

十一是内容服务。内容服务被认为是保持用户黏性最有效的手段之一，也是目前即时通信服务商竞争的焦点应用。具体方式是在即时通信应用中嵌入若干频道，每个频道提供不同的内容，如游戏、新闻、音乐和金融资讯等。当用户点击频道中的标题内容时，即时通信应用会自动激活默认浏览器打开相关网页。如果是玩游戏，则自动激活计算机上已经安装的网络游戏客户端软件，进入游戏大厅以寻找玩家。

除了以上服务之外，即时通信服务商一方面逐步整合现有电信网络的通信功能，如 SMS、IP 传真和音视频会议等；另一方面还在开发一些新的网络应用，包括 P2P 文件共享（即时通信用户之间共享音乐及电影等大容量文件时更加方便）、搜索和博客等。

目前的即时通信软件不再局限于简单的通信功能，而是捆绑或拓展了越来越多的功能。从理论上讲，凡是互联网上成功的应用均可被即时通信软件一网打尽，目前比较通行的捆绑功能有浏览器、邮件、网络硬盘、搜索引擎、媒体播放器和 RSS（意为简易信息聚合）/网络日志等。基于即时通信软件强大的功能，即时通信运营商可以开展多种业务。比较典型的有通信类、娱乐性、商务性、广告和在线市场调查业务等。

3. 移动即时通信的业务应用

即时通信按照产品形态的不同，可以分为计算机 Client 版（基于计算机终端的方式）、Web 版（基于 Web 浏览器方式）和移动版（基于手机和 PDA 等移动终端方式），其中腾讯 QQ、Google Talk 和掌中无限

PICA 分别是以上三种即时通信产品的典型形式。

如今，说到腾讯 QQ 和微软 MSN 等即时通信服务，人们大都不会感到陌生。可以说，很多人是通过网络和计算机接触、了解并使用即时通信服务的。自 20 世纪 90 年代后期以来，从最初主要提供文本信息交互的 ICQ，到现在功能日趋丰富的各种即时通信服务，多功能和综合化已成为即时通信业务的发展趋势。近年来，随着移动互联网的不断发展，移动终端正成为即时通信业务的新载体。

目前国内移动即时通信业务按照面向客户群的不同，可以分为 PIM（Public IM）和 EIM（Enterprise IM）。PIM 为公共网络用户提供服务，面向个人市场，尤其是年轻群体，是主要用于个人朋友之间的沟通工具；EIM 面向企业市场，作为重要的商业工具用于企业内部员工之间的交流。区别于 PIM，EIM 应用通常具备以下功能：部署架构的完整性、可管理性、安全可控性、可定制和可扩展性。

移动互联网为移动即时通信提供了极可靠的平台。随着即时通信 IM 技术的发展，其集成多种应用将会成为一个必然的趋势。即时通信系统现在已与移动网络系统进行统一，将 2.5G 和 3G、4G 的特色业务，如流媒体、视频及彩信等应用融入到即时通信系统中。这样，即时通信技术将为用户提供更方便和更优秀的服务。通过这种崭新的业务模式，在不会分流现有业务客户群体的基础上扩大用户的规模，可有效地提高客户忠诚度并推广服务品牌知名度。

就发展趋势而言，移动即时通信作为一种基于 IP 技术的通信基础软件，最终成为开放式且互通的在线通信工具是大势所趋。即时通信已经成为语音及文本的在线即时通信的主要技术，它必然成为未来移动商务、在线协作及互联网应用的核心；同时也将继承 IP 技术的开放风格，扮演比电子商务更为重要的角色。

4. 手机即时通信引领风骚

1999 年，一只可爱的小企鹅诞生在电脑桌面上，从那时起，人们习惯了打开电脑"挂 QQ"，聊天成了上网必备的伴随性活动；6 年前，这只小企鹅飞到了手机上，从那时起，人们习惯了用手机来"聊QQ"，打发地铁里、火车上的无聊时光。2006年出现的飞信，让发短信有了更经济的办法；2008年出现的百度Hi，让贴吧里认识的好友能够有更多互动；2010年出现的米聊，则让手机变成对讲机，"语音短信"成了朋友之间一种有趣的互动游戏……手机IM真正将即时通信的意义现实化，鞭辟入里地表现其"即时""通信"的特征。国内用户量最大的手机门户网站3G门户的一项调查显示，手机即时通信工具中的微信正在即时通信业务中呈现独领风骚之势。

手机原本就是为了通信而生的方便终端，而在智能手机的硬件保障下、在全方位沟通需求增强的背景下，手机即时通信的强互动性、方便性和趣味性等优点越来越突出，逐渐地成为电话、短信的替代联络工具，成为人们现代生活的重要社交工具。不仅如此，手机即时通信更方便了人们充分利用碎片化时间，使手机上网融入了日常生活的各个角落，成为人们与现实及虚拟生活中的朋友联系的交点。

更重要的是，随着即时通信工具的更新，其用户使用电话、短信这样的传统通信方式来进行联络的比率显著下降。事实上，当进入智能手机时代之后，人们可以通过多种方式主动寻找好友，即时通信工具的功能逐渐覆盖电话、短信、彩信等，互动性和趣味性增强，从而渐渐地削弱了人们对电话和短信的依赖。而随着即时通信工具的进一步普及以及新产品的推出，这种对传统的短信、电话的联络方式的侵蚀将会越来越明显。

对比手机即时通信工具用户与非用户不同场合手机上网比例发现，前者在所有碎片化时间的场合内手机上网比例均明显高于后者。手机即时通信代表了移动互联网时代的新型联络与社交方式，这种方式使手机上网融入了日常生活的各个角落，抢占了人们的碎片化时间。以手机即时通信为代表的手机使用已经表明，移动互联网对于人们生活场景的渗透已经相当深入。

从第一代、第二代、第三代手机即时通信用户对于手机上网的认可

程度来看，随着手机即时通信工具的发展以及用户使用程度的加深，用户对于手机上网有着更高的认可和依赖程度。而另一方面，即时通信也逐渐代替传统联络方式进入人们的移动互联网生活，成为人们与现实及虚拟生活中的朋友联系的交结点。用户不仅可以通过线上的关系来维护线下的真实关系，还可以随时随地在线上拓展新的人际关系，并将来自SNS、微博等其他方式所有的人际网络进行整合。以手机即时通信用户为代表的情况已经表明，移动互联网与用户的日常生活、人际交往的融合在不断加深。

　　总体来看，手机即时通信工具已经融入了人们的日常交往生活。这种融入有两方面的意义，一方面，高普及率使得手机即时通信几乎成为一种全民手机行为；另一方面，手机即时通信的便捷性使现代人的社交方式发生了变化，线上线下的关系被整合在一起；此外，手机即时通信的相对廉价性使其成为人们的重要联络工具，传统电话、短信等方式遭受冲击。在手机即时通信工具市场上，除了微信遥遥领先，大多数产品都处于激战之中，而在市场占有率之外，黏滞度成为衡量用户价值和用户潜力的一个重要指标。随着手机即时通信工具的发展以及用户使用程度的加深，即时通信逐渐代替传统联络方式进入人们的移动互联网生活，成为人们与现实生活及虚拟生活中的朋友联系的交结点。随着新兴即时通信工具的推出和普及，传统的以打电话、发短信为主的联络方式将会被改变，人们之间的联络向更为多元、更为融合、更为即时的方向转变。

六　移动位置服务

　　移动位置服务又称定位服务，是由移动互联网和卫星定位系统结合在一起提供的一种增值业务，通过一组定位技术获得移动终端的位置信息（如经纬度坐标数据），提供给移动用户本人或他人以及通信系统，实现各种与位置相关的业务。智能手机的普及推动了移动位置服务的快速增长。虽然位置导航服务仍是当前人们使用位置服务的最普遍动机，但随着人们对于位置信息服务的需求不断高涨，位置服务日益成为众多业务的基石，并与社交紧密结合，最终为满足人们的生活需求而服务。

1. 移动位置服务概述

位置服务（Location Based Serive，LBS）是指电信运营商通过移动通信网络，采用全球定位系统 GPS/基站等相关定位技术，结合地理信息系统 GIS，通过手机、平板电脑等移动终端确定用户实际地理位置信息，以短信、彩信、语音、网页及客户端软件等方式为用户提供的地理位置信息服务。

1994 年，美国学者 Schilit 首先提出了位置服务的三大目标：你在哪里（空间信息）、你和谁在一起（社会信息）、附近有什么资源（信息查询），这成为 LBS 最基础的内容。当时将用户使用 LBS 的服务归纳为五类：定位（个人位置定位）、导航（路径导航）、查询（查询某个人或某个对象）、识别（识别某个人或对象）、事件检查（当出现特殊情况时向相关机构发送带求救或查询的个人位置信息）。

随着移动互联网时代的来临，以智能手机和平板电脑为代表的智能移动终端日趋普及，而基于这些移动终端的移动位置服务也逐渐受到用户的青睐。

目前，虽然对于移动位置服务尚未形成统一的定义，但有一点基本相同，即认为移动位置服务是指用户通过借助外界手段如 GPS 导航工具等获取用户当前地理位置信息，再通过终端的辅助，为用户本人或他人提供与位置相关的服务信息。从广义的角度来讲，移动位置服务泛指用户通过移动终端获取的一切与地理位置相关的信息服务。所以，移动位置服务是一种移动定位服务，它是通过移动通信网络获取移动终端用户的位置信息，在地理信息系统平台的支持下，为用户提供相应服务的一种增值业务。

今天，人们一般将位置服务分为两大类：一类是位置导航服务，如定位及智能交通等；另一类是位置信息服务，提供很多基于用户位置的

增值信息服务，如商家点评、游戏和交友等，实现位置服务与日常生活的深度整合。位置导航服务由于进入门槛较高，参与者数量不多，竞争集中在少数大型服务提供者之间。而位置信息服务进入门槛低，服务内容广泛，参与者众多，竞争最为激烈。

（1）位置导航服务

位置导航以智能交通和周边信息搜索为主，电子地图、全球导航卫星系统 GNSS 定位芯片和地理信息系统 GIS 平台是位置导航服务的基础。位置导航服务产业链上游包括电子地图和 GNSS 定位芯片厂商，中游包括 GIS 软件厂商，它们共同向下游的位置应用提供服务。其中所涉及的关键技术有以下三种：

一是电子地图。电子地图涉及基础地理信息的遥感、测绘，因受政策限制，资质门槛较高，一般企业难以进入，国内取得资质的如四维图新、高德、凯立德、百度、腾讯等，国外则以谷歌地图为首。

二是 GNSS 定位芯片。主要是通过定位技术获取移动客户的准确地理位置。目前 GPS 芯片的使用范围最为广泛，但生产企业主要来自国外，出于国家安全考虑，我国自主的北斗二代定位系统已正式投入使用。因此国内 GNSS 芯片发展将依托于北斗系统，但短期内北斗芯片还很难取代 GPS 的市场地位。

三是 GIS 平台。完成将移动终端的地理数据信息转换成地图中可视化位置的功能。定位系统只能获取到终端的三维地理数据，这种数据只有通过 GIS 的处理，才能为业务服务提供商所用。GIS 分为基础平台和应用平台，其中基础平台的技术壁垒较高。目前国内 GIS 基础平台的市场份额领先的是美国 ESRI 和中国超图软件、武汉中地等。

（2）位置信息服务

位置信息服务围绕用户签到展现本地生活信息，整合签到行为与商家优惠及折扣等信息，实现位置服务与日常生活的深度整合。移动位置信息服务是位置服务在移动互联网的创新型业务，也是位置服务在移动互联网的延伸和发展。位置签到是位置信息服务的重要组成部分，通过引入用户主动签到机制（Check-in），围绕签到行为提供虚拟激励，整合用户位置信息与社交网络、移动营销、本地生活服务，实现基于签到的用户或商家整合一体化服务。

2. 移动位置服务的特点与应用

随着时代的发展，移动位置服务逐渐被赋予更多的内涵，特别是Web2.0时代的到来，用户的行为特征发生了很大的变化，以前的用户更多的是为了特定的目的而去获取自己的地理位置信息，而如今的用户乐于主动分享自己的地理位置信息，并以此为基础形成一个基于地理位置信息的网络，因此在移动互联网时代移动位置服务呈现出一些新的特点。

一是用户可选择主动分享或不分享自己的地理位置信息，在此过程中用户具有极大的自主性和能动性。

二是基于用户的地理位置信息形成了一个虚拟的网络，人与人不断交叉并发生联系。

三是用户可主动提供基于地理位置相关的信息，因而具备了大众生产的一些特点，而且用户也可搜索基于自己位置周围的信息，包括餐饮、娱乐、住宿等。

位置服务市场蕴藏了巨大的商机，通信运营商、地图厂商、软件开发商、终端厂商等整个产业链中的众多参与者都积极投入其中，大力推进位置服务以及应用，主要表现在以下几个方面：

（1）手机导航

基于手机导航的位置服务不仅是电子地图，还包括了实时路况、3D地图、实时天气、在线导航和周边资讯等多种增值信息服务。基于手机导航的位置服务目前边界较宽泛，如可向用户提供周边搜索查询服务，可向用户提供同城交友服务，可与即时通信相结合提供陌生人之间的沟通和交友服务，甚至还可与移动支付相结合实现各类实体商品和服务的预约和扣费等。

（2）基于位置的社会性网络服务 LBSNS

LBSNS 的核心是位置服务。通过整合移动互联网和互联网的无缝

网络服务，帮助用户寻找朋友位置和关联信息，同时激励用户分享位置等信息内容。位置服务为用户信息增加新的标记维度，LBSNS 通过时间序列、行为轨迹和地理位置的信息标记组合，帮助用户与外部世界创建更加广泛和密切的联系，增强社交网络与地理位置的关联性。

（3）智能汽车

智能汽车主要为用户提供汽车导航、跟踪定位、交通信息、娱乐信息以及安保监控服务，从目前的市场发展状况来看，运营商最具商业前景的位置服务应用莫过于在智能汽车上的应用。在日本，以丰田为代表的智能副驾 G-Book 系统逐渐覆盖高中低档产品，搭载 3G 应用内容的信息化汽车不仅在销量上取得了佳绩，而且在节能减排方面也有不俗的表现。

（4）智能救助

智能救助类业务属于典型的面向个人的定位业务，此类业务早在 2002 年就已经在国内商用。智能救助业务主要是面向公众中的特殊群体进行救助，如为孤寡老人、空巢老人、少年儿童甚至是家养宠物等提供应急救助。未来这也是移动位置服务业务开拓的重要市场。

（5）智能医疗定位

智能医疗定位是一项极具商用前景的定位业务。其可以帮助运营商绕过复杂的医疗信息化体系，直接发挥自己的网络优势，面向最终用户提供服务。通过用户携带的手机或受众端，医疗调度中心可实时定位到患者的所在位置，甚至可以实时了解到患者的信息，调度距离患者最近的救护车；而接诊医生也可以通过救护车实时发回的病患体征信息，与救护车进行视频通话，指导急救。可因此缩短急救时间，提高急救成功率。

（6）物流监控

物流监控是运营商最希望开拓的定位市场之一，也是最难开拓的一个市场。一方面，货运行业业务覆盖地域广、车辆多，需要位置服务信息的用户多，要求数据共享的程度高。货运行业企业多而小，行业市场尚未完成整合，能够支付得起定位服务的大型企业不多，运营商进入这一市场商业模式挑战大。另一方面，现代物流监控不仅要确定物体的位置，同时还要保障货物运输最优安排、准确及时运送。要求时刻跟踪货物的位置和状态，信息量大，网络压力也大，这对运营商也是一个挑战。

中国的移动位置服务市场目前仍处于早期阶段。未来，LBS 业务与其他移动增值服务相结合的业务具有很强的竞争力。

3. 位置服务成为众多移动业务的基石

目前，位置服务的应用领域主要包括休闲娱乐型、生活服务型、社交型和商业型四大类，并形成签到、周边生活服务搜索等多种模式。位置服务已成为众多移动业务的基石。

首先，典型 LBS 企业加强与其他业务提供者的合作和业务创新。如美国著名的 LBS 运营商 Foursquare 就与美国第三大团购网站 BuyWithMe 和户外探险及旅游团购网站 Zozi 签约合作，同时对外开放位置能力，为照片分享应用 Instagram、提供 API。

其次，LBS 与社交应用进一步整合。位置服务不再将位置和签到捆绑，位置底层应用化，更有利于其基于位置的广告战略；苹果发布地图应用，帮助用户追踪朋友和家人所在位置；新浪的 LBS 应用"微领地"则和微博无缝对接。

最后，各类基于地图的服务涌现。谷歌基于地图提供公交导航、航班搜索、天气信息、本地交易信息、餐厅点评等各类服务。

市场调查公司 JiWire 的调查结果显示，53％的用户愿意分享位置以获取更好的内容和信息（团购、优惠等）；用户最关心附近商家的"销售与促销信息"。而国内 LBS 服务中方便生活也成了用户的第一需求，根据易观国际的数据，42％的用户认为使用 LBS 应用程序可以方便生活。

因此，在位置服务与其他领域整合的过程中，与生活类服务整合成为国内外位置服务业务提供者的首要趋势。例如移动版 Bing（美国推出的搜索引擎）开始支持 400 个购物商场地图，可以查看具体楼层的布局配置；谷歌 Store Views 提供 360°高清商家店内景象；Zaarly（本地化实时交易平台）将位置与买卖需求对接；Waze（免费应用）提供实时交通流量地图，并整合入美国最大的点评网站 Yelp、Foursquare 和 Bing 搜索；Room77 推出酒店预订服务，提供房间虚拟视图等。国内整合应用开始涌现：“爱折客”为用户提供附近（3 公里内）打折信息；“逛街助手”将团购（大中型团购网站）、优惠券（大众点评、口碑网等）和移动支付（支付宝等）捆绑到一起为用户提供一站式优惠生活类服务；“全景游北京”基于地图和导航提供旅游服务；“位置闹钟”提供位置提醒；“打车咯”为上班族找到拼车伙伴；等等。

此外，位置服务开始与团购、搜索、应用商店、游戏、问答等各类业务紧密结合。如“百度身边”，大众点评的“位置服务＋搜索”，基于用户当前位置搜索周边的餐饮娱乐和优惠券信息。16Fun 的“签到＋房产买卖”的“位置服务＋游戏”，引入了道具元素，使得业务的娱乐性和黏性更强。邻讯则在提供周边生活信息的基础上主推每日秒杀（团购）和房产信息等“位置服务＋电子商务”，用户可以直接下单或和房产中介联系。微信推出查找身边的朋友服务。如 SoLoMo 概念所示，位置将作为未来移动互联网应用三大特性之一，日益与其他业务无缝整合。

4. 移动位置服务的产业链

移动位置服务产业链以位置服务提供商为主体，包括电信运营商与互联网位置服务提供商、业务相关的位置信息提供商、第三方应用开发商、商业信息相关的商户、业务提供相关的终端厂商以及产业链的终结点——用户。

移动位置服务产业链共分七个主要环节，其中核心环节是位置服务提供商。这一环节又分为两大阵营，一大阵营是互联网位置服务提供商，另一大阵营是电信运营商，两者都在努力与位置信息提供商、第三方应用开发商合作打造自己的位置导航与位置信息服务，并通过定制终端或者与终端厂商开展业务合作将位置导航与位置信息服务交付给用户，同时为商户提供基于位置的精准营销来获取收益。

一是互联网位置服务提供商。互联网位置服务提供商主要是指除电信运营商之外的提供位置服务的互联网企业，可以分为互联网社交网络服务提供商，包括 Google、Facebook、腾讯等；以及位置服务社交网络服务提供商，如 Foursquare、陌陌等。

二是电信运营商。电信运营商一方面为互联网位置服务提供商提供业务托管和网络托管等服务；另一方面，电信运营商也在社交网络的大潮中开始试水社交网络，并且利用其拥有的手机用户规模优势及基站定位等技术优势，将社交网络业务向 LBS 社交网络延伸。如韩国 SKT 早年收购 CyWorld 网（韩国最大的社区网站），成为韩国 SNS 市场的领先者；日本电信运营商 KDDI 投资日本社交网站 Gree，帮助 Gree 成为日本第二大社交网络服务商。

三是商户。商户既可以是广告商的客户，又可以是位置服务提供商的广告主，通过在 LBS 社交网络上发布广告、优惠促销和网络营销等信息，甚至是进行社交游戏等方式，换取用户在现实世界中的客户流量，从而完成 O2O 的交易模式。

四是位置信息提供商。位置信息提供商是位置服务业务的基础之一，主要是指向位置服务提供商提供"Location"信息的企业，包括专业提供地图位置信息的谷歌、高德公司等。

五是第三方应用开发商。第三方应用开发商是一个较为宽泛的群体，主要为位置服务提供商提供应用服务支持。第三方应用开发商对位置服务业务来说可以提升其服务品质，增强其用户黏性，具有十分重要的意义。

六是终端厂商。终端厂商在面对移动互联网和位置服务社交网络的大潮时，也在积极寻求从位置服务产业链中分得利益的机会，如移动研究公司 RIM 与 Foursquare 合作，将 BBM（一款即时信息应用程序）业务与 Foursquare 的业务进行整合。另外，终端厂商通过为位置服务社交网络提供商研发生产定制手机，也是其参与位置服务社交网络的产业链分工的一种方式。

七是用户。用户是位置服务产业链的最终节点，既是业务的最终体验者，也是整个产业链价值产生的源头。

5. 移动位置服务的商业模式

目前国内的位置服务商业模式尚处于模仿跟随 Foursquare 阶段，主要包含三类：广告服务、商户服务和用户增值服务。位置签到服务的本地化广告类型涉及品牌页面广告、勋章页面广告、赞助排行榜三种类型，其中品牌页面广告主要集中在 PC 端；商户服务主要是整合用户签到行为与本地生活信息，实现用户流量的互相导入，提升商家交易额和用户签到活跃度；用户增值服务收费是目前位置签到服务企业正在探索的盈利模式，未来将向移动商务和位置游戏方向发展。不同的位置服务企业可以结合自身优势（如用户、渠道、内容等）推出相应的特色服务。

（1）广告服务

广告盈利是位置服务的主要盈利模式之一。位置服务业务可以在 LBS 服务上提供用户精确的地理位置信息，以及在社交网络业务上获取的爱好、兴趣等数据，可以精确地通过该业务将广告推送到目标客户。目前来说，位置服务的广告服务主要包括品牌页面广告、勋章页面广告、赞助排行榜三种类型，其中品牌页面广告越来越受到广告商重视。如 LBS 社交网络用户通过 Check-in 功能，向好友分享位置以及获得本地的商家信息，随后可以对商家发表评论甚至得到商家提供的打折等服务。一些 LBS 社交网络提供商也开始引入了游戏元素，形成了相应的竞争和激励机制，以增加用户与用户、用户与商家之间的互动性，增加用户活跃度和黏度，如 LBS 社交网络在网页游戏中提供的广告商品道具等，间接提升了应用人气和广告营销价值，促使其商业生态系统形成正向循环。

（2）商户服务

商户服务模式具体又可分为以下四种：

第一种，"位置服务＋O2O"。这种模式整合用户签到行为与本地生活信息，与商户合作打通 O2O 环节，实现用户流量的互相导入，提升商家交易额和用户签到活跃度。位置签到服务企业通过流量的共享间接实现变现，并与商家进行分成。O2O 最典型的应用模式就是团购，用户通过在网上购买产品或服务，在线支付相关费用，进行线下消费。例如，盛大切客增加了团购和优惠功能，用户可以查找附近正开展的团购活动及周边的优惠项目；Foursquare 与美国第二大团购网 LivingSocial、美国电子商务网站 Gilt Groupe、美国电话电报公司 AT&T 及团购网站 Groupon 合作推出团购服务，从而缓解收入问题。"位置服务＋O2O"的模式被某些专家誉为电子商务 3.0 的代表性应用，是未来电子商务的发展方向。

第二种，数据分析服务。位置服务企业可提供实时分析工具，帮助企业维护网络服务的基础数据，了解用户到访指定地理位置的具体情况，包括用户签到的频率、频次和时间以及通过 LBS 社交网络的广播比例等多项关键指标。

第三种，消费引导。LBS 社交网络提供商还可以为商户提供引导消费的盈利模式，如 Foursquare 新功能最大的特点是能够引导用户的购买意向。Foursquare 向用户提供"Explore"（探索）功能，在用户打开应用后想找一个可消费的地方时，为其提供"建议"，引导用户前往指定商户购买商品或消费，从而获取相应的"返点"或消费提成类收入。

第四种，其他商户服务。包括"位置服务＋本地优惠券"：查找所在地附近的优惠项目。"位置服务＋旅游及酒店预订"：查找所在地附近的酒店、饭店等，然后选择在线购买，根据用户地点推送不同位置的旅游早点及相关景观的信息。"位置服务＋商品信息"：查找附近商店商品的库存情况，以便决定是否需要订购后立即到货。"位置服务＋精准推送"：在挖掘用户消费习惯后，根据用户地点推送最合适的信息。

（3）增值服务

增值服务模式具体可分为以下三大类：

一是用户增值服务收费。用户增值服务收费是目前位置签到服务企业正在探索的盈利模式。一方面，通过打造移动商务等形式实现前向用户收费；另一方面，基于位置签到的游戏服务通过游戏道具及游戏权限售卖等方式获取利润。

二是应用服务分成。通过业务合作、开放 API 接口等方式，让第三方应用开发商的优势资源进入位置服务平台，也是位置服务提供商获得收入的一种模式。一方面可以通过自身服务和第三方应用服务的互利互惠，提高用户对平台网站的黏性和使用程度；另一方面也可以将位置服务平台的业务流量导入第三方，帮助第三方应用开发商壮大，随后通过平台的利益分摊扩大收入来源。

三是其他增值服务。"位置服务儿童"及"老人定位"，帮助家长了解儿童上学放学时的具体位置，以及帮助儿女或养老院了解老人的具体位置。此外，还有"位置服务＋商务社交""位置服务＋点评"等。

七　移动搜索业务

随着互联网的快速发展，人们的工作和生活对互联网所具有的依赖性越来越强。网上海量信息飞速增长，催生了互联网搜索业务的诞生及搜索引擎技术的成熟。移动互联网作为移动数据业务的主要业务正在快速成长，移动搜索技术也应运而生。移动搜索技术借助移动互联网移动便捷的特性，发挥传统互联网搜索所不具备的优势，能为用户提供随时随地随身的信息搜索服务，使移动终端成为用户随身携带的信息库，让用户在任何时刻和任何地点都能感受到信息时代的方便快捷和无穷乐趣。

1. 移动搜索业务概述

移动搜索是指用户以移动通信终端（如手机和 PDA 等），通过SMS、WAP 和 IVR 等多种接入方式进行搜索，从而高效且准确地获取Web 和 WAP 站点等的信息资源。移动搜索就是搜索技术基于移动通信网络在移动平台上的延伸，平台就是手机和 PDA 等移动通信终端。移动搜索引擎不仅要完成信息的获取，还要对获取的信息进行相关的处理。把不同内容提供者和不同类别的信息进行整合，并建立相关性，再将所有信息进行相关处理后转换成适合终端使用的信息。移动搜索引擎能以一定的策略收集和发现信息，对信息进行理解、提取、组织和处理，为用户提供检索服务，从而起到搜索信息的目的。

移动搜索是互联网搜索在无线领域的延伸。由于移动终端屏幕较小、网络接入速度慢和通信费用偏高等特点，搜索要求很高的精准性；由于移动终端的便携性，用户可以随时随地搜索需要的信息。移动终端一般都是由唯一的用户使用，因此移动搜索就可以结合移动用户的搜索记录和搜索习惯等个人偏好分析筛选，为用户提供最符合个人需求的搜索功能。

移动搜索业务具有三大特点，这些特点也就是其与传统互联网搜索相比所具有的三大优点：

一是随时随地随身性。与传统互联网搜索比较起来，移动搜索的自由度更大。用户可以不受固定终端的限制，随时随地搜索需要的信息。

二是精确性。与电脑相比，手机终端屏幕小，网络接入速度慢。移动搜索更注重实用简约化和查询时效性，将具备更强的自然语言分析对答能力，并提供更为精确的垂直搜索结果。

三是个性化。移动搜索可以结合移动用户的搜索记录、搜索习惯等个人偏好进行分析筛选，为用户提供最符合个人需求的搜索功能。通过与定位服务结合，移动

> 移动搜索的出现，顺应了人们随时随地、便捷有效地获取信息的潮流，特别是目前移动终端的大量普及和无线宽带移动通信时代的到来，更为移动搜索这项新的移动增值业务带来了机遇。

搜索服务商可以提供更有针对性的产品。例如，当用户需要了解就餐资讯时，移动搜索技术可以根据他们所处的位置来反馈就近的餐馆，而不是简单地罗列信息和海选。

目前，国外的移动搜索主要有两种形式：发送短信搜索和网页浏览搜索。发送短信搜索的一个典型应用是美国用户在购物时常常会发送短信给 Synfonic 和 Smarter 这两家网站，随后这两家网站通过回复短信，为他们提供所需商品的价格和相关商品的比价，以此方便用户做出购买决策。网页浏览搜索是通过移动终端上网，登录搜索引擎的 WAP 网站搜索所需信息。目前，全球几大运营商已联手著名的搜索引擎网站发展该项业务，如美国电信公司 Sprint 联手Yahoo、跨国移动电话运营商 T-Mobile 联手 Google、电信公司 Verizon 联手 MSN，等等。

当前，移动搜索的应用服务所提供的主要类型有音乐、网页、游戏和生活搜索等，也是用户使用度最高的移动搜索服务类型。特别是生活搜索，包括餐饮、娱乐、购物、订房和订票等生活信息的检索，这些信息与手机用户的日常生活息息相关，也属于搜索需求量比较大的内容。人们对生活信息的需求往往是随时随地的，这也要求生活信息搜索可以做到随时随地。与其他内容的搜索不同，生活信息搜索需要运营商有比较强的信息采集能力，而且要保持对信息的持续更新，因此要求有相应的人力资源和信息渠道作为保证。随着移动互联网应用内容的扩大，其他类型的搜索服务也会受到用户越来越多的关注。

2. 移动搜索的发展及其趋势

随着移动互联网的迅速发展，语音业务增长趋势变缓，全球的电信运营商都在试图寻找新的利润增长点，移动搜索业务就是其中的选择之一。

移动搜索是利用移动终端搜索 WAP 站点或者用短信搜索引擎系统，通过移动通信网络与互联网的对接，将包含用户所需信息的互联网中的网页内容转换为移动终端所能接收的信息，并针对移动用户的需求特点提供个性化的搜索方式。

移动搜索业务起步较晚，2002 年 8 月在英国出现的"手机搜索乐曲名"服务算是移动搜索的雏形，但并不是真正意义上的移动搜索。直到 2004 年 5 月，英国三家主要的移动运营商 Orange、Vodafone 以及 O2 推出的被称为 AQA（Any Question Answered）的基于短信的搜索服务才算是移动搜索的正式开始。紧接着，各国运营商的位置搜索、图形搜索等移动搜索服务陆续推出。

美国是互联网搜索引擎和移动搜索服务的发源地。从 2004 年起，Google 和 Yahoo 相继推出搜索服务。随后涌现了很多提供垂直搜索和本地搜索服务的服务商，涉及餐饮、交通、购物和音乐等各方面的服务。以 Google 和 Yahoo 为代表的传统互联网搜索服务提供商很早就开始进入移动搜索领域。而日本的移动搜索业务推出晚于美国，但是在已具备较大规模 3G 用户的基础上移动搜索业务发展较为迅速。2006 年 5 月，Google 宣布将和日本第二大移动服务提供商 KDDI 合作，在日本市场推出手机搜索服务。而在 2004 年微软日本公司与手机内容提供商 Cybird 已经共同推出了 MSN 无线搜索服务，搜索服务分为新闻、手机铃声、招聘和就业等 15 个分类。

我国短信搜索业务发展比较迅速，自 2004 年 11 月百度推出智能手机搜索服务，中国手机搜索市场经历近 10 年的发展正逐步走向稳定和成熟。移动互联网和智能手机终端的迅速普及使得手机搜索成为新一轮移动互联网应用热点。三大电信运营商纷纷涉足手机搜索业务，PC 互联网搜索巨头向移动搜索延伸，新兴专业移动搜索服务商（如易查、宜搜）另辟蹊径，专注个性化搜索和搜索体验，整个手机搜索行业大有你方唱罢我登场、同台竞技各显神通之势。移动运营商、手机制造商、手机搜索服务商、搜索内容提供商、搜索技术提供商、移动搜索渠道商、付费企业以及手机搜索用户构成了手机搜索整个产业链。对于手机搜索用户来说，现阶段信息搜索已然成为人们获取信息的主要帮手。

移动搜索业务的最大优势在于它打破了电脑的线缆约束，让用户能通过随身携带的手机即时获取所需的信息。从实际应用的角度看，手机搜索和计算机搜索采用的基本原理相似，但手机搜索并不是网络搜索的简单翻版，其不同之处体现在两个方面：首先，计算机搜索强调的是"海量"，搜索结果多多益善；而手机屏幕较小，因此需要对多余的图片、超级链接、Flash 等内容进行过滤，为用户提供最精确、最有价值的内容；其次，手机搜索可以随时随地进行，这决定了搜索内容和搜索过程具有更强的人性化色彩。但是由于处于市场起步期，移动搜索业务存在一些问题。尽管 WAP 站点的数量在不断增多，但很多 WAP 站点的规模小、内容雷同，而且缺乏资金，没有良好的商业模式。目前的移动搜索服务提供商大多为用户提供免费服务，应该借鉴传统互联网搜索服务的盈利模式，与移动运营商密切合作，构建适用于移动搜索服务的盈利模式。另外，目前国内移动搜索业务发展还面临网络速度较慢、上网费用高和终端屏幕小、操作烦琐等方面的问题，这些都会影响移动搜索服务的推广。

从目前看，移动搜索无论是从市场的角度，还是从技术的层面上看，均有较大的发展空间，其主要的发展方向是：移动搜索与移动互联网内容融合。

> 当前，论坛、职业、购物、商品比价和博客搜索等都是比较成功的搜索发展模式，而且随着用户需求的不断细化，垂直搜索一定会在移动搜索市场中占据越来越重要的位置。

WAP 内容的丰富程度远远比不上互联网，为了提高搜索结果的相关性和有效性，有很多搜索引擎提供商开始尝试搜索互联网内容，再转换为手机上能够显示的格式。可以预计未来的移动互联网和互联网将会融合到一起，因此移动搜索也会与互联网内容结合起来，并呈现如下的发展趋势：

一是移动搜索业务呈现个性化。包括个性化搜索、个性化门户等。这样做可以增加用户黏度，从偶然发生的搜索行为到与用户建立长期的服务关系，这样也有利于搜索引擎更加了解用户的特征和行为，从而强化提供个性化广告的基础。

二是移动搜索分析系统更加完善。如在搜索服务中提供搜索的数据分析和行为分析工具，这样的服务可以使广告主更有针对性地投放广告。在移动搜索中，也将会出现类似的分析系统，使得数据分析和行为分析技术进一步完善。

三是与手机的应用紧密结合。除了具备互联网搜索功能，移动搜索也会有自己的特色，如呼叫搜索。搜索到某个餐馆，只需点击即可拨通电话；还有本地搜索与地图、导航业务结合起来等功能。

3. 移动搜索业务模式

作为一个全新的产业，移动搜索必须找到合适的盈利模式。移动搜索的产业链主要包括移动运营商、服务商增值业务或手机厂商的 WAP 门户、独立 WAP 站、广告主、手机搜索引擎和最终用户。目前，搜索盈利主要是服务商通过与移动运营商的合作，分成查询费用来获得利润，也可向用户收取一定的使用费，盈利方式比较明晰。主要有以下几种业务模式：

（1）收费模式

移动搜索的产业链主要包括移动运营商、技术提供商、服务提供商和内容提供商等，移动搜索服务对象包括广告主（企业用户）和移动用户。收费模式主要有以下两种方式：

一是企业端收费。移动搜索的盈利模式和互联网搜索的盈利模式类似，用户访问的 WAP 网站大多是免费的。移动搜索服务一般也是免费的，主要通过竞价排名和商业广告等方式盈利。

竞价排名就是由广告主（通常为企业）为自己的网页出资购买关键字排名，并按点击量计费的一种服务。搜索结果排序根据竞价的多少由高到低排列，并且根据点击次数收费，不点击不收费。移动搜索中的竞价排名是互联网竞价排名模式在移动网络上的延伸，但由于移动终端本身的特性，形成了竞价排名价值更高、用户搜索目的性更强、企业竞价的位次更重要的鲜明特点。竞价排名在移动搜索中发挥着巨大的作用，从企业端收费是移动搜索服务提供商的主要收入来源。

商业广告主要是指关键词广告，是在搜索结果页面上展示与关键词相关的广告。由于移动终端一般都是由特定用户使用，所以可分析用户的行为。在用户提出搜索请求后，有针对性地在其搜索结果中展现相关赞助商广告，使广告投放更有针对性并更有效率。

二是客户端收费。移动搜索服务商通过自己的搜索平台提供移动搜索服务，用户在搜索到需要的信息后，浏览或者下载无线资源产生的信息费和通信费，由搜索服务商、搜索技术商、移动运营商和CP按一定的比例分成。

（2）搜索业务模式

移动运营商开展移动搜索业务主要有如下三种商业模式：

第一种是由运营商自己建立和维护移动搜索引擎系统，各内容提供商为移动搜索引擎系统提供内容源，终端使用运营商的无线网络通道及移动搜索引擎系统获得移动搜索服务。由运营商进行商务推广和宣传，打造自己的移动搜索品牌。运营商通过关键字、内容和广告竞价排名等方式盈利，并根据用户使用情况与各内容提供商分成。整个业务开展以运营商为主体，运营商能掌控全部业务和收益。这种模式能够突出运营商的业务品牌，但需要投入大量人力和物力建立和维护系统，且由于推广渠道简单，在初期盈利比较困难。

第二种是专业的技术服务提供商建立和维护移动搜索引擎系统，各内容提供商为移动搜索引擎系统提供内容源，终端使用运营商的无线网络通道获得移动搜索服务。商务推广和宣传仍然由运营商进行，移动搜索品牌属于运营商。运营商通过关键字、内容和广告竞价排名等方式盈利，并根据用户使用情况与技术服务提供商和各内容提供商进行分成，运营商能够掌控业务的收益。这种模式也能够突出运营商的业务品牌，但不需要投入大量人力和物力建立和维护，推广渠道也比较简单，在初期盈利同样比较困难。

第三种是传统的搜索引擎公司建立和维护移动搜索引擎系统，内容源可以由各内容提供商和搜索引擎公司提供，终端使用运营商的无线网络通道获得移动搜索服务。由运营商和搜索引擎公司共同推广和宣传业务，移动搜索品牌属于运营商。运营商通过收取无线网络通道出租费盈利，搜索引擎公司通过关键字、内容和广告竞价排名等方式盈利。这种模式运营商不需投入人力和物力建立和维护以及内容整合，可以借助传统互联网搜索引擎公司强大的品牌效应和推广渠道。并且它们已积累稳固的用户群，可以迅速推广移动搜索业务以达到盈利的目的。

由于目前的移动搜索市场尚未成熟，沿用传统的互联网搜索市场的盈利模式并不能保证有足够的赢利。另外，目前手机屏幕小，搜索如果还像传统网络搜索放置

> 尽管移动搜索业务的发展存在一些问题，但随着移动互联网的进一步发展，在未来的几年中，移动搜索业务将会得到很快的发展，无论是移动终端的方便性，还是搜索市场的广阔性，都会呈现出良好的发展趋势。

广告的话，会使得屏幕信息显得杂乱，影响用户的体验。

4. 手机搜索用户与移动搜索的未来

在手机上，活跃着这样一群人，他们可以不视频、不游戏、不即时通信，但是他们不可以不搜索。我主张、我独立、我决定，我的生活我做主；搜资讯、搜新闻、搜美食，搜出不一样的移动生活天地。这便是手机上的"搜搜一族"，他们年轻、有活力，在孤独的城市中，怀着一颗热切与渴求的心，用拇指去发现信息，用手机去发现人群，用搜索去发现生活。手机搜索是一扇窗，透过窗可以看到最新鲜的世界；手机搜索是一个场，在移动中帮助大家完成瞬间集散。

手机搜索从总体上看是一项年轻化的活动，"搜搜一族"的主体是20—30岁的城市年轻人，城市人群对信息的接触及获取的需求更高，致使手机搜索比例更高，不同的群体通过手机搜索满足着不同的需求。从性别差异来看，女性确实更爱手机搜索；从学历来看，大学生比例接近半数，低学历及硕士以上高学历人群均较少。不同的用户群体对手机搜索的需求不同，深入之后会发现单身群体与非单身群体、城市独生子

女群体、高学历群体与低学历群体对手机搜索有着不同的功能诉求和使用偏好。

总体来说，单身群体使用手机搜索的比例相较非单身群体具有明显优势。随着年龄的增长，对手机搜索获取信息的依赖性出现下降趋势，当单身者转化为非单身者时，对手机搜索的需求在略有下降的情况下维持在相对稳定的水平上，但仍旧有着较高的使用比例。

总体上看，手机搜索在用户中的普及度较高，使用习惯培养较好，绝大多数的用户经常使用。在这个过程中，浏览器使用情况是影响用户手机搜索的重要变量。对比手机搜索的用户和非用户可以看出，使用手机搜索用户自行安装浏览器的比例明显高于不使用手机搜索的用户，对于浏览器的重视以及体验影响了用户使用手机搜索的感受。

新闻资讯是今后手机搜索最大的需求。手机搜索在帮助人们获取资讯方面表现很好，这种资讯既包括传统意义上的新闻，也包括地图、餐饮、优惠等生活资讯，还包括图书、音乐等娱乐资讯，手机搜索不仅成了网民获取各类信息资讯的窗口，更充当了娱乐生活的角色。

目前，绝大多数的手机用户使用手机搜索，手机搜索已经成为一项高普及度的手机活动，讯息获取的及时性、移动性成为其最大优势，人们随时随地寻找答案的需求得到充

> 手机搜索未来应在进一步完善搜索答案精准性的基础上增强辅助日常生活的实际应用，使手机搜索真正成为生活中可信赖、可依赖的好帮手，随时随地进行上网搜索，轻松生活每一天。

分满足。未来，手机搜索与应用结合在一起的趋势也会更加明显，如本地搜索与地图、导航业务相结合，这是增强手机搜索实际生活辅助性的途径之一。

八　移动支付业务

随着计算机技术、网络技术、信息技术的进一步发展，电子支付技术发展迅速。支付方式也不再仅仅局限于在线支付，以手机支付为代表的移动电子支付初露头脚，也将成为未来支付的重要方式。随着移动互联网技术的不断更新以及移动电子商务的发展，移动支付将成为电子商务的重要支付方式，作为传统信用卡支付的替代或补充方式。

1. 移动支付业务概述

移动支付是指交易双方为了某种货物或者业务通过移动终端设备如手机、PDA、移动计算机等，进行商业交易的支付行为。

移动支付具有方便、快捷、安全和低廉等优点，具有与信用卡同样的方便性；同时又避免了在交易过程中使用多种信用卡及商家是否支持这些信用卡结算的麻烦，消费者只需一部手机就可以完成整个交易。作为新兴的费用结算方式，它日益受到移动运营商、网上商家和消费者的青睐。

移动支付存在多种形式，不同形式的技术实现方式也不相同，并且对安全性、可操作性和实现技术等各方面都有不同的要求，适用于不同的场合和业务。

移动支付产业属于新兴产业，是基于移动互联网的电子商务，在移动网络之中实现传统固定网络的网络购物和电子支付。移动支付业务推出之初，被当作一种能够提升运营商收入、体现融合趋势的重点业务来发展。移动支付业务在全球许多国家刚开始发展时阻力重重，发展缓慢。但近年来，全球移动支付市场呈现高速增长的发展态势。

移动支付相对银行信用卡支付有其显著特点，主要表现为：移动用户普及速度快、重复率低，具有即时性、兼容互通性好、支付体系成本和复杂度低，移动运营商机构少，容易协调和实现一体化管理，支付成本低，且有取消收取支付额外佣金或免去拨号费的趋势。信用与安全问题不突出，移动支付立足小额支付，克服了商业信用体系难以健全和银行卡消费难以形成规模的问题。特别是在小额支付市场，移动支付会占主导地位。

2. 移动支付的类型

移动支付根据不同的区分标准可以做如下分类：

（1）根据银行业务形式分类

根据银行业务形式的不同，移动支付方式分为移动小额支付和移动电子钱包支付两种。

> 移动电子钱包是指费用从用户的银行账户（即借记账户）或信用卡账户中扣除，在该方式中，移动终端（尤其是手机）只是一个简单的信息通道，将用户的银行账号或信用卡号与其手机号码绑定起来。

移动小额支付是指费用通过移动终端账单收取，用户在支付其移动终端账单的同时支付这一费用，但这种代收费的方式使得电信运营商有超范围经营金融业务之嫌，因此其范围仅限于下载手机铃声等有限业务。

移动电子钱包的用户若要使用移动支付业务，前提是须将手机号码与银行卡进行捆绑，此后在交易过程中所支付的金额会直接从银行卡上扣减。在此前提下，移动支付又可以分为非面对面支付和面对面支付两种形式。

（2）根据交易距离分类

根据交易距离的长短，移动支付可以分为远程支付和近场支付两类。

远程支付是指账户信息存储于支付服务商后台系统，消费者在支付时需要通过网络（SMS/MMS、IVR、移动互联网）访问后台支付系统进行鉴权和支付的方式。在移动远程支付中有两种支付方式：一种是购物渠道与支付渠道不同，如购物渠道是互联网，而支付途径是手机；一种是支付渠道与购物渠道相同，都是通过手机，如通过手机定制手机报或购买铃声等。

近场支付是指账户信息一般存储在 IC 卡中，在支付时通过近场无线通信技术（射频识别 RFID、蓝牙/红外等）在特定刷卡终端，现场校验账户信息并进行扣款支付的方式，如公交一卡通、电子不停车收费系统 ETC 卡等。

（3）根据资金来源分类

根据资金来源的不同，移动支付可分为话费账户支付、银行卡账户支付和第三方账户支付三类。

话费账户支付是指手机号码与手机用户的话费或积分账户绑定，用户操作话费账户进行支付，支付产生的费用计入话费账单。

银行卡账户支付指支付金额从消费者指定的银行卡账户（借记卡或贷记卡）扣除。中国移动手机钱包、现阶段各家银行手机银行支持的支付业务等，均属于该分类的典型应用。

第三方账户支付是指消费者开通一个第三方支付账户并充入一定金额，消费时，支付金额从第三方支付账户的余额中扣除。第三方支付账户可以通过网上银行直接充值，也可以通过购买充值卡或者网点现金支付的方式实现充值。支付宝的账户支付模式属于典型的第三方支付账户应用。

（4）根据运营主体分类

根据主导移动支付运营的企业的不同，移动支付可分为以运营商为主体的移动支付、以金融机构为主体的移动支付和以第三方专业支付提供商为主体的移动支付三类。

一是以运营商为主体的移动支付，是指移动支付平台由运营商管理、建设和维护，如代收费业务等。

二是以金融机构为主体的移动支付，是指金融机构为用户提供交易平台和付款途径，通过可靠的金融机构进行交易鉴权，移动运营商只为金融机构和用户提供信息通道，不参与支付过程。

三是以第三方专业支付提供商为主体的移动支付，是指移动支付平台由第三方专业支付提供商管理、建设和维护。

3. 移动电子支付系统模型与框架

移动支付系统是移动通信技术与电子支付技术相结合的产物，它融合了移动电话、笔记本电脑和手持 POS 等的功能特点，使支付系统彻底摆脱了电话线的制约，可以更方便地为商家和用户提供服务，拓展了银行卡业务的服务范围，主要提供信息类服务。

（1）移动电子支付系统模型

移动电子支付系统主要涉及以下三方：

一是消费者前台消费系统。保证消费者顺利地购买到所需的产品和服务，并可随时观察消费明细账、余额等信息。

二是商家管理系统。可以随时查看销售数据以及利润分成情况。

三是无线运营商手机支付平台。包括鉴权系统和计费系统。它既要对消费者的权限、账户进行审核，又要对商家提供的服务和产品进行监督，看是否符合法律规定，并为利润分成的最终实现提供技术保证。

（2）移动电子支付系统框架

当前，在亚洲有日本、韩国、新加坡，在欧洲有英国、法国、德国，已经应用 RFID 技术开展移动支付业务。随着 RFID 技术的成熟，基于该技术的面对面的移动电子支付系统在中国的实施也只是时间上的问题。目前已经有很多成熟的系统，如 Paybox、Simpay、NTT DoCoMo 等系统。从技术角度来看，目前比较有代表性的移动电子支付系统大致有七类：基于 SMS 的系统、基于 WAP 的系统、基于 i-Mode 的系统、基于 USSD 的移动电子支付系统、基于 J2ME 的系统、基于 NFC 的移动支付电子系统、基于 RFID 技术的移动电子支付系统等。其中前五种属于非面对面支付方式，后两种属于面对面支付方式。两种模式有各自的适用场合，今后的手机将同时具备这两方面支付方式的功能。

（3）移动电子支付系统的特点

移动电子支付系统具有如下特点：

一是交易数据的传递通过移动网络的支付平台实现，突破了通过有线实现相对应功能的地域局限。

二是基于移动通信技术的支持，在容量更大的用户识别应用发展工具（SIM Tool Kit，STK）卡中内置服务菜单，方便手机用户使用。

三是只要一张手机STK卡就能使用多家银行和券商的移动理财服务和日常生活中的水电煤气、物业管理、交通罚款等公共事业缴费，或者用于彩票购买、手机订票、手机投保等。

四是所提供的移动理财服务内容丰富，覆盖银行、证券、外汇、保险等多方面，且服务方式个性化。

（4）移动电子支付系统的功能

移动电子支付系统日趋完善，一般具有以下几种功能：

一是账户管理：帮助用户同时管理多个银行卡、多个银行账户，查询账户余额、当日交易、历史交易信息等。

二是自助转账、缴费：银行卡、存折自助转账，自助缴纳手机话费，公车卡充值，甚至家庭水、电、天然气等各类费用。

三是自动提醒：未登折交易自动提醒、到账通知和客户自设短消息定时发送。

四是移动支付：用手机进行实时支付，外汇买卖，证券服务，预订房间、餐位、机票、车票服务等。

五是信息查询：根据用户需求，定时发送银行利率、汇率、交易信息等。

六是安全服务：结合监视防盗装置，当家中或公司有异常情况发生时，发送报警信息给相关人等。

无论采用什么样的移动支付系统，由于手机号码与银行卡账号

捆绑在一起，因此账号内存款的安全就与手机直接相关。如此情形下，除了银行必须对用户的身份和密码进行加密以外，运营商需要对手机信号进行加密，手机制造商需要提高手机操作系统的保密性能。

> 对于习惯了只把手机作为通信工具的人们来说，移动支付的概念还比较陌生。因此，提高移动支付的市场认知度也是当前需要解决的问题，不仅要向消费者宣传移动支付的可用性和易用性，而且要让商家、运营商及银行都充分认识到移动支付可能带给它们的好处和商机。

4. 移动支付的流程

移动支付与一般的网络支付行为相似，都要涉及消费者、商家、金融机构等；移动支付与普通支付的不同之处，在于交易资格审查处理过程有所不同。因为这些都涉及移动网络运营商及所使用的浏览协议，例如 WAP 和 HTML、信息系统 SMS 或 USSD 等。一般支付流程如下：

一是注册账号。在进行移动商务交易之前，消费者和商家都要在移动支付平台注册账号，用于关联自己在交易中的付款与收款账户。

二是发布商品信息。商家利用移动交互平台发布自己的商品信息，这里的商品可以是实物形式，也可以是数字文件格式等。

三是浏览商品。消费者通过终端设备进入移动交互平台，浏览商品信息。

四是订单。消费者可以通过短消息服务或其他服务方式向移动交互平台提出自己的购买意向。

五是订单核实。商家对消费者提交的订单进行核实，订单被确认后，移动交互平台将发送消费者支付申请的消息。

六是支付申请。移动交互平台首先根据服务号对消费者的支付申请进行分类，然后把这些申请压缩成 CMPP（China Mobile Peer to Peer,

中国移动点对点协议）格式，最后把它们转交给移动支付系统。

七是转账申请。系统会处理消费者的申请，并把相关的、经过加密的客户支付信息等转发给金融机构。

八是确认支付。金融机构会对转账申请的合法性进行验证并给出系统反馈。

九是返回支付结果。在收到金融机构的反馈之后，移动支付系统就会向商家发出转账成功的消息并要求发送商品。

十是发送商品。商家将商品通过一定形式发送给消费者。

以上所讨论的流程是一种成功支付的方式，即消费者、商家、金融机构能在支付网关的支持下进行移动支付。如果其中某一步发生错误，整个流程就会停滞，并且系统会立刻向用户发出消息。

5. 备受欢迎的手机支付

手机支付的基本原理是将用户手机 SIM 卡与用户本人的银行卡账号建立一种一一对应的关系，用户通过发送短信的方式，在系统短信指令的引导下完成交易支付请求，操作简单，可以随时随地进行交易。用户还可以通过 WAP 和客户端两种方式进行支付，无须任何绑定，用户在短信引导下完成交易，仅需要输入银行卡卡号和密码即可，用银联结算。

手机支付这项个性化增值服务，可以实现众多支付功能，此项服务强调了移动缴费和消费。当我们在自动售货机前为找不到硬币而着急时，手机支付可以很容易地解决这个问题。当客户身处外地，或者是移动运营商的营业厅下班以后，为了缴话费四处找人，四处寻找手机充值卡而耗费精力时，手机支付将真正让手机成为随身携带的电子钱包。

手机支付的参与主体主要由六部分构成：消费者、商家、金融机构、通信运营商、第三方支付中介以及终端设备提供商。

一是消费者。是手机支付业务中的付款方，是推进手机支付系统生存和发展的主要动因。

二是商家。即收款方，向消费者提供商品或服务。与消费者同样是手机支付业务的使用者和重要推动者。

　　三是金融机构。当手机支付需要通过银行账户时担任资金账户管理者的角色。主要通过与用户的手机号码关联来对消费者的银行账户进行直接管理。

　　四是通信运营商。主要是借助自身网络优势为手机支付提供安全的通信渠道；或者为用户设置与手机号码关联的支付账户，进行网络支付或现场支付。

　　五是第三方支付中介。通过与银行签约的形式提供银行支付结算系统接 IZl 和通道服务，实现资金的转移与网上支付结算，一般是一些具有一定实力和信誉保障的机构。

　　六是终端设备提供商。指那些为移动支付业务提供商（包括金融机构、移动运营商、第三方支付中介）提供终端和移动支付设备的机构。

　　在这些参与者中，消费者和商家是手机支付业务的使用者，通信运营商、金融机构、第三方支付中介是手机支付业务的提供商，终端设备提供商是手机支付业务的设备提供商。这些支付主体各具优势，通过相互合作，资源共享，产生巨大的市场推动力量，有力地推动了手机支付业务的快速、健康发展。

　　中国拥有广大的移动用户群，其手机支付业务与移动设备终端有很大的关联性，因此具有相当大的发展潜力。在中国，目前还主要采用现金交易的方式；而在国外，不但大部分交易已经采用电子交易方式，而且手机支付以其便捷性，越来越受到消费者的欢迎，逐渐成为一种非常流行的支付方式。随着经济和移动技术的进一步发展，相信移动支付的应用将会越来越广泛。电子商务在各个领域的应用不断渗透，得到普及之后，让具有身份识别和信息安全保障的手机替代人们手中的钱包进行付费是完全有可能的。移动支付的快捷、方便使利用手机进行消费的方式将逐渐成为用户和商家最受欢迎的选择。

第八讲 独领风骚，占据市场

——打造具有吸引力的产品

在商机无限的移动互联网中，铺天盖地的互联网产品进入每个网民的视野，大到整个网站，小到一个图标乃至图标字体的设计，无不体现出企业及运营商的良苦用心。尤其是移动终端的使用者，当打开智能手机或平板电脑的那一刻，就意味着你已经在使用着或正在自觉或不自觉地接受着移动互联网中形形色色、大大小小的产品及相关的宣传介绍。然而并不是所有的产品都能被网民注意。要占领移动互联网的广阔市场，企业和运营商必须熟悉移动市场和移动用户的需要，精心打造具有吸引力的产品，才能被用户青睐并乐于购买。

一 解读独特的互联网产品

一个人，当自己拿起手机或打开网页时，就已经被互联网的产品所包围。无论自己买或不买，意识到还是没意识到，无形中，其实我们就已经在使用互联网产品了。当我们不经意地打开一个链接，扫描一个二维码，或在使用微信、微博聊天，或在搜索信息、上传照片、查阅信息、痴迷手游时，都在使用互联网产品。甚至不少人心甘情愿地付费购买大量并不实用或不需要的网络产品。不错，这就是互联网产品的特殊魅力，而正是这些产品，满足着互联网用户日益增长的不同需求。

1. 应需求而生的互联网产品

产品是能够提供给市场、供用户使用或消费的、可满足某种欲望和需要的任何东西，产品是满足用户需要的复杂利益的集合。互联网时代，产品的概念更加宽泛，我们知道移动互联网是移动通信终端与互联网相结合为一体的，因此，其终端具有不同于互联网终端的移动特性、个性化特征，用户的体验也不尽相同。虽然两者的产品形态差别很大，但两者的产品内核和功能却具有相似的特点，因此，我们的研究倾向于把互联网产品定义为，凡是应用移动通信技术、终端技术与互联网技术的聚合，以不同于传统产业形态和业务形态，用来满足人们需求和欲望的物体或无形的载体都可以称为互联网产品。

成功的互联网产品首先是具有强大吸引力的产品，是能引导和创造用户需求的产品，是创造或改变目标用户生活方式的产品，是拥有良好用户体验的产品，同时也是能为企业带来赢利商业价值的产品。苹果公司的产品就是一个典型的案例，苹果旗下的产品引导和创造了用户需求，改变了用户的生活方式，科技与艺术的无缝结合成为创新和时尚的代名词，而且苹果的产品拒绝打价格战，属于声望型的产品定价，给公司带来了巨大的商业价值，成为市值最高的公司。

社交产品是目前最流行、最受用户欢迎的产品。通过对此类产品的剖析，我们对互联网产品会有更深刻的认识。同现实生活中的人际交往一样，社交产品运营的核心仍然是用户，在各种社交平台上，所有信息的产生都与用户的行为息息相关。在一个优秀的社交产品中，用户会进行频繁的交互行为，从而增强活跃度。通过后台算法，帮助用户识别彼此之间是否具有足够多的相同属性，是否可以深入交流，从而更高效地让用户形成结论。在社交平台上，合适的交流途径越多、越畅通，形成关系的可能性越大，产品也就越受用户的欢迎。因此，作为社交产品的设计者和运营者，必须要尽量提供足够多的供用户交流的工具和交流的渠道。

互联网产品的特殊性在于，产品定型是没有止境的，需要随用户需求的变化而不断丰富，不断创新。产品推出初期，提供的功能或许有限。但是，随着网络需求的发展，用户数量的增多，产品功能的开发也不断增长。由于用户的背景、教育程度等不同，需求的差异化越来越

大，为了尽可能满足用户需求，企业和运营商就要不断增加产品、分化产品，使功能更加突出，服务更加到位，产品更受欢迎。

2. 支撑互联网产品的五大要素

互联网是一个相对开放的舞台，产品更新换代非常迅速。即使同一种产品甚至同一个产品，不同的人看到的特点也有所不同。人们通常谈论的关于互联网的产品特点主要有：Web1.0时代，Web2.0时代，内容为王，图片为王，社交化；等等。其实，对于互联网的产品任何定义都远远不足以准确概括当今互联网产品的所有特点。因为每个成功或失败的互联网产品，在各种试错并获得丰富的研发运营经验后，都会有不一样的体验。

根据互联网市场产品运营的实践总结，支撑互联网产品的要素公认有以下五项：

一是产品的内涵。产品的内涵指为用户提供的基本效用或利益，以满足用户的本质需求。比如杀毒软件，其内涵就是解决用户网络安全的本质需求。

二是产品的形式。产品的形式指实现产品的内涵所采取的方式，包括功能、内容、设计等。比如查杀流氓软件，就是通过打补丁的方式修复Windows系统的漏洞，查杀木马、拦截钓鱼欺诈网站、开机加速、流量监控、系统复原等电脑管理功能以及网页防护墙，保护用户账号安全，云查杀，构建全面防御体系。

三是产品的外延。产品的外延指用户在使用或购买产品时所得到的附加服务或利益，比如网盾产品的开机加速、流量监控、电脑垃圾清理、软件管家等。其中开机加速和电脑垃圾清理等功能可以理解为从性能角度满足用户的需求；用户使用网盾软件时既可以解决网络安全问题，也可以解决性能问题，这就是附加价值。

四是产品的理念。产品的理念指产品的信念和宗旨，是用户使用或购买产品时期望得到的价值。比如营销学之父菲利普·科特勒说，星巴克卖的不是咖啡，是休闲，是一种氛围；法拉利卖的不是跑车，是一种近似疯狂的驾驶快感和高贵；劳力士卖的不是表，是奢侈的感觉和自信；希尔顿卖的不是酒店，是舒适与安心；麦肯锡卖的不是数据，是权威与专业。

五是产品的终端。用户在哪些终端可以使用或消费产品，从用户角度可分成普通用户版和企业用户版，常见的终端包括 Web、桌面客户端、手机、平板电脑等。如 360 手机卫士，就分为普通用户版和企业定制版。

产品的内涵、形式、外延、理念和终端这五大要素不仅适用于互联网和移动互联网产品，也适用于传统行业的产品，传统行业的产品主要包含前四个要素。

很多用户在购物中都有过诸如停车难、产品信息不全、可供选择的品种过少、价格无法比较、服务态度恶劣等种种烦恼。互联网产品的出现就是要解决人们的这些烦恼。比如打车软件的出现，就是 APP 开发者们在冗长的看似平凡的打车人群里嗅到了商机。有人算了一笔账，全国 4000 亿元的打车市场，如果能将出租车两成的空驶率降低到一成，将为这个行业提高 50 亿元的收益。基于此，许多优秀的打车软件应运而生。它们依托于位置服务以及语音技术，可以方便地进行定位，实现了乘客与出租车司机间点对点的无缝沟通。

总之，优秀的互联网产品，就是通过软硬件设计及相关技术形成良好的体验，帮助人们解决工作、生活中的各种难题。当用户需要各种资料时，会主动去搜索和浏览各个网页或平台，找到一个觉得不错的就放进收藏夹里。互联网产品就是根据用户的选择，主动为其提供有用的信息和相关的服务。这是互联网产品的特质，也是互联网产品的生命。

3. 互联网产品的类型

吸引力决定产品的功能、需求度决定产品的价值。这是互联网产品的制胜之道。互联网产品的类型设计也必须遵循这两大原则。从现实来看，名目繁多的互联网产品主要可以分成以下几大类：

(1) 工具型产品

工具指的是为达到、完成或促进某一事件的手段。典型代表有下载工具、影音播放工具、杀毒工具、专业词典、图片处理工具、搜索工具等。

(2) 媒体型产品

媒体型产品，是指充当传播信息的媒介，能为信息的传播提供平台的产品。典型的产品有几大综合型门户网站，其他类型的媒体有和讯、工厂写作社区 Donews、草根网、天极网、中关村在线等；还有网络视频，如优酷和土豆等。

(3) 社区产品

这类产品主要包括 BBS 论坛、贴吧、公告栏、群组讨论、在线聊天、交友、个人空间、无线增值服务等形式在内的网上交流空间。社区型的产品主要有两大类：一类是内容型社区，典型代表有豆瓣网和大众点评网；另一类是关系型社区，典型代表有人人网和开心网，甚至微博产品，这种社区带有媒体属性，也叫社会化媒体。

(4) 游戏产品

这类产品包括有网页游戏（典型产品有洛克王国、摩尔庄园等）；角色扮演游戏（典型产品有征途、魔兽世界等）；社交游戏（典型产品有开心农场、抢车位等）；小游戏（典型小游戏导航网站主要有 4399、3366 和 7k7k 等）；手机单机和手机网游等。

(5) 平台产品

平台型产品可分为线下平台产品和线上平台产品。

线下平台可以理解为卖场，最常见的是一些大型超市。线上平台常见的是阿里巴巴、淘宝、京东商城。最近几年流行的是开放平台趋势，如百度搜索开放平台、

> 互联网产品的设计最重要的是要树立愿景，使产品能够创造或改变一种生活方式，让目标用户在生活中离不开它，变输出产品为输出生活方式以及良好的用户体验。这是互联网产品公开的成功秘密。

新浪微博开放平台、人人网开放平台、淘宝开放平台、腾讯的财付通开放平台等。

随着移动互联网的出现和发展，网络产品的类型会更加丰富和扩展。但是不管哪种类型的产品，能够专注且鲜明而独特地满足用户需求的产品就是好产品；有愿景，能引导和创造用户需求的产品就是成功的产品。即好产品要专注，成功的产品有愿景。乔布斯认为：满足用户是平庸公司所为，引导客户需求才是高手之道。

4. 各类互联网产品的组合

纵观国内互联网和移动互联网的发展史，以及各个产品类型的市场格局，不难看出，在产品市场格局中占有一席之位的公司产品类型是一个动态发展的过程，单一形态的产品类型大都往多个形态的产品类型过渡和发展。呈现出下面几种组合关系：

（1）工具＋媒体

手机是满足用户沟通和交流需求的工具型产品，同时也被称为第五媒体，本来是沟通工具，后来有了 SP 内容，如 WAP、彩信、手机报刊杂志等内容，发展成了一种新的媒体。而最近几年，大家常见的交通工具如公交车、地铁、动车、飞机等，它们原先只是人们从一个地方移动到另一个地方的交通工具，由于车身、机身上出现了平面广告，车厢内出现了视频广告，从而过渡到媒体型产品。

一些互联网产品受此启发，相继开发出"工具＋媒体"的功能性新产品，如暴风影音、迅雷看看、PPS 影音等原先都是用来播放视频的工具，在拥有新闻资讯、视频等内容之后，就过渡到媒体型产品。互联网综合型的工具产品目标用户群规模都很大，有了用户规模和内容之后，发展到媒体型产品已成为一种正常的趋势。

（2）社区＋平台

网络上的社区可分为关系型社区和内容型社区两类，关系型社区如人人网、开心网等，原先都是社交网站，为了加强好友之间的交互度，仅靠几个自己研发的社交游戏应用是很难实现的，所以出现了面向第三方应用开发者的开放平台。人人网不仅在互联网上有开放平台，现在已经发展到移动互联网上也有开放平台，人与人之间的互动必须基于一定的"载体"，这个载体称为"内容"，包括日记、相册和游戏等应用，这也解释了为什么SNS网站要开放第三方平台。

内容型社区的典型代表是豆瓣网，豆瓣号称是Web2.0的标杆网站，它原先是做书籍、音乐、电影等优质内容点评的，基于用户共同兴趣爱好的小组，基于兴趣算法的个性化推荐，现在也开放了平台，提供了API。

当然，谈到社区和平台，当今最火的社交产品——微信，显然是重中之重。2011年1月21日腾讯公司推出微信产品。微信（英文名：WeChat）是一款支持S60v3、S60v5、Windows Phone、Android以及iPhone平台类的手机通讯录的社交软件。微信用户可以通过智能手机客户端与好友分享文字与图片，并支持分组聊天和语音、视频对讲功能的智能型手机聊天软件。作为一个为智能终端提供即时通讯服务的免费应用业务。该业务支持跨通信运营商、跨操作系统平台网络快速信息通道。目前，微信已经成为手机社交第一大赢家，玩微信，已是一种生活方式。2012年8月18日，腾讯公司的微信公众平台发布，让每个用户都可以打造自己专属的媒体平台，一时间，数百家媒体、公司以及机构涌入，微信又开辟了一个互联网营销战场。

（3）媒体＋工具＋社区＋平台

新浪以做门户媒体起家，到后来的新浪邮箱工具型产品，再后来是论坛、博客、微博和轻博等社区型产品。从2009年开始，新浪微博呈现爆炸式增长，2010年11月，新浪召开首届微博开发者大会，正式推出新浪微博开放平台。微博开放平台为用户提供了海量的微博信息、粉丝关系，以及随时随地发生的信息裂变式传播渠道。

（4）游戏＋社区

盛大以游戏起家，主营业务是网游。2010年6月8日，盛大网络旗下互动娱乐社区产品"糖果"正式公测。"糖果"是一款"融合开放平台＋类微博"的产品，主要是整合盛大旗下的游戏、文学、视频等各种娱乐资源。盛大推社区一方面可以为旗下游戏、视频、文学等业务提供新的营销平台，另一方面，也可以增强用户黏性，弥补网游用户的流失。

二　互联网产品如何从概念到成型

设计并推出任何一款互联网产品，都是一件非常有创意的事情。互联网运营商，唯有对目标用户精准定位，将用户需求转化为产品需求，同时围绕互联网的特性展开一系列服务，以及支撑服务实现软硬件技术解决方案，才能形成最终的优秀的互联网产品。

1. 产品设计要基于目标用户的精准定位

互联网产品设计要让用户满意，首先需要知道用户是谁。因为只有知道目标用户，你才能为不同群体制定不同的产品策略，确定"主要目标群体"和"次要目标群体"。通过梳理不同用户的行为路径，分析不同群体的需求和偏好，不仅可以从开始就紧盯用户来网站的目的和需求，还可以避免遗漏页面和页面上关键性的操作。

从调查中可以得知，互联网的用户可以分为三种类型：明确目标也确定找什么的用户、有目标但不确定找什么的用户、随便逛逛的用户。对于第一类用户，他们明确知道想要找的内容，也知道内容的名称，通过搜索就能满足他们的需求。对于第二类用户，知道要找什么，但不确定所要找的具体内容，需要给他们一些建议，常见的有类目导航和搜索提示，比如在探索性搜索时给出提示。对于第三类浏览型用户来说，推荐信息或是热门信息更能吸引他们的眼球。通过这种精细化的目标分类，在设计产品时，就可以有的放矢，把用户关心的内容进行优化并快速展示出来。

精准定位用户群是产品设计必须做的工作。只有在解决用户需求的前提下，才能对产品进行功能设计。在做产品规划的时候，首先要为产

品定位用户群，找到产品面向的潜在用户，这不仅是为产品开发找一个好的理由，使产品供应商有信心去做这件事，而且还便于设计产品，发现用户的需求进而给予满足。如果前期没有定位好用户群，后续的设计过程中就会有麻烦，这说明定位产品用户群是很重要也是必须要做的工作。这样做不仅能提高工作效率，而且严格依据需求做出来的产品失败的可能性也会降低很多。

> 实践证明，在创建每一个互联网产品时，前期做用户需求分析的时候就会圈定某一个或者某几个特定用户群体，先满足这些群体的需求，然后才在这个群体的基础上进行用户的拓展，同时不断地优化用户群，以获得高价值的用户，提升产品的价值。

互联网产品在发展过程中还需要对用户群体进行细分，找出对产品发展有利的用户，采取各种方式来提高这部分用户从产品中获利的可能性。简而言之，就是不断地优化用户体验以留住高价值的用户，同时吸引具有潜在价值的新用户。这样即可最终增加用户对产品的贡献量，通过这部分用户黏度的增加，延长用户停留时间，从中获取更高的附加价值。

2. 了解并反映用户的真实需求

互联网时代，是一个产品丰富到过剩的时代，仅凭局部创新，已经很难吸引用户的目光。尤其是在产品层出不穷的移动互联网环境中，更需要具有颠覆性创新的精神，并且善于集成一些被产品设计者忽略而用户恰恰真正需要的细节，否则就很难留住用户。

从用户体验的角度来设计产品，是互联网产品设计的出发点。然而，用户体验是个很复杂的事情，要真正领会其精髓并将其发挥到极致，绝不是通过简单的模仿就能实现的。同样，一个互联网产品受欢迎的程度远不只与精美程度相关，更重要的是用户在使用产品的过程中是

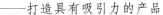

否能够得到愉悦的体验。除此之外，符合标准的网络平台构建、具有视觉冲击力的多媒体内容、必要的功能支持以及合理的前期策划都是必不可少的。唯一可行并且有效的途径就是：了解并反映互联网用户的真实需求。

每个人对网站的使用习惯不一样，功能要求也不一样，要做到最好的用户体验只能是照顾最主要目标受众的需求。要实现用户体验的优化，前提之一是必须对产品的目标受众了如指掌。因此，要有一个详细的背景调查，分析目标受众的属性，分析他们的需求和行为特征，这样才能有的放矢，实现用户体验优化的目的。

在了解用户需求的基础上再对产品进行定位。在目前互联网产品纷争的年代，一个好的产品定位包含了更多的要求。比如，更为出色的用户体验；将用户需求进行细分，针对不同的用户需求心理进行引导，并分别加以满足（核心）；在已有的产品领域做出突破等。所以，优秀的产品定位就是塑造一种用户广泛认可的稀缺性，具体要满足以下三个方面的要求：

一是产品能提供不一样的功能和外观。最好能覆盖产品的所有细节，包括价格、包装和文案等，甚至还包括产品发布会上的 PPT 和创始人的着装等。最好能在每个环节都与对手区分开来。

二是针对产品设计出独特的、极其有效的触发场景。并且能透过产品的所有细节来强化用户对这种场景的印象，令用户在该触发场景下排斥其他产品。这个不太容易被模仿，因为用户习惯了，懒得换。

三是要将产品个性与用户对个性的追求相融合。这种产品就很难被模仿，因为用户在选择代表自己品质的东西时，会选择自己所能承受的最好的产品。

3. 将用户需求转化为产品需求

互联网的用户需求往往非常零散，而互联网产品的设计者没有能力在短时间内满足所有的用户需求，如果没对这些需求进行系统的整理和管理，那么时间一长，很多需求就会丢失，而一些关键需求的遗漏对于产品来说是重大的损失。为此，需要将用户需求转化为产品需求再进行管理，因为多数时候凭借经验，根据用户需求制定初步的产品解决方案并不需要耗费多大的精力，就可以让产品设计者更加深入地理解用户需求以及用户需求和产品之间的关系，同时也方便准确地评估满足用户需求的产品方案的技术可行性和优先级。以下是两个具体操作的关键步骤：

第一步，记录产品需求的属性和信息。

选择性地记录产品需求的一些重要属性，将有助于产品设计者更好地管理产品需求，如产品需求所属模块、产品需求的类型等。

首先，一个产品往往是一个复杂的功能系统，为了使它更容易被分析和开发，要将产品分解成若干功能模块，每个功能模块负责完成一部分系统的子功能。需求所属模块就是产品需求所隶属的模块，用来直观地说明产品需求在产品结构中的具体位置。如果产品较复杂，那么还可以对模块进行多级划分。产品的模块划分要能够体现产品的功能结构和信息架构。

其次，对产品需求进行必要的分类，不仅有利于更好地管理需求，而且可以帮助我们更好地分析需求，对每个需求的价值大小做出更加准确的判断。同样的产品需求可以按照不同的维度进行分类，具体采用哪种维度可以根据实际需要来决定。

最后，产品需求背后还有一些重要信息，如果这些信息将来有可能成为产品需求决策评估的重要依据，那么它们也应该被记录下来。个别产品需求特有的背景信息可以记录在该需求的备注中。有些背景信息是每个产品需求所共有的，而且非常重要，那么这些信息就需要被每个需求记录。在产品需求的具体实施过程中，可能由于诸多原因（如原方案在现有技术条件下无法实现等），需求方案不得不不断调整，如果这时产品经理不确定实现原产品需求的最初出发点，那么就有必要和需求方代表进行沟通，确保新的产品需求能够正确无误地反映用户的真实意愿。

第二步，判断和确定产品需求优先级。

确定产品需求的优先级是产品设计时进行产品需求管理的主要目的之一。可以很方便地通过对产品需求进行横向的比较，确定产品需求的优先级。

互联网是个瞬息万变、高速发展的行业，特别是移动互联网时代，即使是一款在行业内遥遥领先的产品，也可能很快就被竞争对手全面超越。这样的案例不胜枚举。因此，对于互联网产品设计来说，必须要与时间进行赛跑。

> 几乎所有的互联网公司都追求速度制胜的产品开发方式，每个阶段只选取最重要的产品需求进行开发，力争以最快的速度将产品新版本投入市场，通过不断地收集用户需求、不断地更新版本来逐步地完善产品。

为了确保每个阶段总是在开发最重要的产品需求，就需要通过确定各个需求的优先级来对产品需求进行取舍。

确定需求优先级是个非常重要的环节，它最终决定了一款互联网产品会提供哪些功能，会满足什么样的用户需求。不同的需求组合会导致完全不同的产品结果。

在产品需求优先级的判断中，需要重点考虑以下因素：

一是需求的紧急程度。有些产品需求虽然不重要，但是很紧急，它仍然应该被给予较高的优先级。我们可以将产品需求的紧急程度加权折算到需求的价值里，也可以单独对它进行考虑。

二是与产品策略的契合程度。产品策略包括对产品的目标用户、产品定位、商业模式的设定，还包括根据市场环境等因素制定的产品竞争策略和产品发展路线。在确定产品需求优先级时，要充分结合产品策略进行考虑。一些与产品定位不相符合的需求，即使产出投入比很高，但为了不影响产品定位的清晰传达，仍然应该放弃。每个产品要有自己的发展节奏，每个阶段实现的产品功能要能够服务于这个阶段的产品目标，并不是所有重要的需求都要一下子推出，有时候故意忽略人们非常需要的一个功能，反而能够激发起用户的渴望。

三是需求之间的潜在关系。产品需求之间往往会存在大量的潜在关系，只有充分考虑这些潜在关系，才能保证最后确定下来的优先级是合理的。

四是实际可调配的资源情况。产品需求的优先级还要依据实际可调配的资源情况去调整，要让产品团队成员的工作量达到完全饱和，以实现整体资源利用的最大化，避免资源的不必要浪费。

4. 对产品功能的规划与开发

规划产品功能是产品设计与开发的核心工作，具体来说，就是针对有价值的用户需求规划相应的产品功能。在这项工作中，无论是产品设计者还是产品的管理运营者，都应当不仅要关注产品功能的用户价值，而且要关注产品功能的可用性和实现该功能所需耗费的成本（通常主要是技术成本）。所以同是这项工作，产品团队中不同角色成员的关注重点是完全不同的：运营人员更关注产品的用户价值，设计师更关注产品的可用性，开发工程师更关注产品的技术可行性和技术成本，而产品经理则要同时兼顾三者，在产品的价值、成本、可用性之间寻找最佳的平衡点，以最低的成本实现最有价值的、最易用的产品功能。这也是规划产品功能这项工作应该由专职角色来负责的主要原因。

在完成产品规划之后，产品还只是停留在概念阶段，这时候产品设计与运营者需要调动相关资源来共同实现这些产品功能：设计师负责制作产品 DEMO（意为样本），开发工程师负责功能开发，测试人员负责发布前的检测。在这个环节，产品需求确认的工作十分必需。产品需求在进入开发之后，如果中途有调整，那么开发进度就会受到很大的影响，甚至失控。因此，为了降低这种情况发生的概率，在开发人员正式对产品需求进行开发之前，还有件非常重要的工作，那就是对产品需求进行确认，即与所有的相关方在所要开发的产品功能上达成一致，尽可能确保相关方不会在开发途中提出不同的或全新的要求。之后要做好以下几项工作：

一是资源协调。如果资源不到位，需要对资源进行协调，争取用充足的资源来支持产品功能的开发。

二是进度控制。产品开发过程中，需要跟进开发进度：一方面，要对开发过程中出现的之前未预估到的产品需求变更进行决策，控制项目范围不被扩大；另一方面，要配合项目团队的其他成员对导致开发进度异常的问题进行解决，确保开发进度的正常推进。要在项目活动中运用各种专门的知识、技能、工具和方法，增强对项目的控制，提升项目质量，使项目在有限资源的限定条件下实现项目目标。

三是功能验收测试。在产品功能开发完成且测试人员测试通过之后，产品经理要负责最后的产品功能验收测试，确保实现的产品功能与当初规划的产品功能是一致的，且符合发布的要求。

四是产品发布。测试完全通过之后，产品便可以发布，产品经理要做好产品发布的相关工作，如向产品相关方发送产品发布通告。

5. 以用户为中心，做一款实用好用的产品

说到产品的"有用"，是指产品能够满足人们某种需要的属性，即产品的使用价值。这是一切商品都具有的共同属性之一。毫无使用价值的物品是不会成为商品的。

毫无疑问，一个具有商业化特征的互联网产品，是应该能够提供有用的服务的产品。这"有用"的服务就是需求，它能够满足人的某种需要和欲望。

产品设计最重要的原则就是杜绝闭门造车，让产品更实用。因此，在做互联网产品的过程中，设计者要不断地扪心自问：这个产品能用、好用吗？敢于用开放、客观、勇于自我否定的心态看待自己产品的设计，对设计者尤其重要。

以用户为中心，以"有用"为导向，这点说起来容易做起来难，往往在真正开始做产品的时候，就会加入很多主观因素。很多产品都带有主要负责的设计者的个人风格，这样做出来的产品的前景是要被打问号的。为此，应采取以下措施努力避免这样的缺陷和漏洞。

第一，要了解实际体验和行为模式。

在互联网世界里，网民各有所需，需求也在跟着时代不断变化。今天的用户对单一产品或服务的选择越来越多样化，他们产生消费的动机也变幻莫测。对产品设计者来说，真心诚意地靠近他们，了解他们的真实需求、研究他们的消费习惯、获悉他们的喜怒哀乐，这些都将是企业占领未来市场非常重要的事情。互联网产品应当可以满足目标用户群的消费需求。

如果一个产品具有改变某个国家乃至世界格局的力量，那么它一开始的目标就应该是在两年内通过有限的资源就可以实实在在地实现的。一个遥远而宏大的理想，也是可以分阶段完成的，脚踏实地稳扎稳打就可以爬上去。社会的发展，技术的进步，模式的创新都是不以人类意志为转移的。任何一款产品被一个新的产品所取代，一定是由于技术社会关系的发展，所产生的新的生活社交模式。无论是伟大的产品，还是在缝隙里求生存的产品，都需要在开始之前为自己的产品做一个正确的定位。

第二，要制定清晰、可行的产品目标。

产品的设计者不该仅仅接受用户的各种功能需求、意见反馈，而应真正从用户的角度出发，去分析其宣称的"需求"背后到底有什么样的动机。仔细选择切入点，才可能实现真正的"以用户为中心的设计"。

选好了切入点，就要开始梳理这个产品要满足哪些需求。刚开始的时候功能不要太多，选择几个主要的功能来确定哪个是真正满足用户需求的。好产品和不好的产品差别通常不是谁的设计更精致，或者是谁的功能更多、更完善，设计烂得一塌糊涂但满足了较强需求的产品同样能够以惊人的速度成长并留住用户，功能非常简单却迎合了用户的操作习惯的产品也能大受用户的欢迎。

所以，初期的尝试并不是要做出一个完美的产品来，不是产品出来之后小修小补，而是要找对路子。对于这个问题，设计者首先自己要明白，产品究竟满足什么人的什么需求？这个人群有多大？能让这些用户喜欢它吗？用户为什么要用它？记住，在回答这些问题时千万别用自己的想法，而应该尽可能的客观，最好是用数据说话。

在项目前期，设计人员的想法和创意都还很懵懂，此时抱着试试看的心态去工作，一旦进入死胡同就不得不回到原点从头再来。尽可能保持清晰的思路，将可能

> 每一个产品的问世，面对的都是一个个活生生的用户。在面对用户观点、文字反馈、操作行为、运营指标等数据时，设计者要学会与用户沟通，试图去读懂这些数据。

遇到的问题进行节点控制，在每个项目的里程碑节点，进行产品总结和确认，随后的发展和探索采用定额周期、同步进行、分段数据测试等方式寻找最有效的线路。

要做一个有用的产品，产品设计团队的每个成员都必须对产品充满责任感，而且要让大家劲儿往一个方向使。所以，团队中的每个成员，对自己的产品将要做什么，将会做成什么样要心中有数。如果连自己将要干什么都不知道，又怎么会开发出一个有用的产品。在做产品的过程中，每个设计者的背景、阅历、人际圈等因素决定了他对某一个产品会有不同的理解，无论是创业团队还是大中型企业，许多产品的建立都来自原有的服务、技术和资源，这种常见的产品诞生通常与实际市场需求不吻合。因此，信息的收集、市场数据的分析、竞争格局等因素决定了产品的"有用指数"以及未来的命运。

三　产品经理的职责与能力要求

互联网产品的设计需要有一位专职管理人员，这位人员就是产品经理。产品经理（PM）是组织产品的设计、测试、运营和市场等人员进行产品设计和产品发布的经理人。简单地说，就是负责产品按时完成和发布的专职管理人员，其任务包括倾听用户需求；负责产品功能的定

义、规划和设计；做各种复杂决策，保证开发队伍顺利开展工作及跟踪程序错误等。总之，产品经理全权负责产品的最终完成。

1. 互联网产品开发需要优秀的产品经营

产品经理对产品的成败有直接的影响作用，甚至是决定作用。因为要对产品负责，产品经理需要协调很多部门，督促很多不归他管的人和事，比如，要跟设计人员、技术人员、测试人员、运营人员以及市场人员打交道、作协调、谈支持，也要深刻了解用户的需求。总的来说，产品经理就是为产品成功推出必须事事要操心的人。随着互联网和移动互联网的不断发展，产品经理越来越受到企业以及网络运营商的重视。他们的工作价值已得到无争议的认可。

一般情况下，产品经理虽冠以"经理"头衔，但在大多数情况下却没有实际的行政领导权。因此，产品经理在执行过程中或多或少会碰到种种困难。

无权不等于无责任、无压力。在以运营或销售业务为导向的互联网企业，一旦业务部门提出什么需求，就会坚决要求产品经理细化执行什么需求，然后提交给开

> 产品经理这一角色，是互联网产品成功走向市场的一个不可或缺的"保姆"。如果把产品比作孩子，产品经理就是孩子养母。任何互联网企业，招聘产品经理的唯一目的，就是做出成型的产品，在与众多部门的合力配合下，共同实现产品的商业价值。

发人员，基本上没有商量的余地。而通常这些业务部门提的需求总是朝令夕改，变化无常，产品经理需要随叫随应、及时调整。一些团购网站就是这种情况，连给产品经理评估需求是否值得做的机会都没有。当然，在一些公司，虽然运营或业务部门是驱动者，但也允许产品经理接到业务需求时给予评估，产品经理可以提出这些需求是否有必要性，是个体性还是群体性，可从实现性、可扩展性和优先级等方面提出质疑和建议，综合权衡后做出决策。

2. 产品经理的主要职责

一个优秀的产品经理，是互联网企业的宝贝。做成功的产品经理，

前提条件是要知道这个职位的工作职责，即主要是做什么的，负责哪些工作。

那么，在互联网行业，产品经理的职责到底是什么呢？

原则上，产品经理要对产品的一切负责，引导产品不断往前发展，让产品变得更加完美。在不同的公司，产品经理的职责会有所差异，但以下三项工作是必不可少的，即：分析产品的用户需求、规划要开发的产品功能和推动产品功能的实现。通过这三项工作，产品经理主导了产品从无到有的整个过程。

首先，任何互联网产品都是为了满足特定的用户需求，因此，产品经理最先要做的工作就是想方设法获取用户的需求，并对用户需求进行深入的分析，从大量的用户需求中筛选出关键的用户需求组合。

其次，产品经理根据这些用户需求来规划产品功能。产品经理规划的待实现的产品功能，对于产品来说就是产品需求。在这个过程中，产品经理一方面要进一步地分析用户需求，另一方面则要通过绘制流程图、绘制产品原型、撰写产品需求文档等手段，使产品需求变得更加清晰。

最后，产品经理要协调、组织相关人员将产品需求变成用户可用的产品功能。这个过程通常是以项目的方式进行的，产品经理要负责跟踪、推进整个项目的进度。

任何人要想成为一名合格的产品经理，首先必须对自己岗位的职责有清晰的认识。因为只有这样，才有可能在千头万绪的工作中抓住重点，让工作事半功倍；也只有这样，才有可能有针对性地去提升自己的职业技能。

产品经理是全权负责产品的最终实现或完成的人，是公司价值链中最重要的一个环节。他是直接面向客户、带领团队创造价值的领军人物。产品经理全权负责产品的最终完成，他的能力决定着产品的命运。一个成功的产品经理不但能引导产品的发展，而且还能引导公司的发展。

产品经理对公司究竟具有什么样的价值？可以通过案例分析来加以说明。

2011年8月初，苹果公司市值（约3371亿美元）超过埃克森美孚（约3333亿美元），成为全球第一大上市公司，也是全球第一大IT公司。苹果和埃克森美孚到底凭借什么斩获上市公司市值的冠亚军？答案是产品。产品是企业价值的载体，企业通过产品交换来实现商业价值，企业是否成功，很大程度上取决于产品是否优秀甚至卓越。埃克森美孚公司是世界上最大的非政府石油天然气生产商，世界领先的石油和石化公司，主要产品有：石油勘探、天然气及燃料销售、润滑油销售与服务、化工及发电，属于典型的传统行业；苹果公司是世界上最大的IT科技企业，主要产品有：电脑硬件、电脑软件、手机、互联网服务和掌上娱乐终端，属于典型的IT行业。2011年10月5日，苹果公司传奇CEO乔布斯与世长辞，美国总统奥巴马发表书面声明说："他改变我们的生活、重新定义整个工业并达成人类史上最罕见的成就之一：他改变我们每个人看世界的方式。"乔布斯通过科技和艺术的创新，创造出一系列深受用户喜爱和着迷的产品，如Mac、iPad、iPhone、iPod等，来实现他要改变世界的梦想。

3. 产品经理应当具备的能力

产品经理要履行好自己的重要职责，必须要具有以下几个方面的出色能力。

一名成功的产品经理的成长过程中，会遇到许多过去未曾思考过、未曾遇到过的问题。因此，具备和不断提升相应的能力至关重要。富有激情，认真思考，善于学习，不断总结，擅长激发自身潜在的能量的人，才能成为一个优秀的产品经理人。

（1）把控用户核心需求的能力

把控用户核心需求的能力是一种基本能力，是最优秀的产品经理必须具备的一种实际能力。通过调研、分析以及知识经验的运用，产品经理可捕捉用户的核心需求或本质需求，而不仅仅是用户的表面需求，知道用户心里在想什么，知道用户想要表达什么，弄清楚用户隐藏在行为和表情后面的真正需求。

一个合格的产品经理，他能体会到用户的需求，遵循以用户为中心的原则，能够获取用户表面的需求。一位优秀的产品经理，能够看得比别人远，知道得比别人多，会用自己描绘的蓝图吸引用户，但可能同样无法获取到用户的本质需求、解决用户最急需的问题。只有最优秀的产品经理，才会真正知道用户内心深处的本质需求。因此，他看得比用户更远，同时有更好的解决用户本质需求的方法和路线，超出用户的心理预期。现实中有很多产品经理只知道用户有需求，却不能抓住需求的核心和本质。从产品角度来说，深刻了解用户和获取用户的核心需求才是做产品的王道。

（2）评估需求和需求优先级定义的能力

产品经理在产品实践中，经常会碰到这样的情境：当评估某个需求对应的功能到底该不该做时，与团队成员的分歧很大，在确定评估的标准是什么，需求的优先级应该依照什么样的标准来定义时，往往需要产品经理具备的一种需求评估和优先级定义的能力。

（3）精通用户体验、交互设计和信息架构能力

很多产品经理都存在这样一个疑问：产品经理主要负责需求功能就行了，还需要精通用户体验、交互设计和信息架构技能吗？关于这个质疑，其实是很多产品经理偷懒的托词借口。事实上，在大公司专门有用户体验团队负责这些领域的。互联网产品成功的实践表明了良好的用户体验是无比重要的。产品首先要有用，然后是能用，接着是可用、用得

顺手，到最终形成产品的品牌。所以，要想成为优秀的产品经理，掌握用户体验的技能也是必需的。

（4）善于需求变更管理和需求验收

产品经理的工作贯穿整个产品的生命周期，在研发阶段，需要与团队成员评估需求变更，是变更还是不变更。如果变更，要评估一下影响范围有多大，是当前迭代变更还是下一个迭代变更，这个工作需要产品经理来驱动。很多产品经理存在这样一个认识误区：需求文档确定了，进入项目阶段之后就不管了，不及时跟进开发的进度，不评审开发人员代码的质量，最糟糕的结果就是，产品快要上线时，产品经理才发现开发质量与需求的匹配度相差太大，然后决定从头再来，这样的重复劳动原本是可以避免的。作为产品经理，要积极跟进，积极测试并验证需求完成的质量，并有权决定产品是否达到了上线的标准。

（5）清晰的逻辑思维能力与想象力

对于产品经理而言，不仅需要清晰的逻辑思维能力，还需要想象力。成功的产品开发，证明了产品经理的创造力远远比其他技能更能起决定性作用。而创造力的思维基础，正是逻辑思维能力与想象力的有机结合。一个产品经理，如果认为有人质疑自己的能力，如果认为自己的能力有限，如果产品开发规划遭到现实的挑战，如果发现自己的团队创新能力不足，如果产品推广遇到瓶颈，也许需要马上加强自己的逻辑思维能力与想象能力。这可能是打开所有困局的金钥匙。

在许多产品架构复杂的系统里，产品经理负责的模块往往非常小，对产品经理的能力要求也不是特别高。但如果想成为一位优秀的产品经理，可能还需要一些自己尚未掌握的技能，这些技能将随着产品实践经验的累积变得越来越娴熟，自己的能力相应也会越来越强。

（6）管理团队与聚集人脉的能力

互联网实际产品的研发与运营，是一个团队合作的过程，也是一个聚集人脉、借人脉资源助力的过程。一些产品经理，往往在从事产品策划工作的初期是非常富有激情和创造力的，但后来很可能会因为许多现实问题而感到力不从心。他们可能有许多非常优秀的创意和想法，却因为团队和沟通等障碍导致无法落实，情绪化的表达导致项目难以执行，最终只能以产品失败告终。作为产品经理，必须具备出色的管理团队与聚集人脉的能力，这是产品成功的重要保证。

四　互联网产品运营的策略与战术

企业及运营商在确定好运营目标之后，要实现这些运营目标，必须要采取一定的运营策略和方法。产品运营策略和方法得当，既能降低成本，又能达到或超出运营目标，事半功倍。反之则会付出高成本，而且还达不到运营目标，事倍功半。在产品运营实践中，企业及运营商从来不会仅仅使用一种运营策略和方法，而是采取多元化的运营策略和战术，多种策略方法搭配使用，以实现产品运营的目的。

1. 产品运营是决定产品成败的又一关键

大家都知道产品设计对互联网产品的命运是至关重要的，而事实上运营工作很多时候也是决定产品成败的关键。

首先，对于内容型产品来说，内容运营是不可或缺的。用户在使用内容型产品时，不仅看重产品的功能，而且看重产品的内容。而同一领域的内容型产品，功能往往是大同小异的，这时候内容就成了产品间差异化竞争的关键。如果把内容型产品比作一个人，那么功能就是骨骼，内容则是血肉，骨骼决定了他是否高挑，血肉则决定了他的长相、甚至气质。因此，功能要骨感，内容则要丰满。产品人员要把功能做简单，运营人员则要把内容做饱满。

其次，所有的产品都少不了用户运营。随着互联网行业日渐成熟，产品间的竞争越来越激烈，用户的选择也越来越多，产品如果没有围绕用户进行运营，那么就很难快速获得用户的认可，从一堆的竞争对手中脱颖而出。即使产品再优秀，如果缺乏好的用户运营，也可能在用户积累上走一些弯路，无法快速建立起良好的知名度。产品的用户运营就像明星的包装，通过宣传、炒作等手段可以让一个无名之辈声名鹊起，并长盛不衰。明星成名不能没有包装，同理，产品要想快速发展，也不能没有用户运营。

　　长期运营可以为产品构筑起坚实的市场竞争壁垒。产品竞争力的高低主要取决于产品功能符合目标用户要求的程度，但是随着互联网技术的发展，产品功能越来越容易被模仿，所以功能上的竞争优势往往很难长期维持；而由运营确立起来的优势却不一样，因为内容运营和用户运营都要靠时间积累出来，一旦你的产品在内容和用户上确立起绝对领先的优势，产品的竞争对手要想在短时间内对你构成实质性的威胁就非常困难。

延伸阅读

　　很多优秀的产品都是通过长期的运营构筑起坚不可摧的铜墙铁壁的。比如新浪微博，用户在上面发布的微博，以及建立的好友关系等，这些都属于新浪微博的内容。除非万不得已，用户基本上不可能放弃自己在网站上长时间辛苦建立的好友关系和发布的微博，转而在其他微博网站重新开始，所以其他微博网站要想在内容的数量和质量上达到新浪微博的水平就非常困难了，光是说服新浪微博上的明星"搬家"过来就不是一件简单的事情，这就是内容上难以复制的优势。再比如淘宝，通过几年的运营积累了几亿的注册用户，如果其他电子商务网站在产品功能和内容上与淘宝相比没有明显的优势，即使能够完全拷贝淘宝的产品功能和商品信息，它们也无法撼动淘宝在电子商务领域的霸主地位。那些几年来习惯了在淘宝网购的用户仍然会选择淘宝，这就是在用户上难以复制的优势。

"没有运营，再好的产品，不被人所知，那就还是一无是处。"产品的运营是一门艺术，需要很多方面的配合才行。单纯地发小广告已经过时了，现在都讲究社

> 总体来说，一款产品不仅要在产品功能上不断持续打磨，而且要围绕产品的内容和用户不断地运营。只有运营人员和产品人员配合默契，才能够实现产品价值的最大化，让产品越来越强大，并长久立于不败之地。

会化营销、口碑营销等。运营方式也多种多样，要找到适合自己产品的运营方式。通过运营也能发现自己的产品是否是用户需要的产品，以及还存在哪些不足、问题在哪里等。在这个阶段可以暴露出在前期设计过程中无法发现的问题，所以运营至关重要。

2. 产品运营以内容为王

当高速而互动的移动互联网逐渐成为互联网产品推广的主渠道时，越来越多的用户融入网络世界，互联网的产品内容与形式都在发生新变化。

从价值链的角度看互联网产品的内容运营，其内容是一个比较宽泛的概念，是为了满足特定需求的信息组合，其形式有文本、图片、音频和视频。从传统认识的角度来看，内容更偏重于文本和图片。新媒体的出现，赋予了"内容"及"内容产品"更多的含义。在内容的表现形式上，图片、声音、视频等元素带来了更多的体验使用价值，内容的范畴不断扩大；在内容制作上，内容产品的编辑制作对创造力要求越来越高，数字技术给内容产品的价值实现带来了更大的机遇，那就是：借助于互联网等数字化的传输渠道和数字终端，使得内容产品的规模化交易成为可能。因此，内容产品，是信息元素按照逻辑结合在一起，具有应用功能的信息产品。

早期的互联网功能不成熟，用户对内容的要求并不苛刻。如今，内容生产开始呈现饱和的趋势，信息负载就像社会中的商品生产过剩。只有依靠渠道和销售，才能让内容发挥最大价值。而且，内容产品要实现其商业价值，就必须经过交换环节，而要实现交易行为，内容必须具有一定的使用价值。这也是对内容产品的信息量、价值量的一个简要评价依据。例如，评价一个网站的内容时，经常会说"内容丰富"或"内容空洞"。

与互联网产品运营相关的价值链，主要包括内容提供商、软件及技术提供商、网络运营商、平台提供商、营销机构、终端提供商、受众、监测机构、企业主等。在这个价值链中，数字内容的范围已经突破了传统的图、文符号，新媒体的内容来源更加广泛，除了影视、网站、音乐的专业制作公司和传媒机构，还包括参与热情日益高涨的企业和个人。其中，软件及技术提供商、网络运营商、平台提供商、营销机构、终端提供商、受众、监测机构、企业主等也扮演了重要的角色。

将内容产品的价值链进一步细分，即内容产品的创意和采集、内容产品的制作和集成、内容产品的传输和分发、内容产品的运营和分销、内容产品的终端呈现，每一个阶段的价值实现都由不同的组织机构来承担。从总体结构上看，由于数字内容产业是由电子技术和文化传播领域相融合的产物，因此其产业结构也明显带有这种融合的痕迹。

内容通过互联网的功能生产、流通和消费。生产内容的功能比如发帖、撰写文章、上传图片、发布产品信息，这都是内容的一部分。流通内容的功能包括对文章分组、标签、通过邮件或者 IM 传播内容地址、通过 SNS 传播。消费则是用户通过对应的方式接收内容，如通过帖子阅读、通过相册浏览、通过播放器观看等。在这种集成化的内容产品运营中，功能可以满足用户需求，各种各样的功能满足各自不同的需求，用户需求被满足了，自然非常开心，甚至就有可能付费。社区网站的赢利模式就是一个典型的案例。用户的忠诚建立在是否能从社区中获取自己的利益，这些利益就是他们的需求。比如，腾讯网、开心网通过提供各种游戏收点充值费。

"内容为王"，是互联网产品运营的一条定律。人们总是带着一定的目的或者为了完成某个任务而来，用户在网站中搜寻并期望得到自己的答案。在这个展示的过程中，精彩的内容是带动这一切的根源。通过独特的、精彩的、为用户精心编排的内容，才有可能拥有海量的用户，才会获得大量的微博追随者，并获得超热的人气和大量的广告投放。然而，假如没有好的内容，一切都不会长久。现代技术是将创意转化为产品的方法和手段，是内容产品生产过程的助力器。因此，创意将是内容产品实现其商业价值的关键。目前，许多互联网产品的内容质量明显偏低，很大程度表现在：缺乏创造力，编辑制作方法始终没有跳出传统纸媒体的框架等。因此，要对目标受众产生影响，更要重视新媒体的特点和内容的需求，在内容生产上，要注重先进性；在传播上，注重使用新技术，实现传统产品向新媒体产品的过渡。

3. 抢占渠道，借助渠道推广产品

在互联网世界里，最宝贵的资源就是用户，互联网的产品竞争归根结底都是为了争夺用户。而产品运营商通常为争取更多的用户主要采取两种策略：一是做好产品，通过产品的口碑来吸引用户主动使用自己的产品；二是通过渠道直接将自己的产品推送到用户的面前。显然第二种策略更加直接，往往也更加有效。大量事实告诉我们，依托强大的渠道，如果所推广的产品能够切中用户的关键利益，满足用户的核心需求，那么竞争对手就很容易被挤出市场。

以下三种借渠道推广产品的方法十分有效：

（1）打造开放平台

产品运营首先要关注的是用户覆盖度，为什么很多商家会选择在集市、卖场、超市、商城等地方销售产品？原因很简单，人多流量大、用户覆盖度广。试想一下，如果这些地方的客流量一天有 50 万人次，按照 10％的比例计算，也有 5 万人次的用户来使用和购买你的产品，虽然用户的转化率相对来说比较低，但是由于用户基数大，相乘之后，这个数字相对来说还是比较大的。

目前，国内各大互联网公司都在努力开放第三方开发者平台，比如，百度搜索开放平台、新浪微博开放平台、人人网开放平台、淘宝开放平台、腾讯的财付通开放平台、社区开放平台、Web QQ 开放平台、Q＋开放平台等。很多互联网和移动互联网产品已经进入到各大开放平台，利用各大平台上亿的用户基数优势，进行运营和推广。

事实表明，成功的基础平台型的产品在其所处的生态系统中可以处

于一个非常有利的位置。一方面，相对于其他产品，平台型产品的使用用户基数往往非常大，这就意味着它能够对话并影响的用户足够多；另一方面，基于该平台的第三方产品或服务必须服从平台的管理，平台型产品拥有制定规则和标准的权力，这样它就可以利用自己的权力将用户流量往有利于自己的地方引导，使自己的利益最大化。简单来说，基础平台型产品在一定程度上掌握着巨大的用户流量的分配权。

（2）发展种子用户

顾名思义，种子用户就是能带来用户的用户，这些用户一般都具有比较强的影响力，比如很多明星代言的产品，之所以受人追捧，就是种子用户的影响力。

种子用户在产品运营实践中可以理解为引爆点，引爆点一经引发，引爆的将是一种流行和潮流。种子用户不管是明星大腕还是草根名人，在特定的领域里一般都是意见领袖，掌握着一定的话语权，种子用户赞赏你的产品，那你的产品就有福气了，种子用户批评你的产品，那你的产品可能就要遭殃了。

发展种子用户是最能给产品的运营带来几何级数增长的一种策略方法。现在很多博客、微博都在使用名人种子用户的策略方法。前几年风靡一时的 SNS 网站，现在的社会化问答网站、轻博等产品一直都在使用种子用户策略方法，常见的是邀请码机制，导入用户的社交关系进行邀请，不定时做一些饥渴营销。

使用种子用户策略方法时，需要给予种子用户一定的名、权、利，这样他们才会为产品的运营带来持续的运营效果。总的来说，使用种子用户策略方法来运营推广，可以理解为"追名人"。

（3）善于借力扩张

从渠道维度来说，无论是打造开放平台，还是发展种子用户，都是为了控制上游渠道，然后借渠道自上而下抢占更多市场地盘。那么除了借自有渠道之势外，产品运营商还可以借他人渠道之势来实现快速的市场扩张。

借力扩张的策略就是通过为广泛的上游渠道创造价值来与之建立合

作关系，然后借助这些渠道实现推广自己产品的目的。这种策略最大的好处在于，自己不用掌控强大的渠道，就可以用最小的成本获得最大的产品推广效果。

延伸阅读

　　娴熟地运用借力扩张策略并获得成功的典型企业就是谷歌。

　　多年来，谷歌在互联网世界一直处于主导地位，但随着移动互联网的强势崛起，这一主导地位受到了前所未有的挑战。特别是 2007 年苹果公司发布 iPhone，掀起了移动互联网的浪潮。在这个浪潮冲击下，人们改变了使用互联网的方式。人们更习惯跳过搜索引擎，直接打开一个个 App 来获取这些信息。这意味着，谷歌将在移动互联网的各个领域面临新的竞争对手的挑战。谷歌的优势并不在硬件领域，所以唯一的选择就是打造一个开放的操作系统，让所有移动设备制造商都可以用这个操作系统开发自己的智能手机，这个开放的操作系统就是 Android。在 2008 年 9 月，谷歌正式发布了 Android 1.0 系统。由于 Android 能够很好地满足厂商灵活个性定制的需求，同时又节约了操作系统的大量开发成本，所以深受各大手机厂商的青睐。之后，Android 不断抢夺苹果的 iOS 操作系统之外其他平台的市场份额。在 2012 年第三季度，全球发售的智能手机中已有 75％安装了 Android 操作系统，而 iOS 操作系统在全球智能手机操作系统市场所占份额则为 14.9％。经过多年的努力，借力扩张的谷歌，通过 Android 系统在智能手机领域建立起了能够对抗苹果的新阵营，打造了一个非常完善、良好的移动生态系统，获得了充分的移动互联网话语权。

借渠道进攻运营产品的策略与方法有很多，但从上面三种方法可以看出，如果产品运营商能够放眼自身所处的生态系统，抢占上游渠道，或争取大量上游渠道的支持，那么对下游市场的进攻往往可以事半功倍。所以，从长远发展来看，我们要做到渠道的多元化，不受任何渠道钳制。

4. 做好互联网产品的推广活动

互联网产品的线上运营是非常重要的，应该说好的产品都是运营出来的。在运营过程中难免会依靠策划活动来提高产品知名度、用户数、用户黏度等指标，如何策划一个成功的活动也就显得相当重要了，不然投入了大量的人力物力，到头来竹篮打水一场空。

众所周知，推广活动是一种产品运营的常用手段。它会通过各种各样的表现形式来达到预期的运营目的。活动能对运营的各个方面产生推动作用，可作为一切运营的有益补充，包括产品的知名度、在线人数等，它可以营造氛围，达到宣传产品的效果。要做好产品的推广活动，就要抓好以下几个环节：

（1）确立活动的目标

活动一般由5个部分组成：活动时间、活动对象、活动形式、活动奖励、活动总结。这5个部分都是围绕着活动目标来进行的。因此，任何产品的推广活动要想取得成功，首先就是要制定一个活动目标，这样就有了可策划的活动。活动要有目的性，不能漫无目的地为了活动而做活动，凑数的活动没有任何用处，白白浪费了时间和精力。活动目的决定了目标用户群。目标用户群决定了活动形式和活动奖励。可以这样说，一旦活动目的确定了，5个活动组成部分里面就有3个基本上确定了，剩下的则好办多了。

（2）做好活动组织策划

在日常营销中，活动是必不可少的利器之一。在互联网上，活动也是提升用户活跃度的重要运营手段。通过定期或不定期的活动，可以明显增加用户的黏性。但是，不论哪一种活动，都需要方案策划、页面设计、组织实施，都需要专业的运营人员来操作。这里所说的专业人员，是指他非常了解自己的产品和用户，并能结合产品特点和用户特点去策划组织活动，最终为产品带来预期的推广效果。

在互联网中，通常有以下几种活动策划：第一种是引导用户创造内容；第二种是活跃社区的气氛，增加用户群关系；第三种是通过对外合作的方式，增强产品的品牌。相应的产品活动通常会有以下几种：第一种是内容导向的，引导用户产出符合要求的内容，借此传播产品的内容价值观；第二种是社群导向的，通过煽动用户互动来推动社群关系的扩展，活跃社群氛围；第三种是产品本位导向的，通过大众化的参与来普及产品特色，加强产品品牌。

实施活动之前，可以参考现有的运营数据，查看当前产品注册、付费、转化、销售、道具销售消耗、运营目标等数据再进行详细策划，使得活动更具针对性和可行性。

制定活动时间的主要做法基本都是安排在节日期间，没有节日也要制造节日，所谓"短节长做、小节大做、没节造节"就是这么来的。如果确实没有什么节日可做，就选择用户在线高的时候，这个时候，还要再编造个名目来做活动，比如，上线伊始的时候或用户注册数突破多少的时候等。可以指定一个周期做让利活动，这样让用户觉得好接受一些，这些名目也大都与时间点有关系，其实真的决定要做活动的时候，选时间一般都不怎么困难，因为只要时刻记住为什么做活动就可以了，为达到目的，自然而然地会选择一个比较好的时间。

另外，活动结束后最好进行一下活动总结，如果每次活动后都有这样一个环节，就能把每次活动的得失沉淀下来，作为下次活动的参考。最后还是要再强调一下：不要为了做活动而做活动，一味照搬别人的方法很容易故步自封，让效果大打折扣。

第三篇

移动互联网在传统企业触网升级中的应用

在信息化时代，传统企业的发展正在面临着前所未有的挑战。同时，传统企业的出路也正在于充分地运用信息技术武装、改造自己的商业模式与管理模式。

移动互联网是 21 世纪让我们不断见证奇迹的魔术师。让传统企业与移动互联网结合，就能够使传统企业焕发出新的青春活力，续写新的辉煌。借助移动互联网，传统企业可以实现之前难以实现的发展速度，实现升级改造与经营创新。可以预见，未来的传统企业不是在移动互联网应用中浴火重生，便是在移动互联网应用中衰亡。

第九讲　凤凰涅槃，企业重生

——传统企业如何利用移动互联网实现企业升级

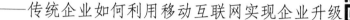

　　中国是占世界人口近四分之一的大国，有各类企业 4000 多万家，其中绝大多数是传统经营模式的企业。移动互联网时代的到来，对传统企业的生存与发展提出了严峻的挑战。在更广阔的市场空间和全新的经营平台上，企业为了提高竞争力，谋求更快、更强的发展，必须加强对移动互联网的认识和研究，必须适应形势变化，更新企业的经营管理模式。每一个管理者更应该深知：移动互联网的发展为传统企业的发展带来了一次全新的伟大变革。中国企业必须奋起直追，勇立时代潮头，采取积极的措施，运用移动互联网实现传统企业经营与管理的升级。

一　移动互联网在各类传统企业中的应用

　　进入移动互联网时代，传统企业的主要经营模式和市场竞争的游戏规则，都在发生重大改变。传统企业借助移动互联网可以实现旧有模式难以企及的发展速度与规模，可以更好获得客户信息、降低交易成本、提高运作效率和管理速度，同时与客户建立更紧密的关系，构成企业不断创新、不断强大的核心竞争力。应当说，加快普及移动互联网的应用是传统企业经营的重要课题和紧迫任务。

1. 移动互联网在制造业中的应用

　　我国是制造业大国，然而我国并不是制造业强国。我国的制造业在产品的质量、档次、技术含量及自有品牌等方面，与先进国家相比仍然有很大差距。如何利用先进的生产、管理技术，从劳动力密集型

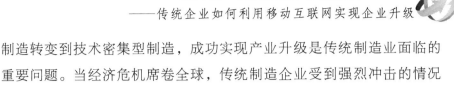

制造转变到技术密集型制造，成功实现产业升级是传统制造业面临的重要问题。当经济危机席卷全球，传统制造企业受到强烈冲击的情况下，利用先进的技术提高生产效率，扩大业务半径，减少经营成本尤其迫切。

随着移动互联网时代的到来，移动通信网络、无线接入网、移动卫星网络、数字集群网的宽带化，移动终端的小型化、智能化，以及移动数据业务和应用的日趋多样化，企业通信、办公及商务的模式已经被深刻影响，移动的基因正在植入制造行业及企业运营中。移动互联网的应用加速了制造行业企业的发展，更新了企业的经营模式，成为当前最具市场前景的经营领域之一。

> 移动应用的随身移动性特点，让制造型企业的管理实现"及时性"成为可能，越来越多的制造业厂商开始进入移动领域，开发基于移动互联网的移动商务平台，使合作伙伴及客户在任何地点、任何时间都能获取他们所需要的产品及服务。

当前，很多制造类企业都开始在移动互联网上创建商务中心，以吸引众多的企业、商家和消费者汇聚在这里，开展移动商务活动。移动商务中心为一大批制造企业提供移动商务服务，这些企业涉及机械制造、机电制造、化工制造、材料制造等重要领域，这也使得移动商务中心在制造业产业升级中扮演着越来越重要的角色。

从我国当前的实际情况分析，国内的制造业企业对移动互联网的应用仍处于起步阶段，虽然已经有不少企业都在转型或更新模式以适应移动应用的发展需求，但大多数制造业企业仍无太大的实质性进展，仍停留在推广概念的阶段。多数制造业企业对移动互联网的商务应用的概念已经有了初步的认识，但深层次的问题，如怎样应用移动商务、有哪些移动商务技术、如何实施移动商务等，没有一个清晰的理解。企业认为，不了解、尚未成熟是阻碍移动商务应用的两个主要因素。

在未应用移动互联网的企业中，多数企业尤其是中小型企业对如何应用移动商务并不了解，而且对哪些领域可以应用（如移动广告、移动客户管理、移动营销等）也不了解。但确实有为数不少的企业都表示将尽快应用移动互联网产品，这也说明了制造业企业移动应用领域的市场将是庞大的，将会在未来的几年内出现一个增长。

鉴于目前移动商务应用的推广主要是由各个移动运营商完成的，因此，应呼吁社会、媒体、政府从多个层面促进制造业企业普及移动互联网的应用。国内移动商务市场仍处于市场培育期，各大厂商的优势并不明显，在这个阶段，各移动运营商要切实推动国内制造业企业的移动商务应用，多一些实质性的动作，而不仅仅是停留在概念上。因为，制造业的移动应用前景是振奋人心的，但要得到广泛的应用，不仅仅是应用成本要低，同时还要解决实施、安全等一系列的问题。目前已开展移动应用的企业中，很大一部分企业应用的效果还是比较理想的。制造业企业在选择移动互联网的应用产品时，虽然一个重要的因素是和应用的信息系统集成，但同时要多方考虑，而不是只使用同一系统和同一模式。

2. 移动互联网在商业企业中的应用

移动互联网时代，新的营销方式、新的商业流程、新的商业生态系统，对于传统商业生态系统将会开展一次革命性的颠覆。2012 年 11 月 11 日，在人们称为"光棍节"的这天，上演了一出线上电商狂卷天量人民币、令零售业分析师大跌眼镜的惊人一幕。传统零售业在租金上涨、用人成本持续提高的大背景下，对这奇迹瞠目结舌。"11.11"当天，天猫和淘宝的支付宝总销售额达到 191 亿元，是 2011 年的 3 倍多。根据国家统计局的统计，2012 年 10 月，我国社会消费品零售总额为 18933.8 亿元，以此计算，2012 年 10 月，每天零售总额约为 611 亿。这意味着天猫"11.11"销售额占当天社会消费品零售总额的 31.2％，这是一个什么样的数字概念？可见，移动互联网时代新的商业营销模式对传统营销模式产生了多么巨大的冲击。形势的变化对于传统商业企业来讲，已经到了生死关头。

种种数据表明，移动互联网的应用已在商业企业特别是零售业中占据主导地位。从全球的角度看，电商正在逐步占据零售业市场。

目前，移动互联网在商业企业中呈现出如下发展趋势：大型电商收购部分垂直电商；超过 20 万家传统企业入驻天猫，流量价格翻倍；传统渠道商收购垂直 B2C，变烧钱冲量为渠道补充；品牌商集中上线 Web2.0 品牌官网；服务商洗牌，仓储资源及第三方工具被整合。

当前，传统商业企业推行移动应用，做网络销售，面临着三大发展瓶颈。

一是物流不畅。比如欧尚曾计划在华开展网购业务，但由于送货上门的物流成本过高而止步。

二是技术不足。移动应用环境下的网络零售对技术的要求很高，要求系统更加强大、稳定、安全。在网络建设、营销技术手段、消费者分析和数据挖掘等方面都有着与传统零售商不同的做法。传统零售企业虽然一般都建立了健全的企业信息化系统，但这和网上零售系统所要求的技术条件有很大的不同。

三是缺乏专业网络销售团队。传统零售企业一般把最优秀的人才投入到店铺营运或商品管理中去，但对于网络零售的人员投入和配备则明显不够，这会造成营销短板，在网站推广、商品展示和促销、顾客服务等细节方面均有明显的不同。

移动应用的快速发展，让所有的商业企业进入了信息碎片化社会，线上和线下互动的营销时代，那些从线上的虚拟世界自发聚合的群体和繁荣发展起来的力量，已经从线上跨越到线下的现实世界，逐渐采用"点对点"的新营销手段来取代传统的"点对面"营销手段，这种手段被称为 O2O 的社会化营销。那么，传统零售商在今天的网络零售中，如何打破困局，和线上电商企业全面开展竞争呢？

中国传统零售渠道有四个特点：碎片化、区域性、供应链弱和品牌弱化。中国的百货公司都是商业地产模式，没有品牌和供应链体系。在中国，区域差别大，强势品牌非常少，普遍的认同度比较低，这就导致了品牌型零售企业很难建立起一个非常大的电商。所以,大部分品牌商品都适合在大电商开放平台上运作。

有关专家建议,传统零售业应发展O2O社会化营销渠道,将传统营销手段与O2O社会化营销渠道相结合。有以下几种移动应用形式可供商业企业进行选择。

一是自营网站或第三方商城。商超零售连锁企业很多有自营网站,很多加入了第三方商城,其实线上的成本不比线下低,但销售额是不是能同比例增加,很多商超零售企业心里是没底的。因此,建议不要以传统线上开网店的方式进行流量引流,仅仅把线上当作营销渠道即可。

二是送礼或传情。为帮助零售商超企业挖掘送礼市场,可以采用O2O模式提供"礼品传情"服务。集团或个人用户向商超企业采购电子礼品后,可以通过短信、Web、手机APP等方式赠送礼品给自己的客户、亲朋好友。

三是新品试用。商超有很多新品试用推广,建议改变在门店到处找人试用的模式,开辟网上专区进行新品试用,通过线上社会化营销(微博、视频、微信、SNS)等吸引人到新品试用专区,推出天天新品试用的理念。

四是品牌营销。商超应该定期联合不同品牌进行品牌营销,并通过线上社会化营销等吸引人到线下商超,推出周周品牌营销的理念。

五是会员卡或预付卡。目前通用预付卡的第三方支付方式受限制很大,所以给商超的会员卡或预付专卡的发展提供了机会,把这两类卡通过线上社会化营销方式进行销售、集采或赠送,把人吸引到线下商超,是大有可为的。

目前,在商品零售行业中,O2O的形式其实很多,所以商品零售行业O2O应用的前景是相当广阔的。

3. 移动互联网在物流企业中的应用

随着移动互联网技术的发展,传统的物流企业摆脱了时间、空间的束缚，在快速、便捷、随时随地的信息交流中，增加了物流企业的商业机会。

移动互联网的应用，尤其适用于跨地区、跨行业、具有多个分支机构和销售网点的物流连锁企业，同时为物流企业提供了可行的具有远程采购与销售、远程决策、远程查询等功能的商务平台。

移动互联网在物流企业的应用架构采取了基于角色的业务流程管理，规范且易于控制。整个应用架构包括三个层次：展现层、应用层和数据处理层。同时在前端和中心服务器上构建 VPN 网络，保证前端数据与服务器的安全交互。

物流企业通过前端的企业门户，让用户随时随地可以以浏览网页的形式登录，不受其限制。

物流企业中间层的具体应用功能，包括销售、采购、仓储管理、远程审批/监控/决策等。而在后台，则集成了企业内部的供应链、财务、人事等系统。

移动互联网在物流企业的应用具有诸多优势和特点。

一是无边界业务应用。实现了远程业务管理（远程制单/库房）、远程审批管理、远程决策。不仅人性化界面设计简单、美观、实用，而且实现了角色管理和设计，根据角色赋予权限和功能。

二是无成本集中维护。实现了集中维护、远程维护，减少系统维护成本，并且可以基于资源的决策，按照供应商、客户、商品、资金、人员、部门等资源进行分析。

三是架构科学先进。采用了先进的开发技术和大开发的理念，提供丰富的支持工具、流程、功能（表单、打印、报表、过程、字段）等柔性设置，灵活制定各种样式及各项功能要求的单据、报表，使数据可以以图表、表格等形式多样化展现和深层次挖掘（报表交叉展现、多数据源展现）。

四是充分利用移动互联网广域性、廉价性的特征，组建企业信息网络平台。使用 VPN 网络，通过 VPN 安全加密保证数据安全传输，安全授权用户访问企业资源。企业总部不再需要高昂的专线，通过宽带和VPN设备组建廉价高效的业务平台。网络可以在现有VPN网络情况下随意扩展，新增加网络结点可以随时组建各种应用。使企业信息实现双向交流传递，真正实现实时高效率的"行商"。

移动互联网在物流企业的应用，目前发展很快，各企业纷纷结合自己的实际创造了很多新的运营模式，并收获了不同的实践经验。移动互联网在物流企业应用的突出价值体现在三大突破上：一是实现了经营模式的突破。把异地业务操作和管理控制统一，达到业务操作远在天边，管理控制近在眼前的目标。二是实现了服务模式的突破和深层次服务，让客户享受到零距离、零成本的服务。三是实现了盈利模式的突破，把散落的利润点变成利润中心。

4. 移动互联网在金融业中的应用

金融业是所有行业中收益最高也是对市场反应最敏感的行业，对于金融信息化的建设一直是国内外广大金融公司的重中之重。提升内部效率、降低沟通成本，同时提供更多的渠道服务给金融客户，是金融信息化的根本出发点。移动金融正是新时期移动互联网时代金融信息化发展的必然趋势。

所谓移动金融，是指使用移动智能终端及无线互联技术，处理金融企业内部管理及对外产品服务的解决方案。在这里，移动终端泛指以智能手机为代表的各类移动设备，其中智能手机、平板电脑和无线POS机目前应用范围较广。

对金融行业来说，其客户群非常广泛，不仅包括外部无数的客户群，同时也包括内部员工。这就要求金融行业在推行移动应用中，其移动金融系统除具备处理海量数据的功能外，还应该具有很强的可配置性和客户定制能力，以支持业界和市场发展的动向，通过扩展机制，实现新业务、新配置的需求。

目前，移动互联网在金融业的应用主要有以下几种应用形式：

（1）移动银行

移动银行简单地说就是以手机、PDA等移动终端作为银行业务平台中的客户端完成某些银行业务。移动银行是典型的移动商务应用，它的开通大大加强了移动通信公司及银行的竞争实力。从应用角度来看，移动银行的优势主要体现在功能便利、使用区域广泛、安全性好、收费低廉等方面。移动银行可以宽泛地看作移动通信业与金融业的交叉领域。现阶段移动银行的主要业务包括移动支付和手机银行两大类。

移动支付，也称手机支付，就是允许用户使用其移动终端，通常是手机对所消费的商品或服务进行账务支付的一种服务方式。整个移动支付价值链包括移动运营商、支付服务商（如银行和银联等）、应用提供商（如公交、校园和公共事业等）、设备提供商终端厂商、卡供应商和芯片提供商等，系统集成商，商家和终端用户。

手机银行是网上银行的延伸，也是继网上银行、电话银行之后又一种方便银行用户的金融业务服务方式，有"贴身电子钱包"之称。它一方面延长了银行的服务时间，扩大了银行的服务范围；另一方面无形地增加了许多银行经营业务网点，真正实现24小时全天候服务，大力拓展了银行的中间业务。

（2）移动保险

移动互联网的发展给保险业带来机遇。巨大的移动互联网用户群预示着一个巨大的市场，这对于与广大消费者密切相关的保险业来说，充分发挥移动互联网的优势将是拓展销售渠道、改善售后服务、维系客户群体的绝好机遇。

移动互联网给保险业寻求客户、定制险种、开展贴身服务等带来了巨大便利，使保险公司与客户的距离越来越近。移动智能终端将保险服务与保险消费通过互联网绑定在一起，特别是目前保险公司集团化的发展趋势，其通过财险、寿险、意外险、健康医疗、养老、理财、投资、银行、信用卡、救援等涉及的业务，使保险公司第一时间获得大量客户资料，并利用智能分析系统把握客户保险体验及保险偏好，在提供客户维护的同时为客户定制新业务，从而扩大市场竞争力。

目前，各大保险公司都在借助移动互联网爆发式增长的势头推出保险移动信息解决方案，主要是通过手机终端实现保险业务流程提醒、险种推荐及客户情感沟

> 通过移动互联网推动保险业务发展，是一个多赢的发展保险业务的路径。对保险公司来讲，降低了开拓市场和提升服务的空间，同时带来了利润空间；对保险客户来讲，则有了更便利的投保渠道、更主动的保险产品选择、更贴身的保险服务。

通等事项。如保单生效通知，以短信通知保单号、保险期限、客户经理姓名及联系方式；根据客户投保记录分析其保险偏好，用短信向客户推荐有针对性的新险种及查询方式；通过客户管理系统，向客户发送生日和节日祝福；通过系统自动向会员客户发送升级提醒短信，以便其享受更多、更好的服务；发送保单到期及续保提醒短信，并介绍有关续保的优惠活动；发送短信告知理赔结果和进程。

移动互联网不仅提升了保险客户体验，更重要的是其创造的全新保险运营模式大大地降低了经营成本，为更优惠的保险服务开拓了空间。

（3）移动证券

移动证券是基于移动通信网的数据传输功能实现用手机进行信息查询和炒股，让一个普通手机成为综合性的处理终端。只要手机在无线网络覆盖的范围内，就能查看行情、做交易，相比电话委托的"堵单"和网上的"线路连接不上"，手机在下单的速度和线路通畅的可靠性上更胜一筹。所以，目前除了柜台、电话委托和网上这三种方式外，最受股民欢迎的方式就是手机了。

移动证券的使用分为收费和免费两种方式。免费的移动证券包括：其一，WAP股票网站，若使用WAP的手机，无须下载软件，只需打开手机的浏览器，在URL或书签（与手机有关）输入证券公司网址（流量费由与证券公司合作的移动运营商收取）即可。其二，免费下载移动证券，免费安装使用所注册证券公司的移动客户端软件，完成注册后即可使用。

收费的移动证券包括中国移动的"手机证券"、中国联通的"掌上股市"和中国电信的"手机炒股"。其中，中国移动的"手机证券"是中国移动、北京掌上网科技有限公司、各券商三方合作推出的手机炒股业务。它为中国移动用户提供实时证券行情、资讯咨询、在线交易等证券相关服务的业务。"手机证券"的技术支持是由第三方 SP 提供，客户除了要支付上网流量费，还需要支付行情、交易服务费用。

> 使用移动证券需注意手机使用安全。因为在手机上一般都会保留客户交易后的账号，虽然手机属于私人用品，但登录后不及时退出，如果手机放置不当，仍会给用户带来隐患。同时，还要防范手机病毒。

5. 移动互联网在教育中的应用

教育信息化是国家教育大计的重要组成部分。中国教育信息化的整体目标是：以保证教育公平、提高教育质量、促进教育改革与创新为宗旨，深入推动信息技术与教育融合，到 2020 年，基本实现教育现代化，基本形成学习型社会，进入人力资源强国行列。

移动互联网作为新兴的技术，打破了传统的空间距离束缚，使得教育的传播媒介、传播方式发生了重大改变，为实现我国的教育公平起到了良好的推动作用。目前，智能手机、平板电脑等移动终端走进人们的生活，逐渐应用到教育领域，出现了很多移动互联网在教育领域中的典型应用形式。

（1）电子书库与课件管理

电子书库属于移动智能终端，是学生的私人图书馆，学生从此可以摆脱沉重的课本，所有教材及课外读物都可以从平台上下载。电子书库提供的教学内容包括语文、数学、英语、艺术、经济、商业、生命科学和社会科学等类别，可以满足学生的个性化发展需求。

同时，无论是老师还是学生都可以通过平台管理自己的教学课件、教学视频、教学笔记等学习资料。老师还可以对课表、教案、办公会议等工作内容进行合理安排及管理，不仅使得管理更加便捷，而且个性化的解决方案也将增强个人的主动性。

（2）网络教学

平台学习者可以通过移动互联网提供的环境、资源和服务，自由地选择学习内容和学习方式，实现网络学习。利用移动互联网服务可以将文本、文档、电子表格、演示文档和其他类型的信息，以及各类云服务完全组合在一起，为网络学习者提供丰富的学习资源和良好的平台，便于网络学习的开展。

一方面，利用平台改变以往授课老师在黑板上板书授课的教学模式，直接借助平板电脑等界面进行书写、批注和绘图，而学生的平板电脑可以清晰地看到教师所编辑的内容，并可以随时向老师提问，实现和老师的实时互动。在教学中，老师也可以借助平板电脑看到学生电脑屏幕上显示的内容，并可以随时操控学生的电脑，根据学生的需要及时协助学生完成课程，学生在校园里可分组讨论也可及时与教师沟通、讨论。

另一方面，利用平台，突破了教室的物理界限，方便学生随时汲取知识，同时利用上传的教学视频或通过平板电脑的前置摄像头实现一对一教学。上传的教学视频还可通过分享功能与有共同兴趣爱好的朋友共同学习和进步，并通过平台论坛即时分享学习体会及心得。

目前国内已经建立大量基于网络的教育资源中心、网络学习平台，并逐步在教学中发挥出越来越重要的作用。

（3）远程教育

目前，我国存在着教育资源分布不均匀、教学资源重复建设、教学资源共享程度低、教学资源孤岛现象严重、缺乏相互协作等问题。移动应用作为一种新型的服务机制，能够通过远程教育的形式，充分保证资源建设与资源服务的有效获取。首先，借助强大的处理能力，用户的请求可以迅速获得响应，具有较强的服务响应数量及接入终端数量。其次，教育移动应用提供了平台，用户可以在供应商的基础架构上构建自己的应用软件来管理资源，可以在各种移动智能终端之间同步获取数据，并且进行分享，资源的使用范围得到扩大。

> 在教育网上通过在线实时收看远程教育频道，实现了远程听课、在线学习，解决了不能来到学校上课的难题。学生可以在家、图书馆或其他地方实时学习，也可以在课后观看课堂录像，完成学习任务，同时，还可以实现地区内学校资源和名师资源的平衡。

（4）电子考场

当前的考试虽然实现了网上阅卷，但是仍旧需要纸上作答，而且需要扫描、切割试卷等一系列步骤。通过移动互联网建立的考试系统平台，可以让学生在移动智能终端扫描、切割试卷内容，老师通过后台的终端改卷，真正实现了无纸化考试，降低了成本，提高了效率。

每年的重要考试特别是高考，教育部门都要对考场进行监视监察，预防作弊情况出现，教育部门对每个考场都要求实行电子监考，巡察人员就在监控中心察看考场的考试情况。借助移动互联网，可以把每个学校的视频监控录像机实时、高效的监控情况通过网络上传到县教育部门及市教育部门，通过管理平台调用学校的视频监控就可以达到巡察和监督的效果，同时可以根据视频识别技术对存在问题的考场进行实时监督。集中管理平台也可以将需要的视频图像录制下来作为资料或证据保存。

（5）移动学习

移动学习是一种面向终身教育的学习模式，它将正式学习和非正式学习两者结合起来，从而最大化地促进学习。这种学习模式既包括正式学习中教师主导的讲授型教学、基于网络课程的学习、研究性学习、基于资源的学习等，也包括非正式学习中个体基于移动电视、PDA、Web2.0技术，以及基于虚拟学习社区的协作互助学习、行动学习等学习模式。

6. 移动互联网在医疗卫生服务中的应用

移动互联网在医疗领域的应用可简称为移动医疗，是指通过使用移动通信技术，如掌上电脑、移动电话和卫星通信来提供医疗服务和信息，主要包括远程患者监测、视频会诊、在线咨询、个人医疗护理、无线访问电子病例和处方等。移动医疗的范围非常广，并且各种应用都在持续不断地发展中。

移动医疗是电子医疗的一个重要分支，被认为是21世纪医疗领域最具潜力的创新性技术。移动互联网应用创造了一种全新的个性化医疗服务理念和运作模式，它所释放出来的巨大能量影响了医疗信息化的多维度应用。目前，全球已有近130项移动医疗应用，覆盖了基础护理、公共卫生研究、急救护理、慢性疾病管理、自助医疗服务等多个领域。

目前，我国移动医疗应用主要有医疗信息传输、疾病防控、医生护士病区移动查房、院外移动医疗及办公应用、医务人员VOIP/IVPN通信、母婴管理、病患管理、医院特殊重地管理、医疗设备管理等。

（1）医疗信息传输

通过智能移动终端的短信服务功能，将测试与治疗方法、医疗服务和疾病管理等方面的信息发送到用户端。在我国，SMS对于缺乏医院、缺少医疗工作者、对医疗相关信息了解较少的偏远地区人们而言，尤其有效。另外，SMS不仅可以作为单向的通知工具，还能够成为双向的交流工具。

（2）疾病防控

传染病通常是在小范围内爆发，但如果不能及时发现，则可能会发展为流行病。可以运用移动智能终端，对疾病信息进行跟踪及反馈，实现对传染病的预防和控制。目前，很多国家已经建立了基于移动通信技术的疾病报告机制。

（3）病区移动查房

由于无线网络的覆盖，医生通过移动智能终端即可实现病人床边医疗服务，包括病历查看、书写、查看检验报告、医嘱录入等。护士进行床边医嘱执行时，运用移动终端扫描病人射频识别 RFID 腕带确认病人身份，然后再扫描病人药物条码，核对医嘱，直至给药流程结束，所有流程信息均被记录在医院信息系统 HIS 中，便于医院管理查询以及事后的追踪。护士也可通过移动终端直接在患者床边采集和录入病人体征数据等关键信息，提高了医护工作效率。

（4）院外移动医疗及办公应用

院外移动医疗及办公应用包括远程医疗、危机值协同管理、计划任务管理、会诊管理、危重病人管理、药品使用管理、医疗业务查询等。

> 远程医疗应用中，医生可使用移动智能终端进行远程医疗会诊，使病人在原地、原医院即可接受远地专家的会诊并在其指导下进行治疗和护理，可以节约医生和病人大量的时间和金钱。

（5）医务人员 VOIP、IVPN 通信

我国部分医院通过屏蔽移动网络信号限制手机的使用，以保证电子医疗设备不受干扰。通过在医院网络实施基于 WLAN 的语音服务，可满足医生对于移动语音通话的需求。只要是在无线网络覆盖到的区域，医护人员在医院的任何地方，通过一部 WiFi 手机，就可以随时进行无线通话，把手机变成自己的分机。无线 VOIP 和 WiFi 语音解决方案可以实现语音和数据业务的整合，在不影响病人健康的同时，降低了通信费用，并保证了语音和数据业务的安全。

（6）母、婴及病患管理

实行母、婴的腕带配对，医生可以拿手持读取终端设备，分别读取母、婴的腕带标签信息，验证两个腕带的配对正确性，不匹配则阅读器会有提示，让母亲彻底确实区配的婴儿是自己的孩子，避免抱错婴儿而出现的家属与医院的纠纷问题。

病人腕带是完整的病人识别系统的重要组成部分，它实现了病人从入院、治疗到出院全过程的身份确定。医护人员在床旁为病人进行诊治时，用手持终端对病人腕带进行确认，可以杜绝诊治过程中的医疗差错，又为临床路径的管理模式提供了辅助手段，确保治疗过程中病人、时间、诊疗行为的准确性。在病患管理中还有针对特殊病人的管理，包括精神病人、残疾病人、突发病患者、儿童病人，佩戴RFID电子标签，在后端定位服务器上可以查看到病人在医院的实时位置信息。

(7) 医院特殊重地及医疗设备管理

医院中病人禁入区域，需要严格监控和管理。如果带有标签的病人闯入此区域，就会触发后端定位服务器的报警功能，提醒管理人员及时处理。

移动网络还用于加强对医院设备的管理。在可移动的医院设备上安装RFID标签后，配合无线读取器，医院就可以通过资产定位管理系统对电脑、医疗设备等贵重物品进行定位和管理。管理人员通过电子界面准确了解它们的位置，避免设备遗失以及无法及时定位而造成的损失。为特殊药品配置内置电子标签或外接传感器，可以实时采集药品所在环境的温度、湿度、时间等参数并上传至定位服务器，可以在定位服务器端设置参数值，当药品所处环境的温度、湿度等超标时，标签就会触发告警提示。

7. 移动互联网在旅游业中的应用

移动互联网在旅游业蕴藏着巨大的发展机会，各个细分领域的应用模式和技术应用也在不断推陈出新。围绕旅游的全过程（行程计划、预订、服务、用户互动和分享等方面），出现了很多与旅游业相关的创新应用。

移动互联网为旅游业赋予了新的生存空间，成为旅游行业盈利的基础。我们熟知的旅游网站携程和艺龙，以及后来者芒果网，依托互联网高效和便捷的特点，通过与酒店和航空公司的紧密合作，以网站平台和

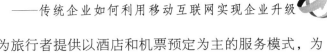

呼叫中心为工具，为旅行者提供以酒店和机票预定为主的服务模式，为旅游业带来了一次快速发展。

> 　　目前，国内一些移动电子商务平台，已经汇聚了一大批旅行社、酒店、餐饮、百货等旅游服务企业，这些企业利用手机平台，开设移动店铺、向顾客推荐产品和服务、发放优惠券、开展移动营销，还可以进行会员管理、在线预订、交易支付，使消费者出行更便利。

随着移动互联网的发展，已经有不少游客，从景点选择，机票、酒店预订，到接受旅游服务、餐饮、购物、交易支付，旅游全程都通过手机上网来辅助完成。越来越多的商家、游客汇聚在手机平台上，一个移动互联网的"旅游商圈"逐渐形成。

移动互联网在旅游业中的应用主要有以下几个方面：

（1）行程计划

移动互联网能够让旅行者随时随地上传和分享旅程信息，所以手机行程计划应用备受旅游者的欢迎。

行程计划中，大至机票和酒店查询，小至景点门票的价格，旅行者都可以通过各类手机应用，提前了解和规划。最近还先后推出了手机查询机票价格趋势图功能，机舱座位参考图功能，使得用户预订前就可以了解到价格升降以及座位位置和舒适程度。

国内的各类手机应用中，"酒店管家""酒店达人"等新型应用由于设计简约、操作方便、用户体验好，从而受到了用户的青睐，并在旅游应用程序下载排行中名列前茅。旅客进行定位查询后，地图将呈现周边酒店名称、位置、价格，同时以不同颜色标注房间状态，用户可以选择通话直接预订。

（2）预订

用手机进行旅游产品的预订，虽然对于大多数旅行者来说还是新鲜事，但对于旅游企业来说，通过手机向在旅途中的游客销售旅游产品，可以说充满了巨大的想象力。

航空公司在手机应用领域一直走在前面。除了早期的手机办理登机手续和手机登机牌外，国航、东航、南航、海航、深航、山航等航空公司及携程、艺龙等网站都纷纷推出了手机预订服务。国外领先的航空公司，如亚洲航空，已经将手机作为一个重要的预订渠道来发展。

酒店预订领域的潜力同样不容小视，无论是国外连锁星级酒店，如喜达屋、洲际酒店、雅高，还是国内经济型连锁酒店，如7天酒店、如家酒店，都推出了手机预订房服务。

（3）服务

用户在旅途的过程自然是手机应用大展拳脚的过程。纵观目前移动旅行服务，主要分为五大类——信息类、礼宾类、目的地导航

> 目的地导航由于与移动应用密不可分，在移动互联网上的发展日益受到关注。一些旅游导航软件，提供实时位置显示、景点图标和旅游路线，甚至可为某些景点配备语音导游。随着休闲自助游的兴起，对这类目的地导航应用的需求也会随之增长。

类、周边服务类、娱乐类。在信息类方面，以航空业为例，"航班管家"提供航站楼与登机口导航、天气预报等帮助信息。在酒店业方面，国内外连锁酒店基本都提供了酒店和周边信息、用户注册和信息管理服务。

（4）互动分享

随着社交媒体和移动互联网的结合，旅行者在旅行前、旅行中、旅行后都可以利用移动设备进行互动和分享。在旅行前，旅客可以在旅游社交网站，互相交流行程计划，共同组织、发起旅游活动等。

二　传统企业接入移动互联网的基本路径

在互联网络上建立自己企业的商务通道，是传统企业引入网络的最主要目的。这种商务通道就是传统企业在互联网上推行产品或服务的销售渠道、商务信息的传播渠道。自从企业接入互联网以来，绝大多数企业都建立了自己的网站，传统电脑网站又称作www网站。创

建网站需要做很多工作，它们包括：域名的注册、互联网提供商 ISP 的选择、信息收集、确定由谁提供和更新 Web 页面内容、人员的组织、软/硬件的选择、Web 页面的维护和测试、Web 链接的组织和维护、搜索引擎的注册、防火墙的设置、根据 Web 服务器的访问记录寻找新的商机、确定 Web 站点需要提供哪些交互式应用、安排人员回答用户的网上咨询、数据库的选择、Web 页面发布策略和教育培训计划等。针对这些任务，企业可以根据自己的实际情况确定哪些需要纳入实施计划，以及每项任务的时间、人员安排等。但是随着智能手机的快速崛起，广大用户已经逐渐习惯用手机上网。根据 CNNIC 发布的报告，截至 2012 年 6 月，我国网民中用手机接入互联网的用户占比已达到 72.2％，首次超过台式电脑，手机成为我国网民的第一大上网终端。据 iiMedia Research 数据显示，截至 2014 年 6 月底，中国智能手机用户规模（存量）达到 5.56 亿人。面向如此庞大的手机上网用户，传统企业必须在拥有自己的 www 网站的同时，着眼手机网站的建设，这不仅是移动互联网时代实现用户要求的一种态度，也是实现企业升级、经营模式创新与变革的基本路径。这里主要介绍两种方式：一是手机网站；二是手机客户端。

1. 手机网站的功能定位

手机网站能够实现与互联网同样的功能，如：实现企业文化宣传，企业产品推荐，方便快捷地对外宣传和展示企业的形象，为用户提供了极大的便利性，将成为新的潮流。

（1）手机网站的概念

顾名思义，手机网站就是面向手机用户，为方便手机访问而建立的网站。手机网站，一般又称作 WAP 网站，这里的 WAP 是 Wireless Application Protocol 的简称，也就是无线应用协议，它是一种向移动终端提供互联网内容和先进增值服务的全球统一的开放式协议标准，是简化了的无线 Internet 协议。WAP 将 Internet 和移动电话技术结合起来，使随时随地访问丰富的互联网络资源成为现实。

当然，智能手机也支持直接访问 www 网站，但是因为 www 网站宽度一般大于 800 像素，因而在手机上访问十分不方便。另外，由于电脑网速快、内存大，所以 www 网站包含的文字、图像都比较多，页面文件比较大，通常在 10K 以上。因此，在手机上阅读 www 网站的信息，效果很差。WAP 服务是手机直接上网，通过标准的协议接入互联网，可以获取适用于手机浏览的网上信息、股票查询、邮件收发、在线游戏、聊天、搜索、无线电子商务等多种应用服务，使人们体验无线互联网的丰富应用和感到前所未有的方便快捷。

（2）建站流程

第一，确定 WAP 网站类型。与 www 站相似，就是确定网站的主题，对于企业来讲取决于经营的需求，对于个人则出于兴趣和有相对丰富的资源。

第二，选择一个网站域名。关于网站域名，必须选择和主题相关且易记的域名。这是一项无形资产，不管处在世界哪个角落，都是企业的名片、招牌、地址、位置和标识，这是让客户能够在网络上找到企业并与企业保持联系的永久性的门牌号码。

第三，架设支持无线标记语言 WML 的服务器。如果已经有支持 www 网站的服务器，WAP 网站直接与 www 网站植入一个服务器就可以了，不必另外申请空间。

第四，编写 WML 网页。WAP 网站页面比 www 网站简化得多，对于图片、动画等表现力度不够，但要求在互联网上能操作的功能，在 WAP 网站上也要能够操作，而且是完全等效的。如果说域名是企业在移动互联网上的"户口"，那么网页就是代表企业形象，是企业在网上通行的"名片"。

第五，上传 WML 网页，绑定域名，意味着 WAP 网站架设成功。

（3）WAP 网站推广

在完成了 WAP 网站的制作后，就要有计划地向外推广，基本方法有以下几种：

第一，通过公司原有宣传推广平台积极宣传。

第二，整合公司各类资源，名片、办公文具、公司媒体、明信片印制二维码。

第三，通过加入 WAP 行业 QQ 群宣传自己的站点。

第四，选择人气兴旺的站点、论坛去宣传自己的 WAP 站。

第五，通过 QQ、MSN 等聊天工具向网友宣传。

第六，通过导航站点寻找 WAP 站进行友情链接。

第七，丰富网站内容，使其被搜索引擎收录。

2. 手机客户端的功能定位

作为进入移动互联网最便捷的方式，以及移动互联网的第一入口，手机客户端为企业进入营销时代开辟了一条康庄大道。手机客户端为企业提供完善、便捷、多样、高效的移动营销，为依然徘徊在移动营销门外的企业提供了一条可供借鉴的营销模式和企业实现信息化之"道"。

（1）手机客户端的概念

手机客户端顾名思义就是手机软件的格式。手机客户端通过软件技术把公司产品和服务介绍安装于客户的手机上，相当于把公司的名片、宣传册和产品等一次性派发给用户，而且用户还会主动地保留它们。通过手机客户端进行这些宣传的花费都是很低的，用户使用次数也不受限制，是最便携的企业宣传册，在手机上轻松携带大容量的企业资讯，省去资料携带不便的烦恼，可以随时随地洽谈客户企业成本，也不会随着客户下载数量的增加而增加。手机客户端为企业开辟了全新的营销推广手段。

（2）手机客户端的下载方式

手机客户端的下载方式一般有三大类型：

第一，通过二维码扫描进入下载手机客户端。

第二，直接通过下载入口进入下载到手机或者电脑上。

第三，去应用商店下载，其中有些应用要收取一定费用。

（3）推广优势

据统计，95.6％的中国手机用户有无聊时浏览手机的习惯。如果客户安装了企业的手机客户端，可以提高他们看到企业标识和名称的机会，达到宣传企业形象和品牌的目的。如果移动应用程序能够经常更新，会让用户有强烈点击浏览的好奇心，从而更有效地吸引和留住顾客，进而处于有力的竞争位置，获得更多的商业制胜机会。手机客户端的推广优势主要有以下几个方面：

第一，针对性强。该程序是企业产品和服务的最好传播者，下载、安装该程序的一般都是企业的客户或者潜在客户，一旦他们下载使用就会成为企业的长期忠诚客户，能达到留住老客户、吸引新客户的目的。

第二，成本低廉。企业派发宣传册、会员卡的数量增加时，成本也会增加，而且经常会被客户扔掉，成效低。而移动应用程序把企业的相关信息都包含在内，用户下载该程序是出于主动保留的心理，成效高，成本不会随着下载次数增加而增加。

第三，忠诚度高。手机几乎是大家的随身物品，而且，85％以上的用户不会删除自己手机或电脑上已安装的正常软件，除非是病毒或者木马。所以，手机客户端一旦下载安装就不会被轻易删除，有利于提升客户的忠诚度。

当然，目前手机客户端开发过程中也存在一些问题，最大的就是客户端适配的问题。由于手机客户端软件需要调用手机自身资源，所以对手机操作系统需要进行嵌入，而各个操作平台之间存在很大的差异，同一个操作平台也存在着不同的操作系统版本。因此，出现很多专门为企业量身定制手机客户端的公司，目前每家公司每天都要帮助10—50个生产厂家定制掌上专业市场，以方便企业的客户查阅、下单、交易等。

随着智能手机的普及，手机上网已经成为人们进入互联网的主要手段。至于究竟是手机客户端上网还是手机 WAP 上网？一要考虑费用预算。两种新技术，可供选择的方案很多，所以成本高低可能大不一样。二要考虑用户的行为习惯。目前而言，二者各有利弊。无线互联网行业以手机客户端为主的产品很多，客户端软件，需要在手机上安装才能使用，而利用手机 WAP 上网，第一次则需要手动输入网址，当然可以将该网址保存为标签，之后也可以做到较为方便的访问。在手机上完成输入网址或者在众多保存的标签中查找需要的网址，确实是需要一定时间的。一般而言，许多技术人士认为客户端给了我们更好的体验，而 WAP 只是一种使手机访问网页的过渡方式。当然，孰优孰劣最终是由用户体验的好坏所决定的。

3. 企业移动商务平台建设

传统企业要规划建设兼有移动商务功能的信息系统，首先要建立兼容移动通信功能的信息平台，在此基础上才能实现移动商务的各项功能。

与各种信息系统类似，企业的移动商务平台包括硬件平台和应用平台。硬件平台由机器设备、应用终端和无线网络构成，是底层需求，是实现移动商务的基础；应用平台由各种应用系统组成，是根据组织的业务需求而建设的，用户使用信息系统的体验如何，信息系统能否成功，应用平台是关键。

（1）移动商务的硬件平台

企业的硬件平台主要由企业内部网络与无线网络组成。一般企业的硬件平台以局域网为中心，局域网主要由交换机连接办公计算机构成，在局域网中增加无线路由器形成无线接入点 AP，AP 信号覆盖范围内，移动终端可以通过 AP 上网，从而增加上网的途径和灵活性，局域网再通过路由器连至 Internet。对于在同一个地域拥有多个局域网的单位，则用路由器连接这些局域网构成一个所谓的企业内部网。考虑到单位在外人员、合作伙伴或分公司要登录网络，还要配置虚拟专用网络 VPN 网关服务器，保证外部应用人员与单位系统建立安全连接。

（2）企业商务的应用平台

企业商务的应用平台包括企业应用系统和门户网站。

企业应用系统是管理企业日常业务、辅助决策的信息系统，是移动商务应用的后台。之前许多企业的应用系统都以网络公关 EPR 为主，系统规模则大小不一。这在移动商务应用上受到很大限制，要解决这个问题，需要对现有 EPR 系统做两方面的功能扩展。

一是增加移动服务接口。通过使用 WAP 网关，把接收到的移动请求转换成智能手机能用的 WAP 界面，以适应移动终端的技术要求。

> 企业的门户网站是最重要的应用集成接口，传统的门户网站没有考虑移动终端使用，目前最理想的方法是开发各种移动终端的应用页面，根据需求开发相应的终端程序。

二是增加移动应用功能。包括增加短信平台，及时将主要信息告知企业在外人员或客户；系统信息推送功能，及时反馈各种事务的处理结果。还可以针对手机专有性和随身携带的特点开发其他的移动应用功能。

4. 建立企业的移动办公系统

随着办公自动化系统的普及，电子化、数据化的办公方式已进入越来越多的企业，信息化的办公系统在企事业内部编织起一套高效、畅通的信息互联体系，极大地推动了企事业单位生产力的发展，但与此同时，这却需要依赖固定的办公场所和固定的办公配套设备。在移动互联网时代，如何才能打破这些时空上的信息限制，建立一套可以随时、随地、随手使用的信息系统，使公司管理者、业务人员不管置身何地，都能随心所欲地和企事业内部系统关联，移动办公便成为满足这一需求的不二之选。

移动办公自动化（移动 OA），是利用无线网络实现办公自动化的技术。它将原有 OA 系统上的公文、通讯录、日程、文件管理、通知公告等功能迁移到移动终端上，支持多种智能手机平台，可以随时随地进行掌上办公，对于突发性事件和紧急性事件有高效和出色的支持，是企业管理者、市场人员等的贴心掌上办公产品。

一般来说，移动办公系统必须满足开放性、易用性、健壮性、保密性等要求。只有具备开放性，才能与其他信息化平台进行整合集成，帮助用户摆脱信息孤岛、应用孤岛和资源孤岛的困境。与桌面办公系统一样，移动办公系统的设计中通常用到的重要概念也包括需求分析、数据库设计、表单与文档、工作流、数字签名与电子印章等。体系化地掌握这一技术需要学习"软件工程""数据库技术""软件测试"等专门课程，并学习专门的开发语言。下面仅对企业在移动办公系统开发过程中重点的内容进行简要介绍。

（1）认真做好移动办公系统的需求分析

需求分析是软件开发人员通过交流沟通与调研以确定软件系统功能的工作。移动办公系统软件需求分析的主要内容包括：

一是要掌握对软件系统的总体要求和要实现的主要功能，以便为将要开发的软件系统竖起一个坚实的骨架。

二是要了解相关部门和人员与该软件开发工作相关的实际情况，目的是准确把握软件将要解决的问题，实现与软件未来使用者的良好的沟通。

三是与软件未来使用者进行全面详细的交流与沟通，为要开发的软件系统满足用户的详细需求、具有友好的用户界面奠定扎实基础。

四是了解考察软件可利用技术的最新进展，以求实现以及更有效率地实现更能兼容未来技术的发展和业主单位需求的变化。

五是确定软件的功能。如公文管理，包括公文的收阅、审批、查询、催办、工作委托等。出勤管理，包括请假、出差、外出、签卡等。日程管理，企业级日程管理。工作管理，包括工作日志、工作计划与进度等。通讯录，企业级通讯录等多项功能。

（2）科学规划工作流设计

工作流程是指工作事项的活动流向顺序，包括实际工作过程中的工作环节、步骤和程序。工作流程的类型包括自由流程和固定流程。

工作流是工作流程的计算模型，即将工作流程中的工作前后组织在一起的逻辑和规则，在计算机中以恰当的模型表示并对其实施计算。工作流为实现某个业务目标，利用计算机，在多个参与者之间，按某种预定规则自动传递文档、信息或者任务。简单地说，工作流就是一系列相互衔接、自动进行的业务活动或任务。

一是表单。表单用来显示查询或输入的数据。在工作流系统中与工作相关的数据都可以通过表单来体现，它是数据的载体，还可以通过附件来传递数据和信息。表单可以是纸质文件，也可以是计算机查询与输入界面。

二是流程。流程是工作过程和环节的描述，代表了一种制度和规范。在工作流系统中，工作过程都可以通过流程来体现。

三是主办人。主办人负责实施流程节点的工作内容，并按流程规定转交下一步流程，可以对表单进行操作，并可以在表单可写字段处填写内容。

四是报表。报表包含了事先定义的需要汇总的数据，报表数据通常包含了一段时间经营或管理的统计信息，而这些信息统计与查询的方式，通常很少需要变动。可以将其简单理解为：表单用于数据录入，报表用于统计汇总。

（3）精准实施数据库设计

数据库是几乎所有办公系统最核心的部分之一，主要用于办公系统平台对大量数据的动态管理，移动办公系统的开发离不开数据库设计。

目前，比较流行的数据模型有三种：

一是层次结构模型：层次结构模型实质上是一种有根结点的定向有

序树，在数学中"树"被定义为一个无回路的连通图。按照层次模型建立的数据库系统称为层次模型数据库系统。

二是网状结构模型：按照网状数据结构建立的数据库系统称为网状数据库系统，用数学方法可将网状数据结构转化为层次数据结构。

三是关系结构模型：关系式数据结构把一些复杂的数据结构归结为简单的二元关系，即二维表格形式。由关系数据结构组成的数据库系统被称为关系数据库系统。在关系数据库中，对数据的操作几乎全部建立在一个或多个关系表格上，通过对这些关系表格的分类、合并、连接或选取等运算来实现数据的管理。一个关系称为一个数据库，若干个数据库可以构成一个数据库系统。数据库系统可以派生出各种不同类型的辅助文件和建立它的应用系统。

数据库设计是根据企业需求，在某一具体的数据库管理系统上，设计数据库的结构和建立数据库的过程，是信息系统开发和建立中的核心技术。由于数据库应用系统的复杂性，为了支持相关程序运行，数据库设计就变得异常复杂，因此，最佳设计不可能一蹴而就，只能是一种反复探寻、逐步求精的过程，也就是规划和结构化数据库中的数据对象以及这些数据对象之间关系的过程。

此外，还有数字签名与电子印章的技术设计等。

总之，移动办公系统使企业摆脱了时间和地点的束缚，将办公系统从固定地点的有线网络环境扩展到随时随地的无线网络环境中，并将信息办公应用从 PC 终端延伸至手机终端，大大提高了办公效率。移动办公系统还可以与原有的各种 IT 系统（包括 OA、邮件、EPR 等业务系统）相连接，进一步把移动办公扩展到企业的几乎所有事务中。

5. 巧用移动广告做企业形象宣传

对大多数消费者来说，移动广告还是一件新鲜事物，它提供了其他传统媒体无法提供的随时、便捷的交互体验，比如兑换优惠券、观看视频、手机支付等。对品牌主而言，相对传统广告，移动广告在精确性、即时性、互动性、注意力以及整合性方面有着先天的优势。

从目前的实践来看，移动广告媒体能够根据用户位置实时推送更智能的互动广告，并让用户充分体验富媒体广告、HTML5 广告、AR 广告等，但前提是网络环境的支持，目前这一问题依然没有彻底解决。此外，由于国内绝大多数的移动应用尚处于用户数的竞争阶段，移动应用主体们不愿意因为广告影响用户体验而丧失竞争优势。因此，移动广告的展现目前仍多以图片加文字为主。品牌主希望用户感知到的丰富多彩，还都只能在点击移动广告之后的第二落点中出现，包括 HTML5 的互动页面。

巧用移动广告做企业的形象宣传，当前的主流运用大致包括以下几种模式：

（1）App 启动全屏

最早由新浪微博小范围尝试，自 2013 年 4 月以来被广泛运用到汽车和快消品牌的大规模曝光上，目前知名媒体、新闻类媒体，以及部分用户规模过亿或日活跃用户千万的工具类 App，如网易新闻、凤凰新闻、墨迹天气等都已启用了此广告模式。

App 启动全屏的优点是启动时自动打开，强迫关注，由于对用户的骚扰比较直接，一般只服务于大型品牌主，因此，广告的设计大多比较精美。

（2）首页或内页焦点图

多用于手机网站或 App，在开启后的首页或内页的固定位置设置焦点大图广告，与互联网的 Banner 广告类似，一般也会有三轮播或五轮播。

（3）富媒体广告图

在手机网站或 App 开启后，从手机屏幕上方或下方弹出广告，类似互联网的飘窗，可以手动关闭。

（4）底通 Banner 广告

位于手机网站或 App 的底部，图片的高度是 3—5 毫米，有的可以手动关闭。

以上 4 种广告模式都是以图片的形式，或大或小，或上或下，以全屏或展开式或只有几毫米的高度插入到手机网页和 App 中。图片广告的优势在于醒目、设计感强，多用于品牌和产品的曝光。

（5）文字链广告

应用非常普遍，在各大手机网站、App 内，都在各种位置上设置了文字链广告，一般要求控制在 13—17 个字符之间。文字链广泛用于各类营销活动的推广中，其优点是，往往安插在新闻和资讯中间，如果文案做得好，能达到广告即内容的效果。

（6）短彩信广告

这里所指的是包括短信、彩信等基于运营商通信管道的可以作为媒介的移动增值业务，如中国最大的手机报媒体、12580 生活播报、交通违章查询、本地优惠券等。

提到短彩信作为移动广告形式，很多人会认为其"技术落后""展现形式不足"。但客观点讲，首先，技术落后也就是技术稳定和普遍应用；其次，事实上，展现最直接、最有价值的是短信，展现最好的是彩信——只有彩信可以做到第一视觉就是全屏，除了少数的 App 启动全屏广告外，in-Apps 等都是只有几毫米的 Banner 或者 13—17 个字符的文字链，点击后才能呈现丰富形态。

（7）移动视频贴片广告

考虑到用户体验以及导致的竞争问题，移动视频主体不会开放过多的前贴片广告或者在视频中插广告资源，因此，至少在 2013 年，移动视频的广告资源绝对是稀缺的。

第十讲　最新潮的营销方式

——移动互联网营销在传统企业的应用

在移动互联网时代，传统企业可以充分利用移动互联网开展移动营销，从而使传统企业的营销方式产生质的飞跃。

移动营销是一种与传统营销有着重大区别的营销方式。随着智能手机的普及与移动终端消费者的增加，时间和空间不再是营销的局限。在移动互联网创造的新平台与新环境中，客户完全处于主导地位，而与企业或品牌的每一次互动都是个性化的。企业若想在移动环境中保持高效，并且激发客户参与，就必须借用移动互联网的优势创新营销方式，以提供完美的产品和服务来使企业获得更多。

一　移动营销：史无前例的营销新潮

在新世纪，移动网络营销正依托日益强大的互联网，掀起一轮前所未有的营销新浪潮。传统企业借助移动互联网可以实现营销方式的重大变革。

移动网络营销利用计算机网络作为营销环境，不仅可以节省大量的店面资金，减少库存商品的资金占用，降低在整个商品供应链上的费用，缩短运作的周期，而且经营规模、范围不受场地和地域的限制，有利于扩大市场和经营规模，从根本上增强企业的竞争优势。

1. 移动营销改变了传统营销的风貌

传统营销依赖层层严密的渠道，并以大量人力与广告投入市场，这在网络时代将成为无法负荷的奢侈品。在未来，人员推销、市场调查、广告促销、经销代理等传统营销手法，将与网络相结合，并充分运用网上的各项资源，形成以最低成本投入获得最大市场销售量的新型营销模式。

（1）对标准化产品的冲击

作为一种新型媒体，互联网可以在全球范围内进行市场调研。厂商可以通过互联网迅速获得关于产品概念和广告效果测试的反馈信息，也可以测试顾客的不同认同水平，从而更加容易对消费者的行为方式和偏好进行跟踪。因此，在互联网大量使用的情况下，为不同的消费者提供不同的商品不再是天方夜谭。美国一家出版商联机书屋把即将出版的书的某些章节用各种语言装载到因特网上，以便全球范围的访问者"品读"，样品书中包含有与作者及相关的其他信息。它的独特之处在于：当来自全球的访问者在"品读"之后产生对该书的需求时，它可将材料译成访问者的当地语言以符合其当地化的需求。这种顾客化方式的驱动力是最终消费者，而非按惯例由国外分销商的兴趣决定。同时，因特网的新型沟通能力又加速了这种趋势。因此，怎样更有效地满足各种个性化的需求，是每个网上公司面临的一大挑战。

（2）对营销渠道的冲击

通过互联网，生产商可与最终用户直接联系，中间商的重要性因此而有所降低。由生产厂家或销售企业所建立的传统的分销网络，对小竞争者造成的进入障碍将明显降低。

（3）对传统营销方式的冲击

随着网络技术迅速向宽带化、智能化、个人化方向发展，用户可以在更广阔的领域内实现声、图、像、文一体化的多维信息共享和人机互动功能。"个人化"把"服务到家庭"推向"服务到个人"。这种发展使得传统营销方式发生了革命性的变化，它将导致大众市场的终结，并逐步体现市场的个性化，最终以每一个用户的需求来组织生产和销售。

（4）对顾客关系的再造

移动营销的企业竞争是一种以顾客为焦点的竞争形态。争取顾客、留住顾客、扩大顾客群、建立亲密顾客关系、分析顾客需求、创造顾客需求等,都是最关键的营销议题。

因此,如何与散布在全球各地的顾客群保持紧密的关系并掌握顾客的特性,再经由企业形象的塑造,建立顾客对于虚拟企业与网络营销的信任感,是网络营销成功的关键。基于网络时代的目标市场、顾客形态、产品种类与以前会有很大的差异,如何跨越地域、文化、时空差距再造顾客关系,将需要许多创新的营销行为。

(5)竞争形态的转变

由于网络的自由开放性,网络时代的市场竞争是透明的,人人都能掌握竞争对手的产品信息与营销作为,因此,胜负的关键在于如何适时获取、分析、运用这些网络上获得的信息,来研究制定极具优势的竞争策略。

此外,策略联盟也是网络时代的主要竞争形态。如何运用网络来组成合作联盟,并以联盟所形成的资源规模创造竞争优势,将是未来企业经营的重要手段。

2. 移动营销的多元功能

移动网络营销的特色主要在于其扩散的广度、更新的速度、内容的深度,以及可实现供求双方的在线相互交流等,这些均非一般媒体所能比拟的。移动营销网络覆盖全球,没有地域和时间的限制,随时传递企业的形象、经营和产品等信息,而其多路传送、实时快捷的功能,可将产品的最新信息提供给众多的客户同时阅览或查询。

(1)推广企业的形象与经营理念

在目前开放的市场竞争态势下,企业除了制造和销售产品外,更应强化品牌和形象,而利用移动互联网的功能可使企业的形象推广变得更加生动。通过精心设计的网页,可以深刻表达企业的形象与经营理念,及时传播各种信息,例如,企业的基本情况、近期规划、发展远景、技术及服务等,这些都有助于企业贴近自己的客户,与客户达成更多的共识,建立起相互信赖的关系。

（2）产品的推广与信息发布

通过移动互联网推销产品的过程更加生动，除提供产品的规格、型号及销售信息外，产品的外观、功能、使用方法甚至制造过程等都可以通过多媒体信息形式呈现给客户，这增加了知识性、趣味性和真实性。另外可配合营销活动开展多姿多彩的促销活动，如网上摸彩、虚拟旅游等都是网上常用的促销手段，这些都有助于吸引客户。

（3）与客户进行在线交易

通过网络收集订单，交付"集成制造系统"——根据订单，实现产品设计、物料调配、人员调动，完成生产制造，实现在线交易。

（4）通过网络收集各种信息

企业通过移动网络还可收集各方面的信息，如时事、经济、技术、用户需求等，并反馈给生产销售活动的主体——企业，由此开拓新思路、采用新技术、开发新产品。再通过网络进行宣传，与需求者进行沟通。

例如，通过网页在线填写的一些调查表格，可获取客户信息及他们的反馈，甚至可据此先期分析出不同消费习性的群体，为下一个生产、销售循环做好准备。

（5）提供多元化的客户服务

网络服务就像一个虚拟的销售人员，通过友好的网页界面和丰富的数据库，同时提供多人、多层次的数据咨询、意见交流、业务技术培训以及售后服务等，使客户可以获得自己所需要的内容，享受多元化的服务。

3. 移动营销的独特优势

与传统的企业营销模式相比，移动营销具有独特的优势。认识这些优势，对企业营销的意义十分重大。

（1）一对一的营销——顾客真正成为上帝

移动营销最基本的特点是硬性化生产与柔性化生产的结合。硬性化生产是指机器工业中那种对产品与生产进行标准化设计，采用高效率的机器设备，在尽量提高对原材料利用率及产品部件标准化的基础上，用最低成本的方法进行的生产，它追求的是生产在一定的技术发展水平下的成本最低的产品；而柔性化生产是指不对生产与产品做标准化设计，而是按照用户或顾客所提出的要求设计产品并进行生产。

从美国的汽车大王亨利·福特开始，以大规模采用机器为特征的硬性化生产，是工业社会企业营销中的主要生产特征。半个多世纪以来，人们已习惯工业经济社会中千篇一律的标准化产品。今天的移动营销将召回已被工业革命排斥了半个世纪的柔性生产，并将硬性生产与柔性生产结合起来，使消费者既能继续享受到低成本生产的好处，同时又能充分实现个性消费。

在移动营销中，企业可就产品中属于消费者消费中共同需要的部分，采用机器大工业那种硬性生产方式生产；而产品中因人而异的定制部分，则采用柔性化生产方式生产。这就要依靠计算机网络来实现，即通过网络先与消费者取得交易接触，并与之进行交易谈判，完成最终订货手续后，企业的柔性化生产部门将按照顾客对产品提出的要求设计产品，并向企业的生产部门下达生产指令，为顾客生产出定制的产品。最后再将产品的标准部分（件）与定制部分（件）装配起来，成为一个符合顾客特定要求的产品。人们理想中的"一对一的营销"通过网络实现了，"顾客是上帝"这个工业社会中喊了多年的口号，在信息经济时代将真正变为现实。

（2）公平、公正、公开——消费者当家作主

移动营销中公平、公正、公开的经营特色，体现在销售和服务的价格、质量等方面。在 Internet 这个全球性的市场中，消费者能够在最大范围内自由选择，获得最佳的商品性能和价格，还可以相互交流消费过程中的经验与教训，选出自己认为最满意的商品，并且也可以与商家们讨价还价，在这里没有"店大欺客"这样不道德的商业行为，消费者真正成了市场交易活动中的主角。

（3）便利快捷——让客户充分享受购物乐趣

目前在 Internet 上，吸引客户上网进行在线购物的关键是便利。据最大的在线销售商之一——America Online（AOL）调查统计发现，在接受调查的客户中，85％的人认为在线购物比传统购物方式容易，94％的客户表示将继续进行网上购物。

现代化的生活节奏已使消费者用于外出在商店购物的时间越来越短。在传统的购物方式中，从商品的买卖过程来看，一般需经过看样——选择——决定购买——付款结算——取货（或送货）等过程。这些过程大多是在售货地点完成的，短则几分钟，长则数小时，如果再算上顾客外出购物在路途上所花的时间，购物对许多消费者来说成为了一种负担。

但移动营销则不同，它简化了购物环节，节省了消费者的时间和精力，将购买过程中的麻烦减到最小，购物的过程更方便、快捷。对消费者来说，网上购物不再是一种沉重的负担，甚至有时还是一种休闲、一种娱乐甚至说是一种享受。

（4）准确高效——极具魅力的服务营销

移动营销并非只是通过网上直接销售一种形式，利用网络开展服务和技术支持同样是一种营销形式，而且是极具魅力的一种营销形式。企业在激烈的市场竞争中，其经营的触角要不断地延伸，而提供的服务也需要多元化。企业将传统经营形式中的销售服务和技术支持搬到网上，可以借助互联网充分展示产品服务和技术支持信息，及时准确地收集客户的反馈，并据此作出响应，给客户以最大的便利，缩短企业与客户之间的距离。有许多成功的实例说明，企业在直接派遣业务人员或寄送书面资料前，客户已经能够通过网络营销系统取得相关资料。甚至许多未曾接触过的客户，也都是通过网络主动来与企业建立联系，这样做既提高了工作效率，同时也维护和增加了企业的信誉度，从而维系了新老客户之间的关系。这就是网络营销应用得当所带来的利益。

（5）成本优势——网络虚拟化特征带来的实惠

移动营销具有较明显的成本优势，主要包括以下三个方面：

其一，移动营销经营费用低廉，在美国，上网企业每个月向网络服务商 ISP 缴纳的服务费约为 30 美元，在我国一般是每年几百元至几千元，此后企业就可以实现完全意义上的全天候服务；而在传统商业街上开一个小店面，每个月的租赁费少则几千元，多则几万甚至几十万元。

其二，企业的网站可以设置事先备有答案的自动应答系统，对顾客提出的一些常规问题自动解答，不需要专门的营销人员经常地、重复地回答这些问题，这既节省了营销人员的时间，也降低了经营费用，还有助于提高企业形象。

其三，企业在接到顾客的订单或付款后，可直接从供应商处向顾客发货，不需要仓库存储商品，降低了库存费用和装运费用。由于减少了一些中间销售环节，相应的成本也有所降低。

此外，尽管上网企业没有专门的商品储备仓库，但却能比以传统经营方式运作的企业提供品种范围更为广泛的商品或服务。在 Internet 上，大中小企业均站在同一条起跑线上，企业在网上都是以网站、网页的形式呈现在消费者面前，人们难以据此判断一个企业的规模和历史，消费者更多的是关心商品的本身以及其价格、服务等信息，传统的企业知名度效应被网络的虚拟化特性淡化了。因此，通过互联网可以在一定程度上缓解目前中小企业在发展中所面临的困境。

4. 移动营销的基本要求

移动互联网带来的营销革命，为企业商家创造了一个与消费者更加亲密的接触良机，而且移动终端用户希望获得这种连接的价值。为此，致力于移动营销的企业需要彻底改变传统模式，直接面向正在购物的移动消费者。同时创造诱因让消费者联系他们，形成一个双赢的模式。

（1）设定移动营销的目标

移动营销要求企业针对移动消费者的互动营销策略应与整体商业目标相吻合，并能充分利用移动营销变革所创造的新机会。设定移动营销目标的前提条件，是要评估现有和潜在用户在当前及未来是如何使用智能手机购物的。不同的人群也许会使用不同的手机和操作系统，所以企业要确定客户使用的手机品牌和操作系统，是苹果、安卓还是黑莓。

目前，绝大部分移动消费者都选用了智能手机，而这恰恰驱动了移动营销的革命。因为智能手机带来的价值是巨大的，其运算能力及精密技术能令客户随时随地掌握自己的个性化资讯，让他们的购物更加便捷。企业在设定营销目标时，就应该调查客户的手机用途，在发短信、发邮件、比较商品信息、购物或者观看视频这些消费活动中，哪些手机使用行为中可以形成令用户最为自在的互动。

（2）追踪移动消费者的偏好

随着智能手机越来越多的功能被开发，并且越来越多的人都学会了使用手机在移动中购物，移动营销面临的挑战之一，就是企业必须要全面了解和掌握当下及未来手机用户偏好的手机功能。

由于用户对自己手机的特性及功能再熟悉不过，因而会借此被吸引进这一市场。企业如果没有适当可用的手机功能调研，就无法掌握目标用户的手机用途，企业就会冒着失去潜在市场机会的风险。因为有成千上万不同的移动应用程序及数十亿的移动用户，消费者使用手机应用程序方面的变化远快于企业，而如果企业不能及时监测到消费者使用行为的变化，将面临落后的危机。

因此，企业追踪客户的手机使用方式及偏好是很必要的，否则可能会开发出与客户行为偏好不符的移动产品或服务。

（3）注重移动消费者的互动参与

在移动营销的购买过程中，用户使用手机得到资讯，帮助自己和某人或某些信息进行互动，任何疑问都是通过手机解决的。对营销者而言，好消息是通过使用手机使他们在实际的购买过程中与消费者互动的能力增强了，营销者或销售人员既可以现场和用户沟通，也可以通过手机来和用户沟通。企业需要重新布局策略来应对这种新形势，移动用户

开始主动向企业获取信息或服务，而不再是被动地接受企业推送的信息。

（4）超本地化地开展营销

移动营销的最大的挑战在于，尽管手机的受众极为广泛，但是在地域上的分布也极为分散，全球手机数量有数十亿，然而每个用户的使用行为都不尽相同。同时，对于每部手机，无论何时搜集用户所在位置信息，都会涉及超本地化的问题。这使得那些想把营销信息推送至上百万消费者的企业陷入困境，因为在移动领域，每个消费者在不同的时间和地点，做的事情也不尽相同。因此，营销者要超本地化地开展营销。在使用手机互动的时候要考虑消费者的心态会是如何，他们可能处于什么地理位置，吸引他们需要周密的策划，以移动营销的创新模式，赢得未来的市场。

5. 把手机购物作为移动营销的最大突破口

手机购物是时下一种相当流行的移动消费行为。手机购物让爱购物的人尝尽了购物的乐趣，同时，它也创造了一种全新的购物行为与购物体验。随着各大网购网站不断推出手机客户端，手机购物也越来越被人们了解与接受，成为了手机上网的潜在主流行为之一。从营销的意义上来看，手机购物是市场争夺的最主要的阵地。

可以说，如今的消费者在买东西时，地点上可以选择在店面里、办公桌前、厕所里、床上，时间上可以选择在工作日、周末、中午、晚上，还可以轻松地货比三家。手机，让购物变得"傻瓜化"。总之，消费者在商铺面前有了更多无差别的购买方式的选择。手机购物大大丰富了购物体验，成为了继网络购物后，新的热门购物方式，而移动消费作为新兴的流行消费行为仍将继续发展。现已产生多种移动平台，创新移动视频传送方式，利用基于地理位置的服务让用户以多种方式与商品提供者进行互动。同时，还提供用户扫描产品条码获取信息等多种方法，以帮助顾客创造额外的数字价值。移动支付系统也开始进化，因为客户已经证明了手机购物的舒适性，即便只是从应用程序商店里购买。为此，企业需要构建针对移动购物特别是手机购物的新模型，即从手机获得支付的方式。例如，消费者使用手机发送一条短信给企业，便会收到一个激活码，使用激活码便可获得免费的样品。移动终端也可借此控制数码录像机、电视、开门、汽车启动等。正如其他营销领域，移动营销也需要在创新上多做尝试。

同时，移动终端将是最终的测量工具，因为消息可以直接与用户行为挂钩。如果用户打开一条营销信息，市场营销人员就可以判定它发生在哪里、

> 更多的企业看到了手机购物的营销价值，于是它们之间展开了一场争夺手机用户的激烈角逐。市场营销人员不应等所有用户都采用移动终端后才采取行动，这会带来一段艰难的追赶过程。消费者已经走在前端，正推动着市场的发展。

什么时间，这一切最终要归结到通过移动终端公司能够为客户提供的价值上。了解客户在什么时候是活跃的、准备到什么地方去等信息，将给企业带来一个全新的机遇，借助移动营销，时间、地点、供求和需求可以无缝对接，因为它们现在都是可测量的。凭借这些特色，企业将在这场变革中取得胜利。

6. 巧妙借力短信营销的拉动作用

在移动互联网快速发展的今天，适时地使用短信营销是移动营销中的重要营销方式之一。这是移动营销的一个很好的实践总结，它可以让营销者接触更多的消费者，因为几乎每个用户的手机都可以接收短信，而并非所有手机用户都有时间整天在网上浏览，都有精力在潮水般的信息中筛选出自己需要的购物信息。

利用短信营销有个重要的前提条件，就是营销者如要发送短信营销信息，必须事先经过消费者的授权，或者消费者同意接收营销者发送的特定信息才行，以防止消费者认为接收到的信息属于垃圾信息的情况。移动终端用户把他们的手机看得很私密，不希望不请自来的人或企业侵入他们的空间。

消费者的授权过程一般是通过短信发送特定内容到指定的号码。比

如，营销者可能会让消费者发送拒绝或确认的回复。营销者一般会在企业的传统广告、官网或者产品包装上对这个短信号码进行宣传。这种授权过程对于拥有广泛渠道的大品牌而言容易得多，因为邀请信息可以轻易地得到传播（如印在瓶盖上或易拉罐上）。小品牌则可以通过在店内展示广告、电子邮件或者印刷在收据上来进行传播。

消费者在授权以后会收到一条来自营销者的回复短信，会把具体的条款叙述清楚。授权过程一般也会包括一封电子邮件，让消费者确认。对很多用户而言，短信是他们与朋友间一种点对点的交流方式，他们可能对企业使用这种方式有抵触情绪。因为面临这样的挑战，营销者就必须让消费者相信，接收短信能够获得足够大的价值或者潜在价值。而令人欣慰的是，那些授权的人们往往对产品有浓厚兴趣，或者非常想得到提供的奖品。

当消费者授权以后，就意味着他们知道了企业或产品，并且希望（至少同意）营销者能提供一些关于特定话题、产品、服务、机会或事件的相关信息。他们同意以一种个性化并且密切的方式与营销者互动。今天，在各国已经有很多企业能提供短信营销服务。

就像横幅广告这么多年来一直称霸互联网一样，短信也将一直存在。并非网络上没有出现比横幅广告更好的广告形式，正如手机上也有很多比短信更好的营销方式一样，这完全取决于营销者的具体情况。如果你想到达的人群主要是 iPhone 用户，那么手机应用程序和手机网站可能是最佳的渠道；如果你想到达的人群的智能手机使用率并不高，那么短信营销将更有价值。

二　巧用移动互联网做广告

移动互联网广告简称移动广告，是在移动互联网的环境中，以推广产品或服务为目的所做的移动信息的发布与传播，主要通过短信、彩信、彩铃、WAP Push、WAP 站点广告和电子凭证等形式，借助移动终端的随身性、实时性和个人私密性等特点，将广告信息变为具有针对性的服务信息传递给目标受众。移动广告是企业或商家运用移动互联网宣传本企业产品的绝好方式。

1. 移动广告业务的发展

营销从来都与广告密不可分。移动广告既是移动营销的重要组成内容与形式，又是为移动营销服务的主要手段。移动广告是通过移动媒体传播的付费信息，旨在通过这些商业信息影响受传者的态度、意图和行为，是广告主通过移动互联网，为了通知或劝说某个目标市场的用户或受众接受关于其产品、服务、组织或理念，而投放信息和劝说引导的过程。这种广告实际上是一种支持互动的网络广告，它由移动通信网承载，具有网络媒体的一切特征。同时，由于移动性使得用户能够随时随地接收信息，因此，它比以往的网络广告更具优势。

由于移动广告有多种业务承载方式，而且内容非常丰富，能与手机游戏和视频彩信等相结合，并具有图文视并茂及音乐等多种混合形式，加上手机独特的优势，因而迅速受到企业和商家的信赖。

按照不同的标准，移动广告可以分为不同的类型。根据实现方式的不同，可分为 IVR、短信、彩信、彩铃、WAP、流媒体和游戏广告等，其中短信广告以其操作简单、价格低廉和受众阅读概率高等优点，一直是最主要的移动广告技术手段。

根据内容形式的不同，移动广告可分为文本、图片、视频、音频及混合形式等。

根据推送方式的不同，移动广告可分为推（Push）广告和拉（Pull）广告，推广告具有很高的覆盖率，但容易形成垃圾信息；拉广告是基于用户定制发送的广告信息。

从历史上看，广告的媒体形式前后已演变出四种形态：其中报刊为第一媒体，通过纸张作为媒介；广播为第二媒体，通过电波作为媒介；电视为第三媒体，通过信号作为媒介；网络为第四媒体，通过互联网作为媒介。进入移动互联网时代，人们又把手机称为"第五媒体"，以手

机为视听终端，手机上网为平台的个性化即时信息传播载体。与电视、广播、报纸和杂志等媒体的广告相比，以手机为主要媒介的移动广告具有独特的优势，但同时也有一定的劣势。

2. 移动广告的独特优势及劣势

移动广告的优势主要表现在以下几个方面：

（1）广告形式彰显个性化

手机用户可自主选择感兴趣的广告信息或进行广告信息的点播和定制；运营商可以根据移动网网管的统计数据获得听取广告信息的用户数及信息抵达率，快速了解广告效果并及时调整业务策略和投资成本。

（2）广告双方互动性强

通过移动媒介，广告收发双方可以相互实施影响。对于一则广告，消费者可以使用移动电话、短信、邮件和登录网站等形式回应广告商，甚至还会将广告转发给自己的朋友形成所谓的"病毒式"营销。基于安全考虑，首先需要发送请求信息给接收终端，如果接收终端反馈的标识信息表明同意接收，则发送广告内容，否则不发送。这种方式对广告商极为有利，在转发信息的过程中用户自身成为发送者，增加了信息的可信度。互动的另一种形式可以是用户主动订阅广告内容，即用户根据收到的订阅信息中的内容或频道的标识等信息订阅所需广告，然后保存广告的实体。

（3）广告发送随时随地

用户在需要的时候可以随时随地获取信息，获取信息的方式包括收听电话广告、信息点播和小区广播等方式。移动广告发送与位置相关的实时信息，为用户即时消费提供了可能。当移动用户来到某个小区需要就餐、购物或参与某种娱乐活动时，即可随时利用手机查询信息；同时手机还具有广告信息存储功能。

（4）广告目标受众容易锁定，显示出高效性

尽管移动广告的接收者数量可能比传统信件广告或电视广告要少，但实施效果却比传统广告要好。移动广告利用手机用户特征能在正确的

地点和时间锁定目标用户。例如，当一位顾客从麦当劳餐厅旁边经过时，麦当劳可以用短信形式向其发出一张汉堡或炸薯条的免费券。在预先定位的基础上，广告主可以选择用户感兴趣或者能够满足用户当前需要的信息，确保消费者接收想要的信息。通过对广告的成功定位，广告主就可以获得较高的广告阅读率。以手机短信广告为例，81％的用户是在阅读短信后才将其删除，其中又有77％的用户是在收到短信当时阅读的。对用户的订阅行为也可以通过广告频道适配来提升精准度，用户可以根据终端接收显示的广告频道指南信息来订阅移动广告内容，并在频道信息发生变化后要求更新频道信息。

（5）广告成本低廉

移动广告业务的广告制作比较简单，构思和语音录制成本非常低。与电视和大型广告牌相比，电话广告把更多的资金投入到广告内容传递方面，而不是广告制作方面。随着手机多媒体广告的发展，移动广告的内容将更加丰富，且它的成本还具有较大优势。

相比较传统广告而言，移动广告也并非十全十美，还存在着一些自身的缺陷和劣势。比如用户敏感度高，用户对接收移动广告的敏感度非常高，移动广告的发送对象选择和发送时机不当或者同一广告发送次数过多，都会引起广告受众的反感。

又比如容易受限于终端屏幕，难以全面展现广告目的。终端屏幕小，移动广告只是一小段文字、一张小图片或一小段声音等，广告冲击力较弱。因此，并不是所有行业的广告都适合投放移动广告。最适合使用的是需要实时更新或与位置相关的广告信息如餐饮服务、促销信息和娱乐活动等。

同时，移动广告的行业监管难度大。移动广告接收终端的私有性，使得行业监管者对移动广告内容的监控难度大于传统广告。仅靠传统的监管手段很难达到监管移动广告的目的，需要行业监管者针对移动广告的特性制定相应的监管措施。

因此，在开发移动广告时，广告主应注意扬长避短，最大限度发挥

其优势，以达到移动广告的目的。

3. 移动广告的营销模式

移动广告的营销模式分为商业模式与媒介模式两种，每种都有不同的营销策略与方法。

（1）移动广告商业模式

其一，独立的 WAP 页面下的广告模式。在这种模式下，主要的参与者是广告主、广告代理商、移动运营商和手机用户，手机广告的直接获益方是广告代理商和运营商。无论产品销量是否增加，只要投放手机广告，广告代理商就会获得佣金，运营商就会获得流量。如果手机用户受手机广告影响而购买产品，则广告主及其渠道商就会获得销售收入和渠道分成；如果用户有兴趣参与网络内容下载，直接获益者是运营商。因此，手机广告商和运营商在手机广告中是绝对获益者，其他环节要视手机用户的消费行为确定是否能够获益。

其二，基于 WAP 网站的广告联盟模式。这种手机广告联盟的形式与独立的 WAP 网站的形式并没有本质的区别，直接获益的仍然是广告代理商和移动运营商。二者的区别在于广告联盟能汇集各中小独立 WAP 流量并打包，吸引广告主依据流量投放广告并产生订购关系，获得的广告收入在联盟成员中分配。

其三，以短信、彩信或 WAP Push 的形式直达用户手机终端模式。这种模式下的直接受益者无疑是广告代理商和移动运营商，广告代理商获得广告主的佣金，佣金数量大小视被 Push 的手机用户的反馈量而定；移动运营商获得的是广告代理商 Push 信息的流量费和手机用户反馈的流量费或信息费。如果用户受手机广告影响而发生购买行为，那么广告主也是受益者，从而获得产品销售收入。

其四，手机广告内置于终端设备模式。在这种模式中，受益者是广告主、手机广告代理商、移动运营商和手机用户。而且手机广告代理商的身份也不再局限于 WAP 网站和传媒公司上，更多的软件提供商和终端制造商加入了手机广告的市场中。手机用户在玩游戏、浏览书籍或者欣赏手机视频时点击内置的手机广告将有机会获得奖励，这种模式的直接受益面扩大到手机用户。使参与者都能获益，对手机广告的发展非常有利，是一种较有发展前途的模式。

其五，电信运营商从渠道提供商向广告代理商转变模式。这种模式不仅有效利用了移动网络在闲时的带宽，更可以精准细分用户从而提供更有价值的信息。在由运营商以手机广告代理商的身份直接参与的模式中，获利最大的即为运营商，手机用户在定制了运营商推出的广告方案后也可以获得自己需要的信息或者奖励。如果手机用户购买了该项产品，广告主也能获得利润。

（2）移动广告的媒介模式

移动广告需要通过媒介向公众介绍商品，要推动移动广告业的发展，当前最需要的是以发达的手机媒介为基础。

其一，手机媒体模式。这种模式有两种技术实现方式：一种是通过无线电视接收技术将电视信号直接发送到手机上播放。这一模式的突出特点是技术和运营相对简单，并且符合受众习惯，受众的使用成本较低，因而会在手机媒体发展初期广受用户欢迎，实现节目的收视跟踪与定向推送。另一种是通过网络传输和数据分包技术实现的流媒体模式。这一模式并非传统媒体的简单移植，而是通过网络信息技术的进步，实现受众与媒体之间的互动和分时。这不但符合受众的阅读和收看习惯，而且比传统媒体更加方便和友好。例如，用户足不出户就可以随时随地阅读手机报。这一模式将随着网络传输成本的降低和带宽的不断突破而逐步取代或者说分化其他模式，并随着对受众偏好的研究和受众定制需求的增加逐步由大众模式向小众模式方向发展，这将是手机广告的主要模式之一。

其二，手机搜索模式。通常情况下，这种搜索包括信息本身对公众都是免费的，即使收费也会非常低。也正是因为信息和搜索的免费为宽带和广告提供了用户基础，反过来又推动了此类搜索服务业的发展。随着互联网信息技术的进步和公众对信息依赖性的提高，搜索将会成为社

会生活和工作的必需品。这一模式将随着对受众搜索偏好的挖掘以及具体搜索需求与广告的匹配，而向精细化投放发展，这是个很有发展前景的广告模式。

其三，手机网络游戏模式。手机可以作为一种网络游戏的终端，游戏运营商在游戏运行中插播广告，如消息类、Banner 式和弹出式广告等。用户在线使用游戏时反复接触这些广告，容易形成较强的冲击力。同时，网络可以记录和监测每个用户对广告的反应，如是否点击、点击频率和点击时间等，从而为进一步的直复营销提供有效的支撑。

其四，手机短信群发模式。手机在作为个人通信工具的同时，广告运营商也将一些商品信息直接发送到用户的手机上。这主要有两种形式：一是前面所说的短信群发广告；二是电话外呼直销广告。定向广告是指结合客户的兴趣爱好和商家的目标客户群，当移动客户在一定的区域内上网且满足相关触发条件时运营商推送商家广告的行为。基于互联网的定向广告业务具有针对性强和有效性高的特点，能精准地将广告信息投放给最合适的移动用户群体，具有较高的推广价值。

三　善用微博营销

移动互联网的发展速度超越人们的想象，改变了市场营销原有的模式和规则，经济活动与人们的生活方式也发生了深刻的变化。其中，微博异军突起，不仅改变了人际互动方式，还强劲地催生了新的商业模式，改变了品牌与消费者沟通的结构，重塑了市场营销环境。

1. 让微博成为企业市场角逐的攻坚力量

最近几年，微博应用迅速渗透到生活的方方面面，从政府到公众、企业到个人、商家到消费者，都是微博信息交流的体验者与构建者。

在移动互联网的无限前景与微博平台的启迪下，微博营销的概念开始在我国扩散与实践。已有一批敏锐的企业率先利用微博打响了新一轮移动营销的战役，并取得了非常好的成绩。微博营销的背后体现出塑造品牌的强大驱动力。

　　处在今天的移动互联网时代，企业最重要的生存能力便是适应时代变化发展的营销能力。只要我们稍加留意，就会发现营销无处不在，我们身边有无数事物都可被用作营销载体，并且需要不断创新。尤其在当今移动互联网时代，消费者的需求呈现多样化特征，中国的细分市场走向成熟，并在移动互联网快速发展的催化作用下，整个市场的细分节奏不断加速。买方主导市场，意味着企业从产品、服务到营销都必须为消费者提供更多的差异化体验。因此，企业需要建立一套更为灵活的运营模式，不断优化企业运营环节，以移动营销的大智慧应对变幻莫测的市场格局。

　　毫无疑问，每个企业不得不颠覆传统营销模式，进入移动营销的创新时代。其中，具有群体广泛覆盖、即时传播、突破地域限制等多种优势的移动终端客户当仁不让成为移动营销的目标客户群。微博正好能在争夺移动终端用户方面发挥巨大威力。

　　当然，企业微博营销尚处于发展初期，一些企业还存在微博操作误区：一部分企业开通了微博却不熟悉有效操作，浪费了资源与精力；一部分企业因恐惧负面信息的传播而弃之不用，错失营销先机。

> 　　随着3G网络的进一步拓展、无线终端的多样化，移动互联网仍然处于上升阶段。各种各样的移动"轻营销"，能够随时随地冲击消费者的心智。再加上传统互联网的配合，最终实现网络资源的有效整合，这无疑将增加营销活动的传播效果。

　　从众多大型企业的微博营销实践中，可以看出当今的微博营销越来越"轻巧"，企业在"轻巧"的实践中，把以微博为代表的移动互联网作为核心平台，去整合其他各类营销资源，达到了以小博大、以轻博重的营销效果。

　　微博时代，团体与个体都是信息的生产者和消费者，人人都能传播信息，人人都在被关注。事实已经证明，微博正高举着"革命性信息传播方式"的旗号，以网核状、裂变式的传播方式影响企业与个人，引起社会变革。这也正是微博区别于其他任何媒介的重要特征。在信息的即时性、多样化、多渠道、互动力、传播率上击败所有传统媒体。

在微博如此强势崛起的力量之下，企业营销理应积极主动寻求与微博的共舞，从微博平台吸取新生命力的能量，由此稳固自身市场。微博的诞生注定了要改变人们的生活常态，改变信息的传播方式，其发展也将延伸到改变思维方式、消费模式、营销模式，进而完成量变到质变的飞跃。那么，谁能率先悟透社会化媒体营销，谁就能以轻成本、高效能的营销方式夺得市场先机。

2. 微博里的庞大客户群

根据中国互联网络信息中心 CNNIC 发布的第 32 次《中国互联网发展状况统计报告》称，至 2013 年 6 月，我国微博用户使用数量从 2010 年年末的 6311 万迅速增长至 3.31 亿。两年内，新增微博用户超过 2 亿人，在网民中的使用率从仅 13.8％提升到 56.0％。

关于个人用户使用微博的分析表明，约 35％的用户使用微博是为了交流分享。他们的沟通、交流是以圈群为中心的，这类微博用户本身就具有一定圈群性特征，关注朋友、同学、同事等。关注的内容也是具有圈群性的话题，例如朋友与同事的动态、业内人士的观点等。圈群可以分为几类：以朋友、熟人为主的个人关系群，以关注主题为主的共同爱好群，以自我提升或工作合作为主的行业群等。此外，约 35％的用户使用微博是为了获取资讯，了解社会新闻动态或专业知识信息；约 16％的用户主要是在微博上发表自己的观点（更多偏向于自我表达）；约 14％的用户把微博当作休闲娱乐的平台。

调查显示，微博用户主要是四种类型的人群：其一是自我表达型。这是微博主流人群，主要行为是写微博，发表自己的观点或发泄情绪。其二是社交活跃型。对微博的功能使用比较全面，大部分人是微博的第一批用户，对微博的掌握程度较深。其三是讨论参与型。对微博话题类内容比较感兴趣，尤其喜欢参与热点话题的讨论。其四是八卦偷窥型。自己不喜欢写微博，但喜欢关注行业资深人士的观点和明星、名人的微博。

无论哪一种类型的微博用户，对有心的企业而言，只要运用适当对路的营销手段，这些用户中很多都是可以成为潜在客户的。

3. 微博的内容营销

企业微博运营者首先要改变观念：企业微博的出发点不是利用微博客户，而是先要给微博客户带去利益和营养。因此，如果真的想做好微博营销，那么就要老老实实做内容，重视内容的价值，通过内容反映的各项指标去指导微博营销工作。培养企业忠诚的微博客户，就要从内容营销开始。

企业的微博营销不管是将微博定位为品牌传播还是连带销售，所有的意图主要都是通过文字来表达的。互联网口碑营销与传统营销的很大不同在于它多数并非声音传播而是文字传播，所以微博内容的重要程度不言而喻。要想培养企业的忠诚客户，就要做到微博内容受欢迎、有价值、够创意。

受欢迎就是要了解微博用户群体的口味。要学会通过他们谈论的话题、标签、社交关系去观察他们喜欢吃辣还是吃甜，吃咸还是吃淡，摸清用户的喜好。

有价值就是要让企业发送的微博内容对用户有价值。是女性，就告诉她如何美容减肥、化妆购物。是男性，就告诉他时政新闻、财经股票。总之，要尽量让用户感到你的微博内容对他有价值。

够创意就是要让用户有新鲜感。再好的东西看多了也会腻，如果能不断创新，比如把图文结合换成"视频＋文字"，把活动做得更有趣味，让用户每次都有不一样的感受，他们自然会对你的微博另眼相看。达到这三点要求，要从以下几个环节抓好微博的内容营销：

（1）微博内容要个性化

企业微博的个性不仅可以从微博形象（包括微博头像、微博昵称、个性化域名、自定义模板、标签的设置、企业微博模块的选择与设置）中体现出来，更主要的是从微博内容中体现出来。当企业微博确定了自己的微博形象定位后，就应该考虑通过哪些内容来体现这一形象。

微博的形象定位决定微博内容的主要方向，但单一的内容方向会导致能说的话太少，毫无方向又会使微博显得太繁杂，没有中心。因此，应兼顾内容的多元性和相关性，在选择内容时可以先确定微博内容的核心走向，从这个核心发散出多元化的内容，也就是要注重内容的相关多元性。

例如，从目标用户喜好出发的多元化：女装品牌的微博，除了介绍产品以外还可以讨论女性的心理、身体健康等话题。从产品或服务出发的多元化：汽车品牌的微博，除了介绍汽车的性能以外，还可以围绕着汽车的历史、汽车的设计灵感等发布相关微博。

（2）让消费者为企业微博进行内容创作

企业微博营销的一个重要特征是用户创造内容。网络上的内容主要由用户产出，每个用户都可以通过微博生成自己的内容，而不是由以前的某些专业人士或内容生产商来提供。

成功的微博营销，应该让用户更多地参与到企业微博运营中来。企业需要用户积极参与、积极表达，需要大众的共同创造。这样可以充实企业在微博中的内容，既方便企业在微博上的展示，也利于微博用户搜索并获取企业信息。这为企业提供了更多有益的思路和顾客反馈。同时，用户最相信和自己一样的用户所做出的反馈，所以用户的良好反馈对企业来说是极有说服力的广告，企业转发用户的良好反馈，会让很多围观的用户变成潜在顾客。

（3）不要发布模糊的信息

微博的建设，要注意的是不能为了获得用户的喜爱而变得没有立场、没有原则，发布一些模棱两可的信息迎合大众。模糊不确定的信息最容易引起用户反感。所以，你所发布的信息一定要是确定的、十分肯定的事实，永远不要指望靠忽悠赢得用户的好感。

（4）企业微博不能发布的内容与评论

企业微博在发布内容时有一些禁区是不可触碰的，这不仅关系到企业的形象，有时甚至关系到企业的安危。如，未经核实的内容；容易产生政治、宗教争议的内容；容易产生社会价值争议的内容；容易产生性别歧视的内容；对于竞争品的贬低或者批评的内容；出于个人情绪的内容；带有负面情绪的内容；过于冷淡、没有感情色彩的内容（特别是在讨论时事和回复企业负面信息时）。

（5）做抓人眼球的微博

情感类、新鲜类、实用类、通用类、娱乐类、消遣类话题是微博个人用户最为感兴趣的内容。营销者的微博对目标群体越有价值，对其的掌控力也就越强。在这

> 微博经营的真谛就是一种价值的相互交换，在这个过程中各取所需，互利多赢，只有这样的模式才能长久。如果想让大家持续关注企业微博，就需要微博运营者持续提供目标用户感兴趣、对用户有价值的信息。

一点上，企业还需要改变对价值的认识，并非只有物质奖励才是有价值的，在微博上，目标用户感兴趣的相关资讯、常识、窍门，也就是信息分享，对他们才是最有长远价值的。

4. 微博的活动营销

微博的活动营销有很多种类，企业可以根据自身的运营目的来选择。在明确企业微博活动营销目的的前提下，在活动具体内容的策划上，企业也需要花点心思。

（1）设计活动内容必须考虑的因素

从活动内容的设计上，企业可以考虑以下几个因素：

一是目标受众。哪些人群才是企业此次活动的目标人群，甚至是企业微博的目标人群？这部分人群喜欢什么样的活动方式？被什么样的主题而吸引，愿意分享什么样的活动内容？如果活动没有影响到这些目标用户，就不算成功。

二是可参与性。活动的可参与性影响着参与粉丝的数量和质量。参

与门槛越高，参与的粉丝数会越低，但粉丝质量会较高，也就是说目标用户会更精准。反之，参与门槛越低，参与的粉丝数量越多，粉丝的质量就会较低。

三是传播性。在活动的规则和内容上如果能吸引网友分享则有利于活动的传播，可以从活动创意、精美配图等方面入手。但现在很多企业要求加关注和转发其他网友的规则，用不好可能会打扰网友。

四是契合活动目标受众的喜好。在活动形式、参与方式的设计上要切合活动目标受众的喜好。如果能达到心理的共鸣，引导网友进行交流、分享、传播，那就是更高境界了。

五是结合时下热点。企业可以将活动形式和时下热点相结合，借力调动网友参与活动的热情。

六是线上线下的结合。在基础设置和内容都做得比较好的情况下，将微博活动与企业的品牌、产品、促销等结合起来，实现线上线下互通。线上交流、线下亲身体验企业的产品和服务，会加深网友和企业的交流。

（2）确定活动营销的主题

活动，尤其是企业的定制活动需要一个明确的主题，让用户对活动有所认知，也利于推广与被搜索。鲜明而具有特色的主题可以吸引用户的关注，提高粉丝活跃度并激发企业与他们的互动。在企业活动主题中，策划出一个富有吸引力的话题往往能让活动事半功倍，什么样的企业活动主题对目标受众更具吸引力？首先要挖掘目标受众的喜好。在活动话题、参与方式的设计上贴合他们的喜好，达到心理上的共鸣，引导用户进行交流、分享、传播。从活动主题衍生而设计的标题也需要优化，最好控制在 15 个字以内。开篇写明主要表达内容的亮点，例如奖品金额、数量、名人参与等。

在活动主题的选择上有两种：一是公众话题。如公众节日（国庆节、母亲节、春节、情人节等）、热点时事（奥运会、世界杯、春运等）。企业微博可以利用各种社会热点话题、节日话题等来策划创意活动聚集粉丝，比如，通过免费试用、选拔品牌形象代言人等活动来吸引目标用户。二是企业话题。如品牌宣传、新品发布、线下活动支持、周年庆等。

（3）制定跨界活动的策略

企业在设计定制微博活动时，可以选择独自发布或跨界活动。对于已拥有数十万甚至数百万有效粉丝的企业微博来说，已有足够影响力去独自发布与执行活动，而对于微博营销刚起步的企业来说，跨界活动也是良好选择。

优质而富有创意的活动是微博营销的重点之一，通常跨界微博营销也是微博活动的一种创新。实际上，企业可开展的活动形式多种多

> 企业开展活动时所制定的规则，一定要让目标用户方便参与和转发。一定不要为难参加微博活动的用户，让他们去读长长的一段介绍文字，只有活动规则简单，才能吸引更多的用户参与，最大程度上提高品牌曝光率。

样，并不局限于自身领域，尤其在当下越来越多企业向用户抛出更诱人的礼品的刺激下，意味着活动成本一定增加。跨界微博活动不仅能通过资源互补与升级来吸引更多的目标群体，还能有效地降低两家甚至多家企业的活动成本。

最后还要注意的是，无论组织何种形式的营销，企业在向用户介绍活动时，一定要言简意赅，引言、参与方式、活动介绍、时间、地点、获奖宣布时间都要包含在内。

四　让微信成为强大的营销工具

当微信成为移动互联网备受瞩目的应用并开通公众平台后，它的商业价值已高度突显。由于微信的内容形式有文字、语音、图文等，如果拥有一定数量的高黏性、高质量用户，在微信中推广品牌、活动、网站、App应用等都会对企业产生积极促进作用。作为企业，如果错过了博客营销，进入微博营销太晚，那么刚刚起步的微信营销则是不可再错过的盛宴。迅速抓住机遇，开展微信营销才能赢在移动互联网的起跑线上。

1. 难以估量的微信营销价值

在今天这个时时刻刻都在创新的移动互联网时代，世界一直处于变革之中，任何企业经营者稍不留神，忽视了最新科技的应用就很容易被竞争者超越。

移动互联网的吸引力在于打破了传统电脑的空间限制，各种移动终端的普及使互联网接入时间得以延长，人们在路途中就能使用互联网。互联网从业者的使命是提高产品和服务的用户黏度，占领用户群，使移动产业链更稳定和更全面地实现价值。

2012年8月18日，腾讯公司的微信公众平台发布，让每个用户都可以打造自己专属的媒体平台，一时间，数百家媒体与公司、机构涌入，将这里开辟成为除微博官方账户外的另一大互联网营销战场。腾讯官方称，微信公众平台的定位是为用户、媒体、企业等提供一种全新的互动沟通模式，以及通过自由平台打造一种全新的阅读模式和体验。

从微信的特点看，它重新定义了品牌与用户之间的交流方式。如果将微博看作品牌的广播台，微信则为品牌开通了"电话式"服务。当品牌成功得到关注后，便可以与用户进行到达率近100％的对话，它的维系能力远远超过了微博。

通过微信公众平台的语音、实时对话等一系列多媒体功能，品牌可以为用户提供更加丰富的服务，制定更明确的营销策略。从微信的App应用与O2O模式这两大优势来看，已远远超越了其最初设计的语音通信属性，其平台化的商业价值显然更值得期待。

（1）无条件使用的App应用

2012年5月15日，微信开放了注册开发者资格（即开放平台，第三方App应用），第三方开发者可以在微信开放平台的官网上，通过登记应用，获取专有App ID，上传应用后，等待系统审核即可。之前想要开发App应用做推广，费用是比较高的，例如，进驻下载排行榜等，要耗费不少资金。微信平台对接App应用，让开发App的人找到免费且有效的推广窗口。

任何开发者，都可以在申请微信授权的 App ID 后，无条件使用、分享这些被称为"基础设施"的关系网。微信的核心关系库，被开闸放出并和各种 App 共享，开发者可以快速提升品牌知名度，或者提早实现商业价值和盈利目标。微信则因为开放元素的加入，正在成为"一种链接各种互联网产品并实现内容在关系链中流动的基础服务"。这种强关系效应其他平台很难做到。

腾讯公司负责人曾公开表示，微信不准备一家独大，而是要"百花齐放"。作为一个欢迎所有 App 包括竞争对手的整合平台，未来腾讯的平台会更加深化开放，把云计算能力、运营能力、服务能力和平台能力都贡献出来，和开发商一起成长，打造一条健康的生态产业链，让更多的中小企业，甚至个人用户能够享受微信整个通信的技术架构和社交能力。

（2）O2O 模式帮助商家推广与提升服务

微信是腾讯开发 O2O 模式的前哨战。自微信会员卡开通以来，招募的全国品牌商家已逾千个，涵盖餐饮、旅行、服装、商城、娱乐等众多行业，年轻人尤为欢迎这种模式。微信会员卡平台越是壮大，意味着越吸引消费者在这个平台里搜寻商家，对商家来说是一个有利的宣传点，还能大幅提升客户体验与方便接入客户管理系统 CRM，结合公众平台深入内容运营与互动机制。

目前来看，O2O 模式更适合连锁类餐饮企业、连锁加盟型的零售企业、本地生活服务企业，如 KTV、会所、影院等，这些企业可以通过微信线上下单、线下体验服务的方式获得更多消费者。相对于 B2C，O2O 模式的主要优势更突出和明显：

一是线下体验服务的相对信任度更高，成交率也更高。

二是对于连锁加盟型零售企业来说，能顺利解决线上线下渠道利益冲突问题，而 B2C 模式无法避免线上和传统加盟商的渠道冲突，尤其是价格上的冲突。

三是对于生活服务类企业来说，具有明确的区域性。获取消费者更精准，线上推广传播更有针对性。

四是能将线下的服务优势更好地发挥，具有体验营销的特色。比如，某发饰连锁加盟企业的核心优势是购买产品终身免费盘发，但由于是连锁加盟，所以门店只对区域内会员服务，而这是 B2C 模式无法解决的问题。

五是通过网络能迅速掌控消费者的最新反馈，进行更个性化的服务和获取高黏度重复消费。

六是对于连锁加盟型企业来说，对于加盟商的管控会更方便和直接，能使品牌商、加盟商和消费者三者的联系更加紧密化。

如今，微信在腾讯资源整合条件下拥有 3 亿用户群，未来用户数量还将不断增长，并且用户黏性极高。2012 年 12 月曾爆出中国移动公司指责微信损害通信利益，从中就可以看出，如果用户对微信没有高度黏性是不会动了移动公司的"奶酪"的。"免费短信""免费长途语音与视频"都是牢牢吸引个人用户的筹码。既然微信完全符合互联网界"用户为王"的定律，意味着拥有精准推送特性的微信背后极具市场潜力，不同年龄、收入层次的用户，都符合特定商家的目标。

2. 微信营销的强大优势

微信作为一个私密性和功能性完美结合的通信工具，在移动营销上显示了强大的优势。

微信附身于手机之上，打通了传统电信通信和移动互联网的界限，并且满足了人们排解寂寞和沟通互动的需求。其注册更是简单，只要有 QQ 号、手机号或者邮箱就可以了，而这些东西早已是现代人的必需品。

微信是一种更快速的即时通信工具，具有零资费、跨平台沟通、显示实时输入状态等功能，与传统的短信沟通方式相比，更灵活、智能，且节省资费。

最后，在微信中，可以发送文字、语音及视频信息，也可以群聊，随着微信新版本的不断推出，对讲机功能和群视频功能都得到极大的提高。

最重要的是，微信的信息传播接收率达到 100％，这是其他任何产品都很难达到的。

作为一种新兴的信息传播工具，微信在网络营销方面的应用也被越来越多的企业和个人用户认可，并且不少企业和个人都从中尝到了甜头。相对于传统的互联网，微信营销具有如下优势：

一是高到达率。营销效果很大程度上取决于信息的到达率，这也是所有营销工具最关注的地方。与手机短信群发和邮件群发被大量过滤不同，微信公众账号群发的每一条信息都能完整无误地发送到终端手机，到达率高达 100％。

二是高曝光率。曝光率是衡量信息发布效果的另一个指标。信息曝光率和到达率完全是两码事，与微博相比，微信信息拥有更高的曝光率。在微博营销过程中，除了少数技巧性非常强的文案和关注度比较高的事件经大量转发获得较高曝光率之外，直接发布的微博广告很快就被淹没在微博滚动的动态中了。

而微信由移动即时通信工具衍生而来，天生具有很强的提醒力度，比如铃声、通知中心消息停驻、角标等，随时提醒用户收到未阅读的信息，曝光率高达 100％。

三是高接收率。我国微信用户已近 4.38 亿之众，而且还在高速增长，微信已经成为类似手机短信和电子邮件的主流信息接收工具，其广泛性和普及性成为营销的基础，那些微信大号动辄就有几万甚至几十万的粉丝。除此之外，由于公众账号的粉丝都是主动订阅的，信息也是主动获取，所以完全不存在信息招致抵触的情况。

四是高精准度。微信的高精准度在于企业对于目标人群尤其是新老客户的控制。很多企业做微信营销的时候首先是把所有老客户加进来，然后想方设法把潜在目标人群加进来，这样企业进行营销的时候就能拥有极高的精准度，这也是微信的核心价值所在。

五是高便利性。移动终端的便利性再次增加了微信营销的高效性。

相对于 PC 而言，未来的智能手机不仅能够拥有 PC 所能拥有的任何功能，而且携带方便，用户可以随时随地获取信息，而这会给商家的营销带来极大的方便。

3. 适合微信营销的企业特征

任何营销平台、工具都有适合的定位群体，微信平台也不例外。微信的特点和运营模式，决定了其最容易发挥营销效果。

（1）受众定位年轻人的企业

微信的使用群体的年龄主要集中在 20—30 岁的人群中，那么利用微信推送信息的企业，所提供的产品和服务就应当主要针对该类人群。当然，这并不是说针对其他人群的产品、服务就不可以借助微信平台推送。比如保健品，或者幼儿服装、食品等信息，也可以利用微信平台推送。这类信息的接收者多数也是年轻人，如果他们对信息产生兴趣并且发生消费行为，就容易产生营销效果，反之，在微信平台上直接推送收获的效果不大。

（2）受众群体定位精准的企业

实践表明，一些大众消费的产品，利用微信平台推送的价值不大，因为任何微信公众账号的粉丝群体都是有限的，几千几万人的规模不足以带动大众消费品的营销。

相反，对于很多受众群体定位精准的企业来说，微信是他们的营销利器——因为微信的特点是一对一，可以针对每一个受众的特点进行有针对性的信息推送，深度挖掘客户需求、维系客户关系，所以更适合定位精准客户，如培训教育业等。

（3）区域化经营企业

微信一个非常大的特点就是定位系统，可以查找附近 1 公里范围以内的微信用户，这就为区域化经营企业提供了寻找潜在客户的便利。比如，一家餐饮企业，会在每天 11—13 点，16—18 点这两个时间段，给周围的用户发送餐厅当天的优惠信息。如果正巧有人在附近逛街，不知道吃什么的时候，可能就会对这条信息产生兴趣。如果同时该餐厅还有团购，那么把团购地址也放在推送的信息里，效果往往会更好。

（4）经常举办各种优惠活动的企业

有的企业因为产品特点和受众特点，会长期、定期举办很多优惠活动，这时候如果借助微信推送优惠信息，可以比一般的产品或者企业宣传更有吸引力。

比如，当月折扣、会员优惠、特价促销、买一送一等促销活动虽然已经是众多商家用滥了的招数，但消费者却仍然买账。而微信平台的存在，让更多区域内或者对某品牌有关注的人能够看到这样的优惠信息，针对性更强，效果自然也更好。

当然，尽管我们筛选了四种适合微信营销的企业特点，却并不是说其他类型的企业就不可以使用微信营销，而是以目前的情况来看，拥有上述四类特色的企业，在运用微信营销上有更天然的条件，只要运用得当，就可以最大限度地发挥微信的宣传效果。

4. 微信营销的大思路设计

微信是唯一能够渗透所有人群的营销利器。与之前所有的互联网产品不同的是，微信用户全部为智能移动终端用户。方寸之间的智能手机将影响世界市场营销的格局。

之前利用互联网营销较少的生产加工型企业发现，微信是他们维护客户、经营客户的利器，因为他们的目的是让客户依赖他们，而这正是微信营销的核心所在。

营销的核心就是将正确的信息在正确的时间发送到正确的人那里。而事实上企业通过微信发布信息本身没有问题，是具有商业价值的，但是因为推送的方式单一，不仅不能让消费者感受到信息本身的价值，反而会有被骚扰的感受，进而取消对企业微信的关注。

微信具有互动的特性，既然是互动，就一定要交流，至少要让企业在消费者有购买需求时，能够通过微信进行咨询。因为互动价值的存在，微信营销的定位必须精准，这样，微信营销才有意义。要实现这一目标，就必须让微信成为个体消费者互动的工具，而绝非只是一个发送信息的平台。

要实现这一目标，企业在准备微信营销时，就需要提前建立一个系统的微信营销思路，这一思路包括以下三级：

第一级（初级营销）：一是建立公众账号；二是发布企业相关信息；三是建立足够的粉丝群体。

第二级（中级营销）：一是对粉丝进行数据化管理；二是细致分类用户特征；三是进行包括优惠活动在内的初步的互动性交流。

第三级（高级营销）：一是建立流程化客服体系；二是让客户对企业微信形成依赖；三是信任微信提供的信息和产品选择建议；四是实现微信在线销售。

只有完善上述三级设计思路，微信营销才具备了实施的条件。

5. 微信营销的准备与实施步骤

微信公众平台是一个综合性的平台，企业能在微信上完成从市场调研、客服咨询到销售等所有工作，各个环节都能在微信上获得帮助。明白了这一点，企业就可以有步骤地进行微信营销了。

第一步，综合统筹，准确定位。

微信营销是个综合运营的过程，只有做好全局的部署才能让营销取得良好的效果。企业首先要做的是对企业微信账号进行定位，接下来就是对品牌形象的定位。

企业品牌形象的定位是指企业品牌在消费者心目中区别于其他同类产品（或服务）的个性风格，是企业独特性和不可替代性的基本标志。不管是什么品牌，也不管产品的种类有多少，都应该有一个鲜明的品牌个性。

做好品牌定位后，还要对目标客户定位、内容定位、运行具体方式等进行统筹规划。做好了规划就是完成了营销的第一步，为下面的营销活动打下了坚实的基础。

第二步，确定重点，明确功能。

确定重点是指确定企业的微信公众账号上要有哪些功能，有哪些内容的展示，展示内容是什么。要求企业必须首先了解这些功能和内容的重点是什么，我们的目标人群需要什么，怎么能让他们依赖于企业。

　　第三步，加进老客户，经营粉丝。

　　企业的微信公众平台能够让目标人群产生信赖和依赖，因此，企业进行微信营销的时候只要考虑如何让新老顾客依赖自己，就能激发整个企业对于微信营销的重视，从而真正发挥出微信营销的威力。

　　微信公众平台最大的一个好处是可以经营客户，或者说经营粉丝。很多企业说经营一个老客户比获取新客户重要多了，之前维护老客户的成本非常大，而且非常复杂和麻烦。有了微信就不一样了，微信是目前经营老客户最好的利器，它的功能和内容就是依据老客户的喜好设定的，同时每天的群发也对他们进行了强制的推送。

　　第四步，组建团队，落实责任。

　　当企业做好以上微信营销需要的基础工作之后，就要步入搭建营销团队的过程。微信营销主要营销的是内容，但是要想完成营销还要靠人。甚至可以这样说，一个团队是否优秀，直接决定着微信营销的效果。首先，要有微信营销负责人，以掌控整个营销的过程，包括账号的定位、全年微信营销要达到的目标，同时还要对整体运营进行规划。其次，要有企划人员。他们的主要任务是策划营销活动，通过线上和线下两种方式推广二维码，同时还要承担商务合作的工作。最后，还要有出色的平面设计人员和账号运营人员。这些人负责微信图文内容的发布，同时负责与客户的及时互动。除此之外，还要有专门的客服人员。客服人员的主要工作是搜集用户的反馈意见，对用户数据进行分析，并且要为用户提供语音聊天、语音问候和解答问题等服务。

　　第五步，遍地开花，全面推广。

　　微信公众账号的推广一定是全面的推广。微信能替企业完成从市场调研到客服销售的所有工作，因此，企业要全面推广自己的微信账号，能展示二维码的地方展示二维码，能推荐的地方推荐，能进行账号域名推荐的就进行账号域名推荐，总之是越全面越好。

6. 微信营销必须玩转公众账号

微信公众平台是腾讯公司在微信的基础上新增的功能模块，通过这一平台，个人和企业都可以打造一个微信公众账号，实现与特定群体的文字、图片、语音等的全方位沟通与互动。目前，微信公众平台支持PC端，并可以绑定私人账号进行信息群发。登录微信网站注册微信公众平台账号，按照相关流程操作就可以了。

（1）公众账号申请

首先，打开微信公众平台网站，点击"注册"。弹出注册对话框后，使用 QQ 号码与密码确认成为公众账号用户。再设置内容和手机端展示方式。填写好公众号信息后，就会进入微信公众媒体的后台。但这里要注意一点，如果所用的 QQ 账号已绑定了个人微信就不可注册公众平台账号，这时可另选 QQ 号或解除个人微信绑定进行注册。从 2013 年起，使用公众账号需上传身份证照片进行实名登记。如果微信公众号属于企业或组织，可以使用法人的身份信息登记，也可以提供管理者或主要运营者的信息登记。添加微信公众号信息时，申请的中文名称是可以重复的，不需要担心有人抢注了自己的微信公众号。对于企业而言，做官方认证就可以了。

微信公众平台的这些实名制和认证举措是为企业进行微信营销保驾护航，它能有效保护企业的品牌和产品的利益，在打击冒名顶替方面也有一定的作用。

因此，企业在开展微信营销时最好进行认证，而且认证对于微信内的信息搜索等方面也有积极的帮助作用。

（2）昵称设定

微信操作后台非常简洁，主要有实时交流、消息发送和素材管理。用户对自己的粉丝分组管理，实时交流都可以在这个界面完成。微信系统会自动给新账号配一个有着很长字串的微信号，为了方便用户记忆与查找需要进行修改，打开"设置"选项，可以看见"设置微信号"选项，可根据网页提示设置微信号，建议改为与微信昵称、英文或拼音字符相关的微信号，越简洁越好。微信号设置后将无法更改。

（3）头像设置

微信昵称与头像共同形成微信用户的第一印象，因此，头像设置与名字一样至关重要。企业微信头像常以品牌 Logo 或拟人形象为主，方便用户快速识别，提高权威性，还能提升品牌宣传力。也可根据内容定位选择简洁、具有吸引力的图片，不易经常更换头像。

（4）简介

微信的简介要富有创意，高度点明微信内容的亮点，这样才能吸引微信用户的关注。

企业微信简介则应填写精要简明的内容，可以让用户一目了然地认知品牌的定位、文化内涵、服务领域、产品特色、经营能力等，博得用户的好感与信任。如果广告气息太浓，则可能让用户产生反感。

（5）做好公众账号营销

做好微信公众账号营销，最重要的是注意以下事项：

其一，微信营销的内容是做服务的。如何把内容做到大家喜欢？如何维护粉丝不让粉丝流失？如何实现自然增加粉丝？全靠内容的运营。而内容不单单是文字，图片、语音、视频等都可以是内容的组成部分。

其二，微信主题的确立。这是企业微信营销的根本所在，也是体现与同行差异的关键点。对于企业而言，一定要摆脱以往网络营销的影响，不

> 微信不是单一的推广工具，而是一个综合性极强的营销利器，企业在推广自己的微信公众账号时要做到全面推广，要针对自己的目标人群、精准人群。

要直接用企业的名称作为微信号，要在内容和功能上进行品牌的传播，因为微信营销的宗旨就是让企业的目标人群依赖自己。

当然，企业进行微信营销的时候会维护一些"辅助"的微信号，这些微信号的作用除了经营粉丝外，更加重要的是传播企业的品牌。

7. 获得微信粉丝的五大法宝

微信营销要想取得良好效果，就要有足够多的粉丝，因为有粉丝才有营销的主题，营销才能有的放矢。但是，获得足够多、足够优质的粉丝并不是一件简单的事情，要想做到这一点就要掌握以下五大法宝：

（1）名字响亮易记

微信营销，起个响亮且容易被人记住的账号域名是非常重要的，它直接关系到营销的效果。一个理想的账号域名可以直接体现企业的价值、范围、内容、服务、行业等信息，让感兴趣的人快速关注。出色的账号域名对增加粉丝的数量是非常有帮助的，那么，什么样的名字才是最理想的呢？有这样几个要求：一是名字好记，只有有利于记忆的名字才能维护粉丝的忠诚度；二是名字要短，短的名字才能被人记住；三是便于输入，容易输入的名字才能引起人的兴趣，才会让人乐意输入，这也是增加粉丝数不可或缺的因素；四是尽量不用符号，名字中一旦掺杂符号，就不好念、不易记、不容易书写，这些都会导致掉粉。所以企业在给自己的微信公众平台取名的时候一定要从目标人群输入的环节出发，也就是说企业的微信公众账号域名要好记、好看，更要好输入，才便于传播。

有这样几种起名方法可以供参考：一种是直呼其名。这种取名的方式就是直接把企业名称或者服务、产品名称当作账号域名。比如，淘宝、天猫等。第二种是形象取名。通俗一点说就是把企业形象化，或者服务产品形象化，运用拟人、比喻等手法来取名。比如，篮球公园、电影工厂等。第三种是"行业名＋用途"的取名方式。比如，豆瓣同城、百度电影、微法律等。

（2）二维码要优美醒目

二维码既是与手机紧密结合的产品，又是与微信营销紧密相关的事物。只要用智能机扫一下二维码，就能立刻获得与此相关的大量信息，而醒目、优美的二维码会使人在"扫一扫"中感受到趣味性。

企业用这个方式进行营销，也能让粉丝数得到增加，不同的二维码决定着粉丝增加的数量。在设计制作企业微信平台的二维码时，要把企业的名字体现出来，要把主打产品的名称体现出来，要有企业 Logo，这样做的目的是提高企业产品的曝光度，这对于传播有很大的推动作用。

（3）增加网友的互动

微信营销中与网友增强互动是非常重要的一种增加粉丝数的方式。与粉丝实现互动可以通过定期评论粉丝微博、粉丝转发得奖、转发粉丝微博、线下小活动等方法，这些互动方式不但能够维护已经有的粉丝，还能挖掘潜在的粉丝。

（4）线上线下联动推广

要想获取粉丝，还要整合线上线下进行推动，线上推广的具体方式是通过互联网来宣传，比如官方网站、QQ、微博、软文、论坛、贴吧等。线下推广包括在报刊、路牌、电视等媒体广告上都放上微信账号域名和微信二维码，让粉丝知道自己、了解自己，同时，通过有趣的线上线下互动的推广方式让普通粉丝转化成企业的铁杆粉丝。

（5）策划活动与粉丝分享快乐

没有好的活动策划就不可能吸引更多的粉丝，一个好的活动策划可以吸引很多人的眼球。进行活动策划的目的是让粉丝分享我们的活动，这样才能获得曝光率，所以策划的活动必须是一些有利分享的活动。在这些活动中，通过不断沟通能够提升粉丝的忠诚度，起到快速圈粉的效果。

不管是哪种活动的策划，都要尽力增加活动的趣味性。可以在宣传活动中增加笑话和幽默故事，让观众看海报的时候心情愉悦，使其有成为粉丝的可能。同时还要增加促销活动的娱乐性，比如，在活动或者海报中添加明星品牌代言人的档案、星座运势内容等。微信营销能不能出彩，就看活动的策划，企业要根据自身的情况想办法让粉丝制造粉丝、粉丝宣传粉丝、粉丝推荐粉丝。

参 考 文 献

1. 郭靖、郭晨峰：《中国移动互联网应用市场分析》，《移动通信》2010 年第 21 期。

2.《移动互联网架构及协议—实施方案》，http：//www.doc88.com/p－7995487930636.html。。

3. 闵栋：《移动互联网业务发展浅析》，《现代电信科技》2009 年 7 期。

4. 李婷、井明镜：《移动互联网发展趋势与业务特征研究》，《现代电信科技》2009 年第 12 期。

5.《北京钰泽侬与您分享移动互联网行业的商务模式发展及借鉴》，http：//tieba.baidu.com/f? kz＝1976365497&pid＝26711365204。

6. 周兰：《移动互联网业务创新分析》，《现代电信科技》2009 年第 7 期。

7. 宋永军：《2006 年手机音乐大盘点》，《数字通信世界》2007 年第 2 期。

8. 仝建刚、朱丽芳、竺哲：《电信级移动数字阅读系统架构及关键技术研究》，《电信科学》2009 年第 5 期。

9. 朱强、曹方兴：《电子阅读的新领域——E－INK 电子书探析》，《图书馆界》2009 年第 3 期。

10. 刘爱力：《手机阅读异军突起》，《中国新闻出版报》2007 年 8 月 30 日第 版。

11. 胡义东：《基于 NGN 的综合业务管理平台研究》硕士论文 重庆邮电大学 2007 年。

12.《分析：“移动阅读”商业前景看好》，http：//www.360doc.com/content/10/0609/14/137615_32136416.shtml。

13.《种类繁多可媲美街机 移动游戏能否一马平川?》，http：//www.yesky.com/homepage/219001842711920640/20041010/1861929.shtml。

14.《3.8 手机游戏：聚合娱乐时间》，http：//book.51cto.com/art/201206/341389.htm。

15. 潘振香：《基于 J2ME 的移动即时通信系统的设计与实现》论文硕士，华北电力大学 2008 年。

16. 吕爱民、李蓉蓉：《即时通信与中国电信发展策略探讨》，《电信科学》2007 年第 2 期。

17. 王萍：《基于位置服务的移动学习研究》，《中国电化教育》2011 年 12 期。

18. 张敏：《位置服务：日益成为各类业务基石》，《通信世界》2012 年第 3 期。

19. 《iResearch－2010－2011 年中国位置签到服务行业研究报告》，http：//www.doc88.com/p－994345418796.html。

20. 李高广、陈会永：《移动搜索推动互联网与移动通信产业的融合》，《移动通信》2008 年第 15 期。

21. 张娜、张玉花、李宝敏：《基于本体实现有效语义智能检索系统研究》，《情报杂志》2008 年第 3 期。

22. 韩璐：《移动搜索业务的市场分析及研究》工商管理硕士论文，北京邮电大学2006 年。

23. 颜如钻、吉祥：《基于移动支付的电子商务流程再造应用研究》，《福州大学学报（哲学社会科学版）》2007 年第 2 期。

24. 陈凯迪、叶夏：《移动支付模式及业务前景分析》，《商场现代化》2007 年第10 期。

25. 张淑玲：《移动电子商务的应用分析》，工商管理硕士，北京邮电大学 2008 年。

26. 谢玮：《手机支付第三方运营商经济效益与发展的实证研究》技术经济及管理硕士，西南财经大学 2007 年。

27. 博图轩：《互联网产品之美》，机械工业出版社 2013 年版。

28. 移动商务全面解决方案，http：//blog.sina.com.cn/s/blog_4e9a31bb01000avu.html。

29. 《2012 年移动互联网推动保险业发展情况分析》，http：//www.chinairn.com/news/20120207/519512.html。

30. 王巍：《浅谈移动医疗技术在医院的发展及应用》，《科技风》2010 年第 16 期。

31. 杨国良、左秀然：《医院移动医疗应用模式研究与实践》http：//wenku.baidu.com/view/abb73a196edb6f1aff001f95.html。

32. 王业祥：《移动互联网在我国旅游业中应用发展分析》，《价值工程》2012 年第28 期。

33. 黄维、罗晶、应花，等著：《实战第三屏：移动营销实务十讲》，电子工业出版社 2014 年版。

34. 孙道军：《手机广告发展的环境制约与未来之路》，《电信技术》2008 年第

11 期。

　　35. 叶玢：《企业的社会化媒体营销研究》，新闻与传播学硕士，郑州大学 2013 年。

　　36. 王三芳：《以社区为基础的网络营销模式研究》，管理科学与工程硕士，天津大学 2003 年。

　　37. 曹微：《手机广告商业模式分析》，《移动通信》2008 年第 7 期。

　　38. 于斌：《微博僵尸粉为何能够"大肆横行"》，《互联网天地》2011 年第 7 期。

　　39. 燕春兰：《中国移动互联网市场产业链研究》，《生产力研究》2011 年第 12 期。

　　40.《移动互联商业模式创新四大特征》，http：//labs. chinamobile. com/mblog/9342＿219707。

　　41.《移动互联网商业模式》，http：//www. hbrc. com/rczx/shownews－6469082－54. html。

　　42. 袁宏伟：《基于互联网的"免费"商业模式创新研究》，《商业研究》2010 年 12 期。

　　43. 胡世良：《O2O 赚钱那些事》，《中国电信业》2013 年第 7 期。

　　44. 王美艳：《3G 时代移动互联网开放平台发展策略研究》，《中国新通信》2013 年第 3 期。

　　45. 周晓宇：《不同类型移动应用商店比较研究》，《黑龙江科技信息》2010 年第 19 期。

　　46. 徐玉：《移动互联网业务发展走势》，《信息网络》2009 年第 7 期。

　　47. 李善友：互联网不只是工具 会颠覆传统企业，http：//people. techweb. com. cn/2014－09－17/2076617. shtml。

　　48. 企业家为什么"短命"?，http：//newshtml. iheima. com/2014/1027/147187. html。

　　49. 观念与技术的力量：李彦宏的互联网思维，《京华时报》2014 年 04 月 04 日第 050 版。

　　50. 陈光锋：《互联网思维》《广州日报》2014 年 4 月 8 日第 B5 版。

　　51. 冀勇庆：李彦宏是提出"互联网思维"的第一人，http：//www. iceo. com. cn/com2013/2014/0410/286723. shtml。

　　52.《中国移动互联网产业发展及应用实践》，http：//www. cb. com. cn/index. php? m＝content＆c＝index＆a＝show＆catid＝32＆id＝1031650＆all。

　　53. 结构性扭亏 中兴通讯 4G 时代翻身不易 吴文婷《中国经营报》总 2054 期

2014.04.07［IT］版。

54. 胡世良等：《移动互联网：赢在下一个十年的起点》，人民邮电出版社2011年版。

55. 张晓虹：《移动互联网技术的应用》，《电子世界》2014年6期。

56. 王鸿海、卢斌、牛兴侦：《社会科学文献》创意媒体2014年第一辑。

57. 基于移动互联网技术的移动图书馆系，http://9512.net/read/76d80db9314411a8548d28ce.html。

58. 移动互联网架构及协议（可编辑），http://www.docin.com/p－907188673.html。

59. 罗圣美：《ZTE中兴以创新思路规划移动互联网应用》，《世界电信》2009年第3期。

60. 《移动互联网产业发展白皮书》，http://www.docin.com/p－228390150.html。

61. 《业界—人人小站》，http://zhan.renren.com/itititt？gid＝3602888479997170118&checked＝true。

62. 张传福、刘丽丽、卢辉斌：《移动互联网技术及业务》电子工业出版社，2012－01－01 http://books365.net/book/423030364b324548564b.html。

63. 鲁维、胡山：〈我国移动互联网业务发展现状及趋势分析〉，《电信技术》2009年第5期。

64. 《吉林联通公司移动互联网产品市场策略研究.pdf－毕业论文。

65. 《移动互联网蓝皮书》，http://roll.sohu.com/20120611/n345288382.shtml。

66. 庚志成：《移动互联网的发展现状和趋势分析》，信息产业部电信研究院信息所2008年北京通信学会无线及移动研讨会。

67. 电子商务概述，http://www.docin.com/p－621925443.html。

68. 电子商务对人类经济活动的变革，http://www.sxdxswxy.com/sdsy/swld/xdsw/3717.htm。

69. 曹方：《探寻移动互联网商业模式》《上海信息化》2013年第6期。

后 记

为何要写这本书

——我们的后记亦是前言

一般的传统图书都是在前言部分阐明"为何要写这本书",以强调图书的作用和意义,拉动读者的意向,而我们却反向操作,目的何在?并非独出心裁,而是出于我们对移动互联网的认识——分布式、无中心的协作综合体。

众所周知,移动互联网对社会的影响是极其深远的,这种影响的程度可能还需要几十年才能完全展现。其中,对企业经营的影响可以说正在"进化"工业化时代的管理知识和理论,比如,过去我们经常研究前向一体化、后向一体化或者上游、下游的企业协作,今后企业经营可以说是无前无后、无上无下、无左无右,完全是分布式、多中心、协作式的市场综合体。以汽车为例,在工业化初期,主要是制造产品,推销给客户;工业化中期主要是通过设计和品牌建设,区隔竞争对手,营销给客户,都涉及前后的问题,而在移动互联网时代,你会发现一切都在改变。汽车厂家会很快形成以"用户"为中心,不再追求销售过程中的超额利润,而是强调环保节能、操作简单、价格实惠的价值取向,目的是通过汽车建立一个"交通"的入口,通过聚集更大流量,不断延伸更大、更多的后续服务市场。

自 2010 年以来,我们所在的教育培训行业也在发生着巨大的变化,传统的地面培训由于人工成本、教室租室急剧上升和市场竞争的同质化越来越严重,正面临着越来越多的困难。由此,也拉开我们以变应变、主动求变的帷幕,一方面,我们开始在国内国际进行广泛的实践考察,借鉴互联网企业的成功经验;另一方面,我们也更全面地开展理论学习，基本把国内相关领域的正式出版物，包括图书、杂志和论文进行全方位的研究，整理的相关资料和笔记近120万字。这些经历使我们从对互联网，特别是对移动互联网的一知半解到掌握了基本知识；使我们从对互联网的大佬顶礼膜拜到平视交流起到积极作用，当然更重要的是对我们的转型提供了切实有效的指导。在此基础上，我们开发出关于移动互联网方面的系列图书和培训课程，希望与更广大的同行分享我们的心得体会。

在转型的实践和本书策划、讨论、撰写、编辑过程中，非常荣幸地得到了王一江教授、易定宏博士、杨伟智先生等专家领导朋友的理论分享和经验交流，非常感谢出版方齐忠辉、姜博、赵振兴老师对我们的信任和"压迫"，使本书得以出品。对于专业内容我们还得到了互联网业内人士薛鹏飞、刘朝阳、马海涛的指导斧正。同时，华图李品友、蔡金龙、丁亚、郑文照、肖松柏、曾庆等众多互联网实践精英的工作分享以及德仁商学院唐铎、邓松恩、杨超、张建丽、任静等同仁的鼎力支持。特别感动的是在本书的手机视频制作过程中我们有幸得到孙旭光、魏本见、蔡淝田、李晓敏、徐利国、李梁等同事和媒体人士常小常小姐的全力配合，在此一并表示感谢！

由于缺乏经验，如果书中内容出现错误，责任由编者承担，涉及观点或引用的内容与其他作者和图书有类同，欢迎沟通交流。

最后还是要强调前言中的重点：尽管做法十分创新，但非常抱歉的是这本书的内容不是经营者所谓的成功宝典，只是转型升级的思考方法。

如何思考？认真总结实践经验，全面学习经典理论，对照反思自身经历。